光導波路の
電磁界数値解析法

左貝潤一 著

森北出版株式会社

● 本書のサポート情報を当社 Web サイトに掲載する場合があります．下記の URL にアクセスし，サポートの案内をご覧ください．

http://www.morikita.co.jp/support/

● 本書の内容に関するご質問は，森北出版 出版部「（書名を明記）」係宛に書面にて，もしくは下記の e-mail アドレスまでお願いします．なお，電話でのご質問には応じかねますので，あらかじめご了承ください．

editor@morikita.co.jp

● 本書により得られた情報の使用から生じるいかなる損害についても，当社および本書の著者は責任を負わないものとします．

■ 本書に記載している製品名，商標および登録商標は，各権利者に帰属します．

■ 本書を無断で複写複製（電子化を含む）することは，著作権法上での例外を除き，禁じられています．複写される場合は，そのつど事前に(社)出版者著作権管理機構（電話 03-3513-6969，FAX 03-3513-6979，e-mail：info@jcopy.or.jp）の許諾を得てください．また本書を代行業者等の第三者に依頼してスキャンやデジタル化することは，たとえ個人や家庭内での利用であっても一切認められておりません．

まえがき

　1960年のレーザの誕生以来,この「新しい光波」がもつ特徴を活かした光技術の進展には目覚ましいものがある.その1つに,光導波路や光ファイバなど,微小領域に光波を閉じ込める導波構造がある.これらの導波構造の使用は,レーザの性質と不可分であり,指向性,空間的コヒーレンスや高い光強度は,導波路への光の入射や長距離伝送に役立っている.光は電磁誘導を受けないので,電子部品の一部が光部品に置き換えられており,導波構造が産業の奥深くまで浸透してきている.光部品の設計や評価のために,導波構造中の光波,すなわち電磁界の振る舞いを調べることが重要な課題となっている.このようにして,光導波路や光ファイバなどの導波構造における電磁界解析や伝搬特性を扱う学問分野である,導波光学が確立されるようになった.

　光部品では微小化や動作の安定性が求められ,光波を微小空間に閉じ込めること,つまり導波路化が必要になる.導波路化により,光路を自由に操ることが可能になったり,新しい機能が生まれたりする.導波路を大別すると,薄膜を層状に積層した光導波路と円筒状の光ファイバがある.

　従来から使用されていた光の導波原理は,全反射である.コアを高屈折率として,コア・クラッド間での屈折率差により,光波をコアに閉じ込めていたが,開放形導波路とよばれるように,光波のクラッドへの広がりがあった.

　導波光学におけるエポックメイキングな出来事は,1970年の光損失 $20\,\mathrm{dB/km}$ の石英光ファイバの誕生と,1987年のフォトニックバンドギャップの概念の創出であろう.前者は従来型の導波構造に属する.これに対して後者は,近年も研究が活発に続けられている.

　フォトニックバンドギャップとは,光学媒質に屈折率の周期構造を波長オーダで導入すると,特定の周波数領域の光波が周期媒質中では存在できないことをいう.このギャップをもつ媒質は,フォトニック結晶やフォトニック結晶ファイバとよばれる.これらの一部で周期を意図的にくずすと,光の局在化により光の閉じ込めが極度に向上する.そのため,微小光導波路や光の微小領域への

局在などにより，光部品の微小化に寄与する．

　本書では，従来型光導波路や光ファイバの電磁界解析を主対象とするが，周期構造をもつフォトニック結晶やフォトニック結晶ファイバも解析対象とする．

　これらの導波構造に対する電磁界解析を分類すると，①厳密解，②近似解，③数値解がある．厳密解や近似解は伝搬特性を幅広く見通すことができ，計算時間が短い利点をもつが，これらが得られるのは限定的である．現実の問題では，構造が複雑なため近似解すら得られないが，光部品の設計や評価のためには，電磁界特性をとにかく求める必要に迫られる．このような場合には，本書の主題である電磁界の数値解析法に頼るほかない．

　本書では，数ある電磁界の数値解析法の中から，光波領域で使用できる，できる限り応用範囲の広いものを選択した．具体的には，有限要素法，有限差分時間領域（FDTD）法，ビーム伝搬法，平面波展開法，転送行列法である．等価屈折率法は，これらの手法と併用すると有用なので含めている．いずれの手法もコンピュータの利用が不可欠である．

　本書の特徴は以下のとおりである．

(ⅰ)　本書で扱う電磁界の各種数値解析法の基本式を，マクスウェル方程式から導いている．そして，基本式からアルゴリズムを得るまでを説明している．

(ⅱ)　特定の電磁界数値解析法を詳しく述べた書物はすでにいくつかある．本書では，各種数値解析法をバランスよく紹介するように努めた．また，従来型光導波路や光ファイバだけでなく，従来の書物ではあまり扱われていない，最新のフォトニック結晶やフォトニック結晶ファイバも含めている．

(ⅲ)　各種数値解析法の特徴を明示し，目的に応じた使い分けができるように心掛けた．

(ⅳ)　電磁界の数値解析法で時間領域が扱えるのは，従来は FDTD 法だけであった．本書では，最新の研究成果までを取り入れて，有限要素法，ビーム伝搬法における時間領域の扱いも含めている．

(ⅴ)　電磁界の数値解析に必要な数値計算の横断的な内容を付録に示し，数値解析法で使用される手法を適宜参照できるようにした．

　最後に，本書の出版に際して終始お世話になった，森北出版（株）の関係各位に深謝の意を表する．

2015 年 4 月

左貝潤一

目　次

1章　光導波構造における電磁界解析の概要 ………………… 1
  1.1　光導波構造の必要性と応用 ……………………………………… 1
  1.2　光の導波原理と導波構造 ………………………………………… 2
  1.3　光導波構造の電磁界解析法の種類と特徴 ……………………… 7

2章　光導波構造における電磁界解析の基礎 ………………… 12
  2.1　マクスウェル方程式と構成方程式 ……………………………… 12
  2.2　波動方程式と境界条件 …………………………………………… 14
  2.3　電磁界に対する諸概念 …………………………………………… 16
  2.4　導波構造における電磁界解析 …………………………………… 19
  2.5　導波構造における伝搬特性上の基本概念 ……………………… 26
  2.6　電磁界解析から誘導できる伝搬特性 …………………………… 29

3章　光導波路と光ファイバにおける電磁界の解析的手法 ……… 38
  3.1　スラブ光導波路における電磁界解析の基本式 ………………… 38
  3.2　三層対称スラブ導波路：2次元デカルト座標系での電磁界解析の実例 ………………………………………………………………… 40
  3.3　円筒座標系における電磁界解析の基本式 ……………………… 50
  3.4　ステップ形光ファイバ：円筒座標系における電磁界解析の実例 … 52

4章　等価屈折率法 …………………………………………… 58
  4.1　等価屈折率法の概要 ……………………………………………… 58
  4.2　等価屈折率法の基本式 …………………………………………… 60
  4.3　等価屈折率法の電磁界解析への応用 …………………………… 62
  4.4　3次元問題の2次元問題への還元 ……………………………… 67

5章 有限要素法 ... 70

- 5.1 有限要素法の概要 ... 70
- 5.2 スラブ光導波路における有限要素法：TE モード ... 72
- 5.3 スラブ光導波路での TM モード ... 81
- 5.4 円筒対称構造における有限要素法 ... 82
- 5.5 3次元光導波構造における有限要素法 ... 87
- 5.6 有限要素法の時間領域への適用 ... 95
- 5.7 有限要素法の応用 ... 99

6章 有限差分時間領域（FDTD）法 ... 101

- 6.1 FDTD 法の概要 ... 101
- 6.2 FDTD 法での3次元基本式 ... 103
- 6.3 FDTD 法の基礎 ... 105
- 6.4 1次元構造での差分近似 ... 107
- 6.5 FDTD 法の基本アルゴリズム：2次元光導波構造 ... 109
- 6.6 吸収境界条件 ... 113
- 6.7 3次元光導波構造における差分式 ... 122
- 6.8 FDTD 法における付帯事項 ... 127
- 6.9 FDTD 法の周期構造への適用 ... 129
- 6.10 FDTD 法の応用 ... 131

7章 ビーム伝搬法 ... 133

- 7.1 ビーム伝搬法の概要 ... 133
- 7.2 3次元での波動方程式の一般形 ... 135
- 7.3 有限差分ビーム伝搬法（FD–BPM）での波動方程式：スラブ光導波路 ... 137
- 7.4 FD–BPM における基本アルゴリズム：スラブ光導波路でのフレネル近似 ... 140
- 7.5 透明境界条件 ... 143
- 7.6 透明境界条件を考慮した差分式：TE モード ... 145
- 7.7 パデ近似を用いた広角解析：TE モード ... 147

7.8	スラブ光導波路でのフレネル近似：TM モード	151
7.9	時間領域ビーム伝搬法（TD–BPM）	155
7.10	ビーム伝搬法の応用	164

8 章　平面波展開法　166

8.1	平面波展開法の概要	166
8.2	平面波展開法における 3 次元波動方程式	168
8.3	1 次元周期構造における平面波展開法	169
8.4	1 次元周期構造でのフォトニックバンド構造の近似計算	174
8.5	2 次元周期構造における平面波展開法	179
8.6	周期構造を一部くずすことによる光の局在	185
8.7	3 次元周期構造での電磁界表現と固有値方程式	185
8.8	平面波展開法の応用	192

9 章　転送行列法　194

9.1	転送行列法の概要	194
9.2	1 次元階段状屈折率分布での転送行列法	196
9.3	多層スラブ導波路の解法	204
9.4	多層スラブ導波路の具体例	208
9.5	円筒対称屈折率分布に対する転送行列法	212
9.6	円筒対称でクラッドが周期構造の場合：ブラッグファイバ	223
9.7	転送行列法の応用	229

付　録　231

A.1	解の探索	231
A.2	差分近似と数値微分	232
A.3	数値積分	235
A.4	行列演算	235
B.1	変分法	240
B.2	2 次元における汎関数から波動方程式 (5.58) の導出	241
B.3	時間領域の有限要素法における式 (5.89) の導出	242
C.1	PML 吸収境界条件における特性インピーダンスの式 (6.35a, b) の	

	導出 ………………………………………………………………	243
C.2	PML 吸収境界条件における振幅反射率 R の式 (6.41) の導出 ……	244
D.1	パデ近似：低次近似式の一般形 …………………………………	246
D.2	$\sqrt{1+x}$ に対するパデ近似式 (7.76a~c) の導出 ………………	248
E.1	波動方程式へ PML 吸収境界条件を導入した式 (7.84) の導出 ……	249
F.1	ブロッホの定理 ……………………………………………………	249
F.2	逆格子ベクトル ……………………………………………………	250
G.1	4 層スラブ導波路の固有値方程式 (9.49a) の導出 ………………	251

参考書および参考文献 ……………………………………………… 252
索　引 ……………………………………………………………………… 259

1章 光導波構造における電磁界解析の概要

本章では，まず光導波構造の必要性と応用を述べる．その後，光の導波原理，基本的な導波構造や各種導波構造の分類を示した後，導波構造と電磁界の各種解析法，とりわけ数値解析法との関係について説明する．

1.1 光導波構造の必要性と応用

電気・電子工学は光産業よりも歴史が古く，その恩恵は広く世の中に行き渡っている．とはいうものの，従来の電子部品の一部が，徐々に光部品に置き換わっている．この動きは，光学技術を直接扱う業界だけでなく，電機・電子業界や自動車業界などにも広がりをみせている．光部品や光素子が要求される大きな理由は，以下の点である．

(ⅰ) 電子部品と異なり，電磁誘導の影響を受けないこと．
(ⅱ) 光の高速性．
(ⅲ) 部品の小型化．

光を利用する場合，光は屈折率が一様な空間では直進する性質があるので，光の進行方向の変更には，従来は鏡やプリズムが用いられていた．また，光の分岐や集束には，半透鏡，プリズム，レンズなどが用いられていた．これらの光学素子は比較的大きく，柔軟性や機械的安定性に欠けるなどという欠点があった．これらの欠点を克服して光を自在に操るため，光を局所空間に閉じ込めること，すなわち導波路化や，微小化を目指した光集積回路 [1-1] に向けた試みが行われるようになった．

光回路素子の導波路化による利点は，
(ⅰ) 素子の小型化とそれにともなう高い光パワ密度，
(ⅱ) システムの性能向上（例：低消費電力），
(ⅲ) 新しい機能の付加（例：分布結合），

(iv) 長い相互作用長による光非線形現象への応用，
(v) システムの熱的・機械的安定性の向上（例：発熱量の減少），
などである．

　光導波路や光回路素子は，光波を導波構造に閉じ込めて意のままに操れるようにするのが最大の特徴である．これを活かした機能として，①光路変更，②光路の分岐や合波，③光路の径変換，④周期構造による波長選択性の付与，⑤近接した導波路間の相互作用による光波の移行，などがある．

　光導波構造は，上記利点を活かせる分野に応用可能であり，その例を以下に示す．

- ファイバ形光デバイス
- 光ファイバセンサなどの光計測
- 各種タイプの半導体レーザ
- 無しきい値レーザ
- 光ファイバ通信の要素技術
- 表示装置，照明
- 光記録における光ディスク
- 光波回路や光応用システム

1.2　光の導波原理と導波構造

　光の導波構造を用いると，前節のようなさまざまな応用が可能である．本節では，光波を特定領域に閉じ込めるための導波原理，光導波路の基本構造，材料，さまざまな形状の導波構造の分類などを紹介する．

1.2.1　光波の導波原理

　光波を局所空間に閉じ込めて伝搬させるための導波原理として，次の2つがある（**表 1.1**）．
(i) 全反射．
(ii) フォトニックバンドギャップ．

　全反射は，光波が屈折率の高い媒質（n_1）から低い媒質（n_2）に入射するとき，ある一定の入射角以上では，光波がもとの媒質側に戻るというものである．これは従来から光導波路や光ファイバで用いられている導波原理である．屈折率の高い領域をコアといい，コア内で全反射を繰り返しながら，光波を長距離

表 1.1 従来型および新型光導波路・光ファイバの特性比較

項目	従来型光導波路・ファイバ	新型光導波路・ファイバ
構造上の特徴	コアがクラッドより高屈折率	屈折率の周期構造をもつ
導波原理	全反射	フォトニックバンドギャップ
屈折率に対する制限	$n_1 > n_2$ [n_1：コア屈折率, n_2：クラッド屈折率]	$(n_a - n_b)$ が一定値以上必要 [n_a, n_b：周期部高・低屈折率]
応用上の特徴	微小化, 曲げることができる	極微小化, 急峻な曲げが可能

にわたって安定に伝搬させることができる．この場合，コア領域の幅は，通常，使用波長に比べて大きくなっている．

フォトニックバンドギャップは，光の閉じ込めに関する比較的新しい概念である [1–2]．**フォトニックバンドギャップ**（photonic band gap）とは，光波の波長と同程度の周期をもつ高・低屈折率（n_a と n_b）の周期構造を，光学媒質に導入したときに現れるもので，半導体におけるバンドギャップと同じように，光波が存在できない周波数領域のことである（8.4.2 項参照）．周期構造の一部で周期をくずすと（これを欠陥とよぶ），半導体における不純物準位のように，その部分に光波が存在できるようになり（8.6 節参照），ここがコアの役割をする．フォトニックバンドギャップを利用して導波する場合，その媒質をフォトニック結晶，あるいはフォトニック結晶ファイバとよぶ．これらでは，光波を波長程度の狭い領域に閉じ込めることができる．

全反射で光の閉じ込めを行う従来型光導波路や光ファイバでは，極端に小さい曲げ半径になると，光波が漏れ出して損失となる．したがって，鏡やレンズなどの従来の光素子に比べると微小化に対してかなり有効であるが，集積化や微小化では限界がある．一方，フォトニックバンドギャップを利用した新型の光閉じ込めでは，急峻な曲げや微小共振器が可能になり，さらなる集積化や微小化が期待できる．

このような導波原理を利用した光部品や光素子を作製する場合，作製技術と並んで，素子設計・評価が重要となる．素子設計・評価のためには，光導波路や光ファイバの各種導波構造に対する電磁界解析が必須となる．

1.2.2 光導波路の基本構造

従来型光導波路の基本構造を**図 1.1** に示す．基板の上に基板よりも屈折率の高い薄膜を塗布した光導波路を**薄膜導波路** (thin film waveguide, 図 (a)) という．

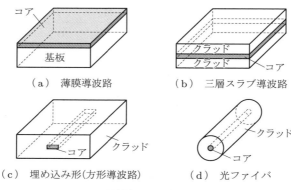

コアの屈折率は周辺部より高い．

図 1.1 従来型光導波路の基本構造

複数の層状構造で導波させるものを**スラブ光導波路**（slab optical waveguide）とよぶ．屈折率が高く，光が閉じ込められる部分を**コア**（core），コア周辺の屈折率の低い部分を**クラッド**（cladding）という．特に，コアの両側の屈折率が等しい導波路を三層対称スラブ導波路（図 (b)）とよび，これはすべての導波構造の基本となっている（3.2 節参照）．上記の薄膜導波路は，薄膜の上部が現実には空気なので，これは三層非対称スラブ導波路となる（9.4.1 項参照）．

3 次元光導波路は，光閉じ込めの向上や新規機能の付与のために用いられる．前者として埋め込み形があり，その代表例は方形導波路（図 (c)）である．各種応用に向けて，光をより効率良く閉じ込めるための構造として，リブ形やリッジ形などがある（図 4.1，4.3 節参照）．

3 次元光導波路の中でも，特に断面の外形が円形で，かつ長尺のものを**光ファイバ**（optical fiber）という（図 (d)）．これの代表例は 2 層の円筒対称からなる，屈折率が階段状に変化しているステップ形光ファイバである（3.4 節参照）．光波が主として導波される中心部をコアという．光ファイバの断面形状は円筒対称の場合が多いが，用途により，さまざまな断面形状をもつものが利用される．

新型光導波構造の例を**図 1.2** に示す．フォトニック結晶やフォトニック結晶ファイバでは，前項で述べたように，周期構造の一部で欠陥を導入すると，そこに光波が閉じ込められる．点欠陥の場合（図 (a)），ここの光子密度が高くなり，レーザに利用されている．線欠陥の場合（図 (b)），これに沿って光波が導波される光導波路となり，90° 曲がりも可能となる．

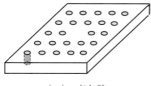
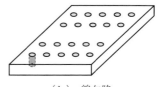

(a) 点欠陥　　　　　　　　　(b) 線欠陥

図は円筒形が正方格子配列の場合．
円筒形状は参考のため，1箇所のみを示している．

図 1.2 新型光導波構造（フォトニック結晶）の基本構造

1.2.3 導波路媒質の屈折率

導波構造で用いる材料では，電磁界の数値解析法との関連において，その屈折率の大小が重要である．屈折率が n_1 と n_2 の媒質間での光強度反射率は，垂直入射の場合 $R = [(n_1 - n_2)/(n_1 + n_2)]^2$ で与えられる．つまり，屈折率差が大きな媒質間ほど反射率が大きく，これは，導波構造内で入射波と逆向きに伝搬する光波が発生することを意味する．電磁界解析法によっては，反射波の存在は計算誤差につながる．

屈折率は材料や波長によって異なる．導波構造でよく用いられるのは石英やプラスチック，半導体などである．従来型光ファイバや光導波路でよく使用される石英（SiO_2）の屈折率は $n = 1.45$ 程度，プラスチック光ファイバとしてよく使用されるポリメチルメタクリレート（PMMA）の屈折率は $n = 1.50$ 程度であり，これらと空気との間での光強度反射率は約 4% であまり問題にならない．半導体の屈折率は一般に高い．AlGaAs や InGaAsP の屈折率は $n = 3.5$ 程度で，空気との間での光強度反射率は約 30% であり，反射の影響が無視できなくなる．

フォトニック結晶の材料として，SiO_2 や AlGaAs，InGaAsP，高分子などが用いられている．フォトニック結晶ファイバの材料として，石英，合成ガラス，高分子などが用いられている．合成ガラスであるカルコゲン化物ガラス，テルライトガラス，ケイ酸鉛ガラスなどの屈折率は $n = 2.0$ 前後である．

1.2.4 導波構造の形状などによる分類

導波構造を，電磁界の解析技術と関連させて分類すると，次のようになる．
（ⅰ）光の伝搬方向について屈折率や形状などの構造が均一であり，光軸に垂直な断面内の構造に対称性があり，かつその構造が比較的簡単なもの．

(ii) 光の伝搬方向についての構造が均一であり,光軸に垂直な断面内の構造に対称性があるが,その構造が複雑なもの.
(iii) 光の伝搬方向について構造が均一であるが,光軸に垂直な断面内の屈折率分布や形状が任意の場合.
(iv) 光の伝搬方向に対して周期構造をもつ場合.
(v) 屈折率や形状などの構造が光の伝搬方向に対しても変化する,より一般的な場合.
(vi) 上記のいずれの構造においても,電磁界の定常状態を調べるのか,時間変化までを求めるかによって,解析手法が異なる.

上記(i)～(v)をさらに細かく分類した,各種の光導波構造を**表1.2**に示す.導波構造を大別すると,光の閉じ込めが一方向にのみある2次元光導波路と,

表1.2 光導波構造の分類

分類	構造の特徴		解の種類	具体例
	軸方向	断面内		
2次元光導波路	均一	対称	厳密解	三層対称スラブ導波路
	均一	階段状(3層)	厳密解	三層非対称スラブ導波路
	均一	階段状(4層以上)		多層スラブ導波路
	均一	不均一	数値解	グレーデッド形
	周期性	均一	近似解	フォトニック結晶
3次元光導波路	均一	特徴あり	近似解	方形導波路
				リブ形・リッジ形導波路
	均一	複合	近似・数値解	平行導波路
	周期性	均一		
	不均一	均一		曲がり導波路
	不均一	均一	数値解	光非線形導波路
	不均一	不均一	数値解	テーパ導波路
				Y分岐導波路,S字導波路

分類	軸方向	断面内	半径方向	解の種類	具体例
光ファイバ	均一	円筒対称	階段状(2層)	厳密解	ステップ形
	均一	円筒対称	階段状(3層以上)	厳密解	多層構造光ファイバ
	均一	円筒対称	周期構造	近似・数値解	フォトニック結晶ファイバ
	均一	円筒対称	不均一	近似解	グレーデッド形
	均一	不均一		近似・数値解	偏波光ファイバ
	均一	不均一		数値解	フォトニック結晶ファイバ

断面で2方向に光の閉じ込めがある3次元光導波路がある．表では，構造の均一・不均一性を，光の伝搬方向と光波伝搬方向に垂直な断面内に着目して分類している．また，光ファイバは円筒対称性をもつことが多いので，半径方向の構造変化にも着目している．さらに，周期性の有無も考慮している．

1.3 光導波構造の電磁界解析法の種類と特徴

本節では，各種電磁界解析法を分類して，本書の主題である電磁界数値解析法の位置づけをする．

1.3.1 解析手法の分類

上記のような光技術の産業分野への普及にともない，光部品などでの電磁界解析は重要性を増している．光部品を構成要素に分解すると，光導波路や光ファイバなどの導波構造となる．これらに対する電磁界解析では，光は電磁波であるため，原理的にはマクスウェル方程式を解けばその挙動を捉えることができる．現実にはいくつかのアプローチがあり，これらの導波構造に対する電磁界解析を，解の種類で区別すると，①厳密解，②解析的近似解，③数値解の3つに分類できる．

厳密解を求めることができるのは限定的であり，1.2.4項における(i)の一部が対象となる．この場合の例として，三層スラブ導波路（対称形，非対称形）やステップ形光ファイバがあり，これらの電磁界の伝搬特性についてはすでに詳しく求められている．導波構造が変わっても，伝搬特性の定性的な性質はあまり変わらない．そのため，電磁界特性に対する数値解析法を用いる場合でも，厳密解が求められる場合の伝搬特性を理解しているほうが，結果の解釈などで便利である．このような目的で，厳密解が得られる場合を3章で説明する．

導波構造の特徴に着目すると，近似解が解析的に得られる場合がある．これで解ける一例は1.2.4項における(i)の一部であり，方形導波路，リブ形・リッジ形導波路，グレーデッド形光ファイバなどがある．本書では電磁界を求めることを主目的とするので，解析的近似解を求める手法として，等価屈折率法を4章で紹介する．また，1.2.4項(v)で，光波伝搬方向の構造変化が均一な基準構造に対して微小なときには，摂動論を用いたモード結合理論が使用されるが，本書の目的ではないので割愛する．

厳密解や近似解ではコンピュータへの負担が少ないが，実用上重要な導波構

造で，その伝搬定数や電磁界分布などの基本特性が，厳密にあるいは近似的に解けるケースは限られる．

1.3.2 電磁界の数値解析法の特徴

応用上重要な導波構造問題では，一定の精度のもとで，電磁界分布などの特性をとにかく求めることが要求される．この場合，電磁界特性を数値的に求める③の数値解に頼らざるを得ない場合が多い．

光領域の電磁界での解析対象を大別すると，(A) 定常状態と (B) 時間変化に分けられる．通常は，定常状態での電磁界分布を求めることが多く，導波構造に着目して解析方法を使い分ける．近年では，光短パルスの時間的振る舞いや光波の時間変動を調べることもあり，そのときには電磁界の時間変化を解析できるかがポイントとなる．

(A) の定常状態での電磁界に関連して，光導波構造の特徴と関係づけた分類を 1.2.4 項で述べた．これらの導波構造の特徴に応じた，電磁界の数値解析法が開発されており（**表 1.3**），いずれの場合もコンピュータの使用が前提となる．

1.2.4 項の (ii) や (iii) に対しては，有限要素法（5 章参照）や転送行列法（9 章参照）がある．(iv) に対しては，平面波展開法（8 章参照）がある．また，(v) に対しては，有限差分時間領域（FDTD）法（6 章参照）やビーム伝搬法（7 章参照）がある．数値解析法の詳しい内容は該当する章で説明するが，ここでは概略を述べる．

有限要素法は，最初，構造力学（大規模の構造物解析）で開発されたものである．これは微分方程式の問題を，変分原理を利用して汎関数を解く問題に置換するものである．同じような状況は工学や自然科学の多くの分野でも見られるため，有限要素法は多くの分野で利用されており，解説書が多い．

FDTD 法は，マクスウェル方程式を直接差分化したものであり，マイクロ波などの電波領域でのアンテナ伝搬や導波管用に開発された．その後，コンピュータの高速化やメモリの低廉化にともなって，波長の短い光波領域でも使用されるようになった．

ビーム伝搬法は，光波の伝搬方向に対して構造が変化している場合の解析用に開発されたもので，いくつかの方式がある．現在では，コンピュータの使用にマッチした，微分操作を差分化する方法が一般的となっている．

平面波展開法は周期構造に固有の解析手法であり，フォトニック結晶の分散

表 1.3　各種電磁界数値解析法の特徴と応用例

名称	特徴	応用例
等価屈折率法	● 構造に含まれる特徴を利用して，問題を簡略化して近似解析する ● 他の厳密解や数値解法を併用してはじめて電磁界特性が決定できる	光導波路形デバイスの電磁界解析，方形導波路，埋め込み形導波路，ストリップ形・リブ形・リッジ形導波路
有限要素法	● 大規模な構造を多数の微小要素（三角形要素など）に分解して，全体のモデルを構築 ● 要素の大きさは自由に選択可能．構造変化が激しい部分を細かく分割することも可能 ● 変分原理を利用して，汎関数から解析．時間変化が扱えつつある	断面内の不均一構造光導波路・光ファイバ，偏波・フォトニック結晶ファイバの伝搬解析，フォトニック結晶の伝搬特性
FDTD 法	● 空間・時間の両変化を同時に含む系に対しても適用可能 ● マクスウェル方程式を直接差分化（電磁波のみが解析対象） ● 周期構造を含む場合にも適用可能 ● 吸収境界条件の使用が不可欠．汎用性があるが計算時間が大	フォトニック結晶，回折格子，光記録，屈折率差の大きい媒質を含む系，非線形光導波路，光短パルスの伝搬解析
ビーム伝搬法	● 導波構造が光波伝搬方向に対して変化している場合にも適用可能 ● 時間変化が扱えつつある．光パワにより屈折率が変化する光パルスの解析にも適用可能 ● 非物理的な反射波を除去するため，透明境界条件の使用が不可欠	光デバイスの構成部品の電磁界解析，傾斜直線導波路，Y 分岐導波路，テーパ導波路，曲がり導波路，光短パルスの伝搬解析
平面波展開法	● 周期構造に固有の電磁界の標準的解析手法 ● 3 次元を含めてどの次元の周期構造を含む場合にも適用可能	フォトニック結晶の分散曲線，フォトニック結晶ファイバの分散曲線
転送行列法	● 屈折率が階段関数で変化している場合に適用可能 ● 屈折率が緩やかに変化している場合には，多層構造で近似可能 ● 3 次元では円筒対称構造に適用可能	多層薄膜の透過・反射特性，光フィルタ，反射防止膜，多層スラブ導波路，多層構造光ファイバ，フォトニック結晶，フォトニック結晶ファイバ

曲線を求めるのによく使用される．

転送行列法は媒質内の屈折率分布が階段関数状に変化するときに適用できる手法で，使い方により厳密解を求めることもできる．

(B) の電磁界の時間変化を扱える電磁界の数値解析法は，2000 年頃までは有

限差分時間領域（FDTD）法だけであった．その後，有限要素法やビーム伝搬法でも，旧来のアルゴリズムに包絡線近似や差分近似を導入することにより，時間領域の電磁界を扱う数値解析法が開発されつつある．

光波領域での電磁界数値解析法の特徴は，以下のとおりである．
（ⅰ）　光波はミリ波やマイクロ波などの電波と同じ電磁波であるが，光波の波長のほうが電波に比べてはるかに短い．コンピュータで電磁界を数値的に解析する場合，対象物を波長程度の大きさに離散化する必要がある．そのため，光領域の数値解析では，電波領域に比べて多くの記憶容量や計算時間を必要とし，利用上はこれらの制約を受ける．
（ⅱ）　半導体技術，特にLSIなどの進展にともない，半導体素子を用いた記憶容量の増加とメモリの低廉化が進んでいる．そのため，光領域での解析に必要とされる大量の記憶容量が確保されるようになってきた．
（ⅲ）　コンピュータで計算できても，それが現実的な計算時間の範囲でなくては実用に供さない．コンピュータの計算速度の高速化にともなって，パソコンでも十分計算が可能となっている．

1.3.3　電磁界の数値解析法の使い分け

　導波構造の電磁界を解析する場合，複数の数値解析法が扱えることが多い．一般に，汎用性のある計算手法ほど，多くの計算時間を要する．したがって，解析対象の構造の特徴，要求される計算精度，計算時間を総合的に勘案して，数値解析法を選択する必要がある．

　電磁界の数値解析法では，光波領域の波長は電波領域に比べて短いので，コンピュータの記憶容量・計算時間への負担がはるかに大きい．しかし，コンピュータ技術の進展にともない，有限要素法，有限差分時間領域（FDTD）法，ビーム伝搬法，平面波展開法に対する光領域での電磁界解析ソフトウェアが市販されるまでになっている．各計算手法の使い分けには，表1.3の特徴を見極めるとよい．また，フリーソフトが使える場合がある．

　市販ソフトウェアやフリーソフトでは，数値を入力すると確かに結果が数値で得られる．しかし，刻み幅などの設定を間違えると，得られる結果が正しい保証はない．そのため，市販ソフトを使いこなすには，解析手法の詳細はともかく，適用範囲などの概要を知っておく必要がある．

　時間領域での電磁界も対象とする場合，以前は有限差分時間領域（FDTD）

法だけが可能であったが，いまはビーム伝搬法や有限要素法を併用した方法でも扱えつつある．特に，光短パルスを扱う際には，対象とするパルス幅に応じて精度が異なることに留意しなくてはならず，極度に小さい時間ステップを使う必要がある．

2章 光導波構造における電磁界解析の基礎

本章では，導波構造全般に対する電磁界解析の基礎事項を説明し，4章以降で述べる電磁界に対する各種数値解析法を扱う上での共通事項を述べ，相互関係の理解を助けることを目指す．

まず，マクスウェル方程式や構成方程式など，電磁界解析の基本式を説明する．その後，導波構造を扱う上で重要な，波動方程式，境界条件，電磁界の各種関係式などを述べ，導波構造では伝搬定数と電磁界分布を求めることが基本的作業であることを指摘する．最後には，各種導波構造で必要とされる伝搬特性の概要を説明する．

● 2.1 マクスウェル方程式と構成方程式

本書で対象とする光波は電波に比べて波長がはるかに短いが，両者はともに電磁波である．電磁波の伝搬の様子は，電磁気学の基本法則を統合した**マクスウェル方程式**（Maxwell's equations）

$$\nabla \times \boldsymbol{E} = -\frac{\partial \boldsymbol{B}}{\partial t} \tag{2.1a}$$

$$\nabla \times \boldsymbol{H} = \frac{\partial \boldsymbol{D}}{\partial t} + \boldsymbol{J} \tag{2.1b}$$

$$\mathrm{div}\boldsymbol{D} = \rho \tag{2.1c}$$

$$\mathrm{div}\boldsymbol{B} = 0 \tag{2.1d}$$

で記述される．ここで，$\boldsymbol{E}$ は電界，$\boldsymbol{H}$ は磁界，$\boldsymbol{D}$ は電束密度，$\boldsymbol{B}$ は磁束密度，$\boldsymbol{J}$ は電流密度，ρ は電荷密度である．式 (2.1a) はファラデーの法則，式 (2.1b) はアンペールの法則，式 (2.1c, d) はガウスの法則である．電荷密度と電流密度は連続の方程式（equation of continuity）

$$\frac{\partial \rho}{\partial t} + \mathrm{div}\boldsymbol{J} = 0 \tag{2.2}$$

を満たしている.

マクスウェル方程式を，誘電体や磁性体などの媒質中でも使えるようにするには，以下のような拡張を行う．媒質中において分極 $\boldsymbol{P}$ や磁化 $\boldsymbol{M}$ が存在するとき，電束密度や磁束密度などを次式で表す．

$$\boldsymbol{D} = \varepsilon_0 \boldsymbol{E} + \boldsymbol{P} \tag{2.3a}$$

$$\boldsymbol{B} = \mu_0 \boldsymbol{H} + \boldsymbol{M} \tag{2.3b}$$

$$\boldsymbol{J} = \sigma \boldsymbol{E} \tag{2.3c}$$

$$\varepsilon_0 = \frac{10^7}{4\pi c^2} = 8.854188 \times 10^{-12}\,\mathrm{F/m}$$

$$\mu_0 = 4\pi \times 10^{-7} = 1.256637 \times 10^{-6}\,\mathrm{H/m}$$

式 (2.3a～c) は**構成方程式**（constitutive equations）とよばれる．ここで，ε_0 は真空の誘電率（permittivity），μ_0 は真空の透磁率（magnetic permeability），σ は電気伝導度（導電率，electric conductivity）である．

電界や磁界がそれほど大きくなく，分極と電界，磁化と磁界がそれぞれ比例関係で表せるとき，電束密度や磁束密度は，

$$\boldsymbol{D} = \varepsilon \varepsilon_0 \boldsymbol{E}, \quad \varepsilon = 1 + \chi_E \tag{2.4a}$$

$$\boldsymbol{B} = \mu \mu_0 \boldsymbol{H}, \quad \mu = 1 + \chi_M \tag{2.4b}$$

と書ける．ここで，ε を媒質の**比誘電率**（specific dielectric constant），μ を媒質の**比透磁率**（relative magnetic permeability），χ_E を電気感受率，χ_M を磁化率という．本書における $\varepsilon\varepsilon_0$，$\mu\mu_0$ をそれぞれ媒質の誘電率，透磁率とよび，これらを ε，μ と表す書物もある．

式 (2.4a, b) における諸量は，光波領域における値と密接な関係をもっている．真空中の光速 c は，次のように定義されている.

$$c = \frac{1}{\sqrt{\varepsilon_0 \mu_0}} = 2.99792458 \times 10^8\,\mathrm{m/s} \fallingdotseq 3.0 \times 10^8\,\mathrm{m/s} \tag{2.5}$$

光波領域では，一般に比誘電率 ε よりも**屈折率** n がよく用いられ，これは

$$n = \sqrt{\varepsilon\mu} \tag{2.6}$$

で記述される．非磁性媒質の場合には，比透磁率が $\mu = 1$ とおき，屈折率は

$n = \sqrt{\varepsilon}$ で表せる．

　光導波路や光ファイバでよく利用される誘電体（絶縁体ともいう）の場合には，電荷をもたないので，式 (2.1b, c) で $\boldsymbol{J} = \rho = 0$ として扱える．半導体の場合には，金属のような導体ほどではないが，電荷をわずかにもつため厳密には吸収をもち，これは損失項として扱われる場合がある．

● 2.2 波動方程式と境界条件

2.2.1 波動方程式

　比誘電率 ε と比透磁率 μ がともに時間に依存しないで，空間座標（3次元空間座標ベクトルを $\boldsymbol{r}$ で表す）のみの関数であるとして，$\varepsilon(\boldsymbol{r})$, $\mu(\boldsymbol{r})$ で表す．マクスウェル方程式にいくつかのベクトル公式を用いると，電流 $\boldsymbol{J}$ と電荷 ρ が併存するとき，電界 $\boldsymbol{E}$ と磁界 $\boldsymbol{H}$ に対する3次元の波動方程式が次式で得られる．

$$\frac{1}{v^2}\frac{\partial^2 \boldsymbol{E}}{\partial t^2} - \nabla^2 \boldsymbol{E} - \mathrm{grad}\left\{\boldsymbol{E} \cdot \mathrm{grad}[\log \varepsilon(\boldsymbol{r})] - \frac{\rho}{\varepsilon(\boldsymbol{r})\varepsilon_0}\right\}$$
$$- \{\mathrm{grad}[\log \mu(\boldsymbol{r})]\} \times \mathrm{rot}\,\boldsymbol{E} + \mu(\boldsymbol{r})\mu_0 \frac{\partial \boldsymbol{J}}{\partial t} = 0 \qquad (2.7)$$

$$\frac{1}{v^2}\frac{\partial^2 \boldsymbol{H}}{\partial t^2} - \nabla^2 \boldsymbol{H} - \mathrm{grad}\{\boldsymbol{H} \cdot \mathrm{grad}[\log \mu(\boldsymbol{r})]\}$$
$$- \{\mathrm{grad}[\log \varepsilon(\boldsymbol{r})]\} \times \mathrm{rot}\,\boldsymbol{H} - \mathrm{rot}\,\boldsymbol{J} + \{\mathrm{grad}[\log \varepsilon(\boldsymbol{r})]\} \times \boldsymbol{J}$$
$$= 0 \qquad (2.8)$$

$$v = \frac{c}{n} \qquad (2.9)$$

ただし，v は屈折率 n の媒質中での光速である．式 (2.7)，(2.8) で表される微分方程式で，前者（後者）では電界（磁界）成分が混合した形で与えられるので，これらは**ベクトル波動方程式**（vector wave equations）とよばれる．

　誘電体のように媒質中に電流と電荷が存在しない場合には，式 (2.7) と式 (2.8) で $\boldsymbol{J} = \rho = 0$ とおけるが，比誘電率 ε や比透磁率 μ の空間変化の項が残存する．さらに，比誘電率 ε と比透磁率 μ の空間変化が無視できるほど緩やか（ε や μ の勾配が波長オーダの距離で緩やか）な場合，あるいは ε と μ が一様な空間中では，波動方程式 (2.7)，(2.8) が次式に帰着する．

$$\nabla^2 \boldsymbol{\Psi} - \frac{1}{v^2}\frac{\partial^2 \boldsymbol{\Psi}}{\partial t^2} = 0 \qquad : \boldsymbol{\Psi} = \boldsymbol{E}, \boldsymbol{H} \qquad (2.10)$$

式 (2.10) は，電磁界成分ごとの微分方程式で書けるので，**スカラー波動方程式** (scalar wave equation) とよばれる．式 (2.10) は，光ファイバでよく用いられる円筒座標系 (r, θ, z) で書き下すと，

$$\frac{\partial^2 \Psi}{\partial r^2} + \frac{1}{r}\frac{\partial \Psi}{\partial r} + \frac{1}{r^2}\frac{\partial^2 \Psi}{\partial \theta^2} + \frac{\partial^2 \Psi}{\partial z^2} - \frac{1}{v^2}\frac{\partial^2 \Psi}{\partial t^2} = 0 \tag{2.11}$$

で表せる．

以上の議論からわかるように，比誘電率 ε と比透磁率 μ の空間変化がたとえ緩やかであっても，これらを考慮する場合には，ベクトル波動方程式を使わなければならない．実際の応用に際しては，スカラー波動方程式で満足な結果が得られることが多い．

2.2.2 境界条件

光導波路や光ファイバなどの導波構造では，屈折率がある境界面を境として異なっている．このような場合，一様な媒質内で成立する電磁界の形式解を，屈折率の不連続面で接続する必要がある．このように，屈折率が異なる境界面で電磁界成分を関係づける条件を**境界条件** (boundary condition) という．

境界条件では電界 E，磁界 H，電束密度 D，磁束密度 B に対する条件が規定される．一般の媒質に対する境界条件は，次のようにまとめられる (**図 2.1**)．

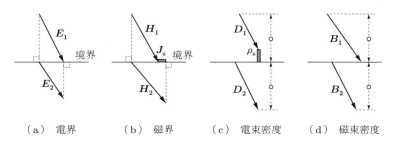

図 2.1 一般媒質に対する境界条件

(ⅰ) 電界 E の境界面に対する接線成分が連続である．
(ⅱ) 磁界 H の境界面に対する接線成分は，表面電流密度 J_s 分だけ変化する．ただし，表面電流密度 J_s は，電流密度 J を用いて $\int \boldsymbol{J} dV = \int \boldsymbol{J}_s dS$ で定義されており，dV は体積積分，dS は面積分を表す．

(iii) 電束密度 D の境界面に対する法線成分は，表面電荷密度 ρ_s 分だけ変化する．ただし，表面電荷密度 ρ_s は，電荷密度 ρ を用いて $\int \rho dV = \int \rho_s dS$ で定義されている．

(iv) 磁束密度 B の境界面に対する法線成分は連続となる．

特に，光導波路や光ファイバでよく使用される誘電体では，非磁性（比透磁率 $\mu = 1$）で，電流や電荷がない（電流密度 $J = 0$，電荷密度 $\rho = 0$）．このとき，$J_s = \rho_s = 0$ となる．誘電体に限定した境界条件では，①電界 E の接線成分，②磁界 H の接線成分，③電束密度 D の法線成分，④磁束密度 B の法線成分が境界面で連続となる．

屈折率の異なる境界面をもつ導波構造では，波動方程式から得られる電界や磁界の形式解のうち，境界条件を満たすものだけが物理的に意味をもつ．

● 2.3 電磁界に対する諸概念

本節では，導波構造に適用できる性質として，特性インピーダンスと特性アドミタンス，比誘電率の規則性と電磁界分布の関係を説明する．

2.3.1 特性インピーダンスと特性アドミタンス

電界 E [単位は V/m] と磁界 H [A/m] をそれぞれ電圧 V と電流 I に対応づけると，電磁界と電気回路との類推が容易となる．電磁界でも，比 $Z = E/H$ を**特性インピーダンス**，比 $Y = H/E$ を**特性アドミタンス**とよび，これらは逆数関係にある．

真空中の特性インピーダンス Z_0 と特性アドミタンス Y_0 は，

$$Z_0 = \frac{1}{Y_0} = \frac{E}{H} = \sqrt{\frac{\mu_0}{\varepsilon_0}} = 376.73 \ \Omega, \qquad Y_0 = \sqrt{\frac{\varepsilon_0}{\mu_0}} \tag{2.12}$$

で表される．ただし，ε_0 は真空の誘電率，μ_0 は真空の透磁率である．一般の媒質（比誘電率 ε，比透磁率 μ）での特性アドミタンス Y と特性インピーダンス Z は，次のようにさまざまな形式で表現できる．

$$Y = \frac{1}{Z} = \frac{H}{E} = \sqrt{\frac{\varepsilon\varepsilon_0}{\mu\mu_0}} = \sqrt{\frac{\varepsilon}{\mu}} Y_0 \ \left(= nY_0 = nc\varepsilon_0 = \frac{n\omega\varepsilon_0}{k_0} = \frac{nk_0}{\omega\mu_0} \right) \tag{2.13a}$$

$$Z = \frac{1}{Y} = \frac{E}{H} = \sqrt{\frac{\mu\mu_0}{\varepsilon\varepsilon_0}} = \sqrt{\frac{\mu}{\varepsilon}} Z_0 \ \left(= \frac{Z_0}{n} = \frac{1}{nY_0} \right) \tag{2.13b}$$

上式の ( ) 内は屈折率 $n(\mu = 1)$ の媒質での表現である．ただし，c は真空中の光速，ω は角周波数，$k_0 = \omega/c = 2\pi/\lambda_0$ は真空中の波数，λ_0 は真空中の波長である．

電界と磁界の次元が異なることは，実際の計算において数値の桁が大きく異なることを意味する．そのため，電磁界の数値解析法のように，電界と磁界が混合された式を扱う場合，電界と磁界のいずれかを $E' = Y_0 E$ または $H' = Z_0 H$ として次元変換をすれば，電界と磁界をほぼ同じオーダの値として扱え，桁落ちによる誤差が抑えられる．

2.3.2 比誘電率の規則性と電磁界分布の関係

光導波路や光ファイバ，あるいはフォトニック結晶では，その系の構造は比誘電率 ε や屈折率 n で記述できる．これらが規則性を有するとき，電磁界は特別な性質をもつ．本項では，規則性として鏡面対称性と周期性を取り上げ，それらと電磁界分布との関係を述べる．

(a) 比誘電率の鏡面対称性

図 2.2 に示すように，比誘電率が鏡面対称性をもつ場合を考える．演算子 T は，鏡面に垂直な方向の空間ベクトルを $\bm{r}$ から $-\bm{r}$ へ変換する操作を表すものとする．また，系の空間座標に依存する特性を $\psi(\bm{r})$ で記述することにすると，これには電磁界分布が想定されるが，これ以外のベクトル量であってもよい．このとき，比誘電率 ε の鏡面対称性は，演算子 T を用いて，

$$\mathrm{T}[\varepsilon(\bm{r})] = \varepsilon(-\bm{r}) = \varepsilon(\bm{r}) \tag{2.14}$$

で記述できる．

一方，$\psi(\bm{r})$ に鏡面対称性の変換 T を施した $\mathrm{T}[\psi(\bm{r})] = \psi(-\bm{r})$ は，未知の量である．しかし，さらに変換 T を施すと，系の鏡面対称性によりもとの特性

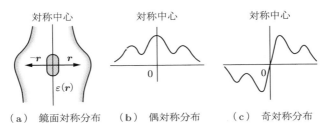

（a）鏡面対称分布　（b）偶対称分布　（c）奇対称分布

図 2.2　鏡面対称性をもつシステムの性質

$\psi(\boldsymbol{r})$ に戻るはずである．つまり，2 回の変換操作 T は，次のように書ける．

$$\mathrm{T}\{\mathrm{T}[\psi(\boldsymbol{r})]\} = \mathrm{T}^2[\psi(\boldsymbol{r})] = \mathrm{T}[\psi(-\boldsymbol{r})] = \psi(\boldsymbol{r}) \tag{2.15}$$

式 (2.15) が成立するには，T^2 は恒等変換でなければならない．

たとえば，$\psi(\boldsymbol{r})$ が 1 変数のスカラー量の場合，恒等変換は $\mathrm{T}^2 = 1$ で書け，変換操作は $\mathrm{T} = \pm 1$ で表せる．また，$\psi(\boldsymbol{r})$ が 2 変数で $\psi(\boldsymbol{r}) = {}^t(x, y)$ と書く場合（左上付き添え字 t は転置を表す），$x \cdot y$ 方向の鏡面対称性に応じて，演算子 T は

$$\mathrm{T} = \begin{pmatrix} \pm 1 & 0 \\ 0 & 1 \end{pmatrix} \quad \text{または} \quad \mathrm{T} = \begin{pmatrix} 1 & 0 \\ 0 & \pm 1 \end{pmatrix}$$

で書ける．

以上の議論より，比誘電率が鏡面対称性をもつ場合，それに属する特性 $\psi(\boldsymbol{r})$ は，偶対称 $[\mathrm{T} = 1 : \psi(-\boldsymbol{r}) = \psi(\boldsymbol{r})]$ または奇対称 $[\mathrm{T} = -1 : \psi(-\boldsymbol{r}) = -\psi(\boldsymbol{r})]$ のいずれかになることがわかる．

上記の鏡面対称性に関する性質は，次のように使える．

(ⅰ) 三層対称スラブ導波路では，屈折率つまり比誘電率が鏡面対称なので，電磁界分布の形式を設定するときに使う（3.2.2 項参照）．

(ⅱ) 電磁界を数値計算で求めた際，たとえプログラムの一部に誤りがあっても，数値結果が出る場合が多い．方形導波路や平行導波路など，断面での比誘電率が鏡面対称のとき，数値結果が正しいかどうかの大雑把なチェックに使える．

(ⅲ) 電磁界の数値計算では，計算に多くの時間を要する場合が多い．導波構造にある対称性を利用することにより，計算領域を減らして計算量を減らすことができる．フォトニック結晶では対称性が高いので，この性質が利用されている（6.9 節参照）．

(b) 比誘電率の周期性

フォトニック結晶やフォトニック結晶ファイバでは，比誘電率，つまり屈折率が周期性をもつために，フォトニックバンドギャップが生じており，これがさまざまの有用な応用をもたらしている．ここでは，比誘電率の周期性について述べる．

ある媒質が屈折率 n つまり比誘電率 ε の周期性をもち，その周期の**並進ベクトル**が Λ で記述できるとする（**図 2.3**）．このとき，周期性は

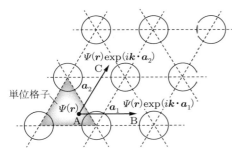

図 2.3 周期性をもつ媒質での電磁界（三角格子配列の場合）

$$\varepsilon(\boldsymbol{r}+\boldsymbol{a}_j) = \varepsilon(\boldsymbol{r}), \qquad n(\boldsymbol{r}+\boldsymbol{a}_j) = n(\boldsymbol{r}) \qquad (2.16\text{a})$$

$$\boldsymbol{\Lambda} = l_1\boldsymbol{a}_1 + l_2\boldsymbol{a}_2 + l_3\boldsymbol{a}_3 \qquad (l_j : 整数) \qquad (2.16\text{b})$$

で表せる．ただし，$\boldsymbol{a}_j\ (j=1,2,3)$ は基本空間格子ベクトル，$\boldsymbol{r}$ は 3 次元位置ベクトルである．

周期性媒質内での電磁界では，固体物理で周知のように，ブロッホの定理が成り立ち，それは

$$\boldsymbol{\Psi}(\boldsymbol{r}+\boldsymbol{a}_j) = \exp(i\boldsymbol{k}\cdot\boldsymbol{a}_j)\boldsymbol{\Psi}(\boldsymbol{r}) \qquad : \boldsymbol{\Psi} = \boldsymbol{E},\boldsymbol{H} \qquad (2.17)$$

で記述される（付録 F.1 参照）．ただし，$\boldsymbol{k}$ は第 1 ブリュアンゾーン内での波数ベクトルであり，逆格子ベクトル（付録 F.2 参照）と密接な関係がある．

● 2.4 導波構造における電磁界解析

　本書は，導波構造における電磁界解析でも，構造が光波の伝搬方向に対して不均一な場合を多く扱う．しかし，いきなり一般的な場合を説明しても理解が進まない可能性がある．また，本節で扱う均一導波路に対する考え方は，一部の不均一導波構造でも利用されるので，後で役立つ．そこで，本節では，導波構造が光波の伝搬方向に対して均一な場合における電磁界に関する基本式を，デカルト座標系と円筒座標系に対して示し，2.5・2.6 節の議論につなげる．

2.4.1 導波構造での伝搬不変量

　光導波路や光ファイバなどの導波構造で，光波が主として閉じ込め導波される部分をコア，それを取り囲む部分をクラッドという．コアの屈折率は一定とは限らず，目的に応じて屈折率が変化している場合がある．従来型導波構造で

は，コア中の最大屈折率はクラッドの屈折率よりも大きい．しかし，フォトニック結晶やフォトニック結晶ファイバなどの新型導波構造では，コアの屈折率はクラッドの等価屈折率よりも低い場合がある．

全方向に屈折率が一様な自由空間では，一定の角周波数 ω で振動する波動は，媒質中の波数 k で特徴づけられ，ω と k の関係を**分散関係**とよんでいる．しかし，屈折率が異なる層をもつ導波構造では，波数 k ではなく，以下で説明する伝搬定数 β が最も重要なパラメータとなる．

図 2.4 に示すように，光導波路中で，屈折率と形状などの構造が z 方向に対して均一であるとして，屈折率を $n(\boldsymbol{r}_\mathrm{t})$ で表す．ただし，$\boldsymbol{r}_\mathrm{t}$ は z 軸に垂直な面内での位置ベクトルであり，デカルト座標系では $\boldsymbol{r}_\mathrm{t} = (x, y)$，円筒座標系では $\boldsymbol{r}_\mathrm{t} = (r, \theta)$ である．通常の波動と同じように，光波伝搬方向を縦（longitudinal）または軸方向，光波伝搬方向に垂直な方向を横（transverse）とよんで区別する．

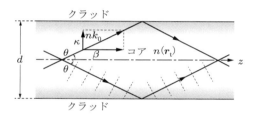

図 2.4 光導波路の概略

導波構造で安定に存在できる電磁界の状態は，z 方向には伝搬するが，横方向には伝搬せず，定在波をなすものである．これは平面波を用いて説明できる．**平面波**（plane wave）とは，**波面**（wave front，波動で位相が一定の面のことで，等位相面ともいう）が平面をなす波動である．光軸と逆方向で等しい角度をなす2つの平面波がある場合（図 2.4 参照），光軸に垂直な方向では2つの波動を合成すると，両ベクトルが逆向きのため，この方向では定在波をなす．しかし，光軸の方向では，ベクトルの成分が同じ方向を向くため，波動が伝搬する．

媒質が空間位置に依存する屈折率分布 $n(\boldsymbol{r})$ で表されるとき，光線の軌跡は光線方程式（ray equation）

$$\frac{d}{ds}\left[n(\boldsymbol{r})\frac{d\boldsymbol{r}}{ds}\right] = \mathrm{grad}[n(\boldsymbol{r})] \tag{2.18a}$$

で求められる．ただし，$\boldsymbol{r} = (x, y, z)$ は3次元の位置ベクトル，s は光線に沿って測った単位ベクトルの大きさである．

上記のように，光波が z 軸と角度 θ をなす平面波から形成されている場合，光線方程式 (2.18a) の z 成分より，

$$\frac{d}{ds}\left[n(\boldsymbol{r}_\mathrm{t})\frac{dz}{ds}\right] = \frac{\partial n(\boldsymbol{r}_\mathrm{t})}{\partial z} = 0 \tag{2.18b}$$

が得られる．dz/ds は光線の方向余弦であり $\cos\theta$ に等しい．よって，式 (2.18b) は，各位置での屈折率と光線の方向余弦の積 $n(\boldsymbol{r}_\mathrm{t})\cos\theta$ が，屈折率分布 $n(\boldsymbol{r}_\mathrm{t})$ によらず伝搬軸方向の不変量となるべきことを表す．導波光学の分野では，光の伝搬方向の不変量は**伝搬定数**（propagation constant）とよばれ，通常 β で表される．伝搬定数は光線の伝搬角 θ に対応して，次式で書ける．

$$\beta = n(\boldsymbol{r}_\mathrm{t})k_0\cos\theta \tag{2.19}$$

ただし，k_0 は真空中の波数であり，次元を波数に合わせるために導入している．

逆に，伝搬定数 β が既知の場合，

$$n_\mathrm{eff} \equiv \frac{\beta}{k_0} \tag{2.20}$$

で定義される値は屈折率の次元になるので，これを**等価屈折率**（effective index）とよぶ．

以上より，導波構造が光波の伝搬方向に対して均一であれば，その方向に伝搬定数が存在する．伝搬定数 β は，導波構造におけるさまざまな伝搬特性を規定する上での基本パラメータである．しかし，本書のいくつかの部分で扱う，導波構造が光波の伝搬方向に対して不均一な場合には，伝搬定数が存在しないことに留意する必要がある．

ちなみに，屈折率が断面内の特定領域，たとえばコアでも均一な場合，z 方向の場合と同様にして，その領域での横方向の不変量が存在する．その値を**横方向伝搬定数**とよび，κ で表すことにすると，

$$\kappa = n(\boldsymbol{r}_\mathrm{t})k_0\sin\theta \tag{2.21}$$

で表せる．

伝搬定数 β と横方向伝搬定数 κ は，式 (2.19)，(2.21) より，次のように関係づけられる．

$$\kappa^2 + \beta^2 = [n(\boldsymbol{r}_\mathrm{t})k_0]^2 \tag{2.22}$$

式 (2.22) 右辺における $n(\boldsymbol{r}_\mathrm{t})k_0$ は，媒質中の波数を表している．これは，軸方向の伝搬不変量 β が，導波構造中にある屈折率の異なる媒質の影響を受ける

ため，自由空間における波数とは異なる値になることを示している．しかし，伝搬定数は自由空間における波数と同じ役割を担っている．

2.4.2　3次元光導波構造での電磁界の表式：デカルト座標系

3次元光導波構造が z 軸方向に均一で，光波がこの方向に伝搬する場合を考える．平面波をなす光波が，角周波数 ω で時間 t と座標 z に対して規則的に振動しているとする．このとき，光波（電磁界）は複素表示を用いて，時空変動因子 $\exp[i(\omega t - \beta z)]$ をもつとして記述できる．つまり，電界と磁界がともに，

$$\boldsymbol{\Psi}(\boldsymbol{r},t) = \boldsymbol{\Psi}(\boldsymbol{r}_t)\exp[i(\omega t - \beta z)] \qquad : \boldsymbol{\Psi} = \boldsymbol{E}, \boldsymbol{H} \tag{2.23}$$

のように，変数分離形で表せる．ただし，$\boldsymbol{r}$ は3次元位置ベクトル，$\boldsymbol{r}_t$ は z 軸に垂直な面内，つまり横方向の位置ベクトルを表す．デカルト座標系 (x,y,z) では，$\boldsymbol{r}_t = (x,y)$ である．

マクスウェル方程式 (2.1a, b) で，電束密度 $\boldsymbol{D}$ と磁束密度 $\boldsymbol{B}$ が式 (2.4a, b) で記述されるとする．光導波路では通常，磁性体を使わないので，比透磁率 μ を定数とし，比誘電率が z 座標に依存せず $\varepsilon(x,y)$ で書けるとする．電磁界の時空変動因子が式 (2.23) で書かれるとき，デカルト座標系で，各電磁界成分は

$$\frac{\partial E_z}{\partial y} + i\beta E_y = -i\omega\mu\mu_0 H_x \tag{2.24a}$$

$$-i\beta E_x - \frac{\partial E_z}{\partial x} = -i\omega\mu\mu_0 H_y \tag{2.24b}$$

$$\frac{\partial E_y}{\partial x} - \frac{\partial E_x}{\partial y} = -i\omega\mu\mu_0 H_z \tag{2.24c}$$

$$\frac{\partial H_z}{\partial y} + i\beta H_y = i\omega\varepsilon_0\varepsilon(x,y) E_x \tag{2.24d}$$

$$-i\beta H_x - \frac{\partial H_z}{\partial x} = i\omega\varepsilon_0\varepsilon(x,y) E_y \tag{2.24e}$$

$$\frac{\partial H_y}{\partial x} - \frac{\partial H_x}{\partial y} = i\omega\varepsilon_0\varepsilon(x,y) E_z \tag{2.24f}$$

を満たす．$\mu = 1$ であるが，ε との対称性を示すため，μ を残している．

電界・磁界の横方向成分は，式 (2.24a, b, d, e) を用いて，次式で表すように，軸方向電磁界成分の関数として表すことができる．

$$E_x = -\frac{i}{\kappa^2}\left(\beta\frac{\partial E_z}{\partial x} + \omega\mu\mu_0\frac{\partial H_z}{\partial y}\right) \tag{2.25a}$$

2.4 導波構造における電磁界解析　**23**

$$E_y = -\frac{i}{\kappa^2}\left(\beta\frac{\partial E_z}{\partial y} - \omega\mu\mu_c\frac{\partial H_z}{\partial x}\right) \tag{2.25b}$$

$$H_x = -\frac{i}{\kappa^2}\left(\beta\frac{\partial H_z}{\partial x} - \omega\varepsilon_0\varepsilon(x,y)\frac{\partial E_z}{\partial y}\right) \tag{2.25c}$$

$$H_y = -\frac{i}{\kappa^2}\left(\beta\frac{\partial H_z}{\partial y} + \omega\varepsilon_0\varepsilon(x,y)\frac{\partial E_z}{\partial x}\right) \tag{2.25d}$$

ただし，

$$\kappa^2 \equiv \omega^2\varepsilon_0\mu_0\varepsilon(x,y)\mu - \beta^2 = [n(x,y)k_0]^2 - \beta^2 \tag{2.26}$$

である．式 (2.26) の後半の式は，式 (2.6) および波数 $k_0 = \omega/c$ を用いて得られる．軸方向電磁界成分が既知となれば，横方向電磁界成分は式 (2.25a〜d) から求められる．

式 (2.25c, d), (2.25a, b) をそれぞれ式 (2.24f), (2.24c) に代入し，比誘電率の横方向変化を考慮すると，軸方向電磁界成分 E_z と H_z に対するベクトル波動方程式

$$\frac{\partial^2 E_z}{\partial x^2} + \frac{\partial^2 E_z}{\partial y^2} + \kappa^2 E_z + \left(\frac{1}{\varepsilon} - \frac{k_0^2\mu}{\kappa^2}\right)\left(\frac{\partial \varepsilon}{\partial x}\frac{\partial E_z}{\partial x} + \frac{\partial \varepsilon}{\partial y}\frac{\partial E_z}{\partial y}\right)$$
$$= \frac{1}{Y_0}\frac{\beta k_0}{\kappa^2}\frac{\mu}{\varepsilon}\left(\frac{\partial \varepsilon}{\partial x}\frac{\partial H_z}{\partial y} - \frac{\partial \varepsilon}{\partial y}\frac{\partial H_z}{\partial x}\right) \tag{2.27a}$$

$$\frac{\partial^2 H_z}{\partial x^2} + \frac{\partial^2 H_z}{\partial y^2} + \kappa^2 H_z - \frac{k_0^2\mu}{\kappa^2}\left(\frac{\partial \varepsilon}{\partial x}\frac{\partial H_z}{\partial x} + \frac{\partial \varepsilon}{\partial y}\frac{\partial H_z}{\partial y}\right)$$
$$= Y_0\frac{\beta k_0}{\kappa^2}\left(-\frac{\partial \varepsilon}{\partial x}\frac{\partial E_z}{\partial y} + \frac{\partial \varepsilon}{\partial y}\frac{\partial E_z}{\partial x}\right) \tag{2.27b}$$

が導ける．ただし，Y_0 は真空中の特性アドミタンスである．

ここで，式 (2.27a, b) において比誘電率の横方向変化を含む項の大きさを評価する．比誘電率の横方向変化が 1 波長あたりで十分微小なとき，

$$\left|\frac{\partial \varepsilon}{\partial x}\right|, \left|\frac{\partial \varepsilon}{\partial y}\right| \ll \frac{1}{\lambda_0} \approx k_0 \tag{2.28a}$$

と書ける．式 (2.27a, b) の左辺第 1〜3 項より，電界（磁界）成分 $E_z(H_z)$ の 1 階偏微分 $\partial E_z/\partial x(\partial H_z/\partial x)$ の大きさは，$\kappa E_z(\kappa H_z)$ と同一オーダと考えられる．たとえば，式 (2.27a) の左辺第 4 項の一部の大きさは，これらと式 (2.26)，さらに n が 1 のオーダであることを考慮して，次のように見積もることができる．

$$\frac{k_0^2 \mu}{\kappa^2} \left|\frac{\partial \varepsilon}{\partial x}\right| \frac{\partial E_z}{\partial x} \ll \frac{k_0^2 \mu}{\kappa^2} k_0 \kappa E_z = \mu \frac{k_0^3}{\kappa} E_z \approx \mu \frac{\kappa^3}{n^3 \kappa} E_z \approx \kappa^2 E_z \quad (2.28\text{b})$$

これは，式 (2.27a) 左辺第 4 項の一部が，左辺第 1〜3 項よりも十分微小なことを意味する．式 (2.27a, b) の右辺で，Y_0 は電界と磁界の次元を合わせる因子である．したがって，比誘電率の横方向変化を含む項は，いずれの式の左辺第 1〜3 項よりも十分微小である．

よって，式 (2.27a, b) で比誘電率の横方向変化が緩やかなときは，これらを含む項が無視できる．このとき，軸方向の電界と磁界に対するスカラー波動方程式が，次のように同一形式で表せる．

$$\frac{\partial^2 \psi(x,y)}{\partial x^2} + \frac{\partial^2 \psi(x,y)}{\partial y^2} + \kappa^2 \psi(x,y) = 0 \quad : \psi(x,y) = E_z, H_z \quad (2.29)$$

導波構造中での光波の振る舞いを調べる場合には，まず，屈折率が均一な空間での波動方程式を解いて，電磁界の形式解を求める．次に，屈折率が異なる境界面で電磁界成分に境界条件を適用して，全体としての電磁界を決定する．

2.4.3 円筒座標系における電磁界の表式

光ファイバでは円筒対称のことが多く，円筒座標系がよく使用される．そこで本項では，円筒座標系における導波構造中の電磁界成分間の関係を求める．比誘電率が半径座標 r のみに依存して，$\varepsilon(r)$ で表されるものとする．電磁界成分を式 (2.23) で表すと，$\boldsymbol{r}_\mathrm{t} = (r, \theta)$ とおける．

前項で用いたデカルト座標系 (x, y, z) と本項で用いる円筒座標系 (r, θ, z) を関係づけるため，

$$x = r \cos\theta, \qquad y = r \sin\theta$$

とおく（**図 2.5**）．円筒座標成分 ψ_r, ψ_θ はデカルト座標成分 ψ_x, ψ_y を用いて，

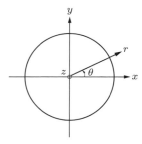

図 2.5 円筒座標系 (r, θ, z) とデカルト座標系 (x, y, z)

$$\psi_r = \psi_x \cos\theta + \psi_y \sin\theta \tag{2.30a}$$

$$\psi_\theta = -\psi_x \sin\theta + \psi_y \cos\theta \tag{2.30b}$$

で表せる．また，連鎖定理を用いて，一般の関数 f に対して，

$$\frac{\partial f}{\partial r} = \frac{\partial f}{\partial x}\frac{\partial x}{\partial r} + \frac{\partial f}{\partial y}\frac{\partial y}{\partial r} = \frac{\partial f}{\partial x}\cos\theta + \frac{\partial f}{\partial y}\sin\theta \tag{2.31a}$$

$$\frac{\partial f}{\partial \theta} = \frac{\partial f}{\partial x}\frac{\partial x}{\partial \theta} + \frac{\partial f}{\partial y}\frac{\partial y}{\partial \theta} = -\frac{\partial f}{\partial x}r\sin\theta + \frac{\partial f}{\partial y}r\cos\theta \tag{2.31b}$$

と書ける．

デカルト座標系での電磁界の成分表示に連鎖定理と式 (2.30) を適用すると，マクスウェル方程式 (2.24a〜f) は，円筒座標系で次のように書ける．

$$\frac{1}{r}\frac{\partial E_z}{\partial \theta} + i\beta E_\theta = -i\omega\mu\mu_0 H_r \tag{2.32a}$$

$$-i\beta E_r - \frac{\partial E_z}{\partial r} = -i\omega\mu\mu_0 H_\theta \tag{2.32b}$$

$$\frac{1}{r}\frac{\partial}{\partial r}(rE_\theta) - \frac{1}{r}\frac{\partial E_r}{\partial \theta} = -i\omega\mu\mu_0 H_z \tag{2.32c}$$

$$\frac{1}{r}\frac{\partial H_z}{\partial \theta} + i\beta H_\theta = i\omega\varepsilon_0\varepsilon(r) E_r \tag{2.32d}$$

$$-i\beta H_r - \frac{\partial H_z}{\partial r} = i\omega\varepsilon_0\varepsilon(r) E_\theta \tag{2.32e}$$

$$\frac{1}{r}\frac{\partial}{\partial r}(rH_\theta) - \frac{1}{r}\frac{\partial H_r}{\partial \theta} = i\omega\varepsilon_0\varepsilon(r) E_z \tag{2.32f}$$

また，円筒座標系での電磁界の横方向成分が，式 (2.32a, b, d, e) を用いて，

$$E_r = -\frac{i}{\kappa^2}\left(\beta\frac{\partial E_z}{\partial r} + \frac{\omega\mu\mu_0}{r}\frac{\partial H_z}{\partial \theta}\right) \tag{2.33a}$$

$$E_\theta = -\frac{i}{\kappa^2}\left(\frac{\beta}{r}\frac{\partial E_z}{\partial \theta} - \omega\mu\mu_0\frac{\partial H_z}{\partial r}\right) \tag{2.33b}$$

$$H_r = -\frac{i}{\kappa^2}\left(\beta\frac{\partial H_z}{\partial r} - \frac{\omega\varepsilon_0\varepsilon(r)}{r}\frac{\partial E_z}{\partial \theta}\right) \tag{2.33c}$$

$$H_\theta = -\frac{i}{\kappa^2}\left(\frac{\beta}{r}\frac{\partial H_z}{\partial \theta} + \omega\varepsilon_0\varepsilon(r)\frac{\partial E_z}{\partial r}\right) \tag{2.33d}$$

で表せる．ここで，κ^2 は式 (2.26) とほぼ同じで，比誘電率と屈折率をそれぞれ

$\varepsilon(r)$ と $n(r) = \sqrt{\varepsilon(r)\mu}$ に書き換えて得られる．式 (2.33a〜d) は，円筒座標系での横方向電磁界成分を軸方向電磁界成分の関数として表した式である．

式 (2.33c, d)，(2.33a, b) をそれぞれ式 (2.32f)，(2.32c) に代入して，比誘電率 $\varepsilon(r)$ の空間変化を考慮すると，軸方向電磁界成分に対するベクトル波動方程式

$$\frac{\partial^2 E_z}{\partial r^2} + \left[\frac{1}{r} + \left(\frac{1}{\varepsilon} - \frac{k_0^2 \mu}{\kappa^2}\right)\varepsilon'\right]\frac{\partial E_z}{\partial r} + \frac{1}{r^2}\frac{\partial^2 E_z}{\partial \theta^2} + \kappa^2 E_z$$
$$= -\frac{1}{Y_0}\frac{\beta k_0}{\kappa^2}\frac{\mu}{\varepsilon}\varepsilon'\frac{1}{r}\frac{\partial H_z}{\partial \theta} \tag{2.34a}$$

$$\frac{\partial^2 H_z}{\partial r^2} + \left(\frac{1}{r} - \frac{k_0^2}{\kappa^2}\mu\varepsilon'\right)\frac{\partial H_z}{\partial r} + \frac{1}{r^2}\frac{\partial^2 H_z}{\partial \theta^2} + \kappa^2 H_z = -Y_0\frac{\beta k_0}{\kappa^2}\varepsilon'\frac{1}{r}\frac{\partial E_z}{\partial \theta} \tag{2.34b}$$

が得られる．ただし，$\varepsilon' = d\varepsilon/dr$ は比誘電率勾配，Y_0 は真空中の特性アドミタンスである．

比誘電率の空間変化が緩やかな場合や比誘電率勾配がない（$d\varepsilon/dr = 0$）場合，式 (2.34a, b) は，式 (2.11) に時空変動因子 $\exp[i(\omega t - \beta z)]$ を適用したスカラー波動方程式

$$\frac{\partial^2 \Psi(r,\theta)}{\partial r^2} + \frac{1}{r}\frac{\partial \Psi(r,\theta)}{\partial r} + \frac{1}{r^2}\frac{\partial^2 \Psi(r,\theta)}{\partial \theta^2} + \left[\varepsilon(r)k_0^2 - \beta^2\right]\Psi(r,\theta) = 0$$
$$: \Psi(r,\theta) = E_z, H_z \tag{2.35}$$

と一致する．ただし，k_0 は真空中の波数である．

● 2.5 導波構造における伝搬特性上の基本概念

本節では，導波構造の伝搬特性を考える上で重要な基本概念として，電磁界分布と伝搬定数を説明する．電磁界分布はどのような構造でも，各種電磁界解析法を利用して求めることができる．一方，伝搬定数は，光波の伝搬方向と導波構造が均一な方向が一致する場合に限り存在することに注意を要する．

2.5.1 固有値方程式と V パラメータ

導波構造固有の値として伝搬定数 β がある（2.4.1 項参照）．伝搬定数が存在する場合，導波構造の基本特性を知る上で重要な概念は，固有値方程式と V パラメータである．

導波構造は，一般に複数の異なる屈折率をもつ層から形成されており，境界

面では電磁界成分が境界条件（2.2.2項参照）を満たす必要がある．この条件から，導波構造固有の伝搬定数 β を決める基本式である，固有値方程式が得られる．しかし，固有値方程式単独では伝搬定数 β を決めることができず，次に説明する V パラメータが必要になる．

従来型導波構造である光導波路や光ファイバにおいて，コア中の最大屈折率を n_m，クラッドの屈折率を n_2 ($n_\mathrm{m} > n_2$)，光導波路のコア幅を d，光ファイバのコア半径を a とする．これらの特性を包括的に表すパラメータとして，V パラメータがある．**V パラメータ**は**規格化周波数**（normalized frequency）ともよばれ，構造パラメータと動作波長 λ_0 を用いて，次式で定義される．

$$V \equiv \sqrt{u_\mathrm{m}^2 + w^2} = \frac{2\pi a_\mathrm{n}}{\lambda_0}\sqrt{n_\mathrm{m}^2 - n_2^2} = \frac{2\pi a_\mathrm{n} n_\mathrm{m}}{\lambda_0}\sqrt{2\Delta} \tag{2.36}$$

$$u_\mathrm{m} \equiv \sqrt{(n_\mathrm{m} k_0)^2 - \beta^2}\, a_\mathrm{n}, \qquad w \equiv \sqrt{\beta^2 - (n_2 k_0)^2}\, a_\mathrm{n} \tag{2.37}$$

$$a_\mathrm{n} \equiv \begin{cases} d/2 & : \text{光導波路} \\ a & : \text{光ファイバ} \end{cases} \tag{2.38}$$

$$\Delta \equiv \frac{n_\mathrm{m}^2 - n_2^2}{2 n_\mathrm{m}^2} \quad \left(\fallingdotseq \frac{n_\mathrm{m} - n_2}{n_\mathrm{m}} \; : \text{弱導波近似} \right) \tag{2.39}$$

ただし，u_m と w は横方向規格化伝搬定数，$k_0 = 2\pi/\lambda_0$ は真空中の波数，λ_0 は真空中の波長である．式 (2.39) で定義されている Δ は，コア・クラッド間の**比屈折率差**（relative index difference）であり，両領域間の屈折率の相対的な差を表している．

式 (2.36) は，光導波路や光ファイバの構造パラメータや動作波長の個々の値が異なっても，V パラメータが同じならば，ひとくくりにして扱えることを示している．光導波路などの各種特性が近似的に V パラメータで記述できることが多いので，このような観点からも，V パラメータは導波路特性において重要なパラメータであるといえる．固有値方程式は，横方向規格化伝搬定数 u_m と w を関係づけるものである．

現実の光導波路や光ファイバでは，コアとクラッド間の比屈折率差 Δ が 1 に比べて十分微小なとき（$\Delta \ll 1$）が多く，この条件を用いた近似を**弱導波近似**という．この近似のもとでの比屈折率差の表示を式 (2.39) で括弧内に示した．

固有値方程式と V パラメータを連立させて解くことにより，伝搬定数 β を決定することができる．伝搬定数から，2.6.2 項で述べるように，各種伝搬特性が

誘導できるので，これは光導波路や光ファイバの特性を議論する上での基本パラメータとなる．Vパラメータは，フォトニックバンドギャップを導波原理とする，新型光導波構造では用いられない．

2.5.2 モードの分類
(a) 導波モードと放射モード

固有値方程式から導かれる伝搬定数や電磁界分布をもつ，導波構造中における光波の固有状態を**モード**（mode）という．モードは構造パラメータや使用波長に依存して決まり，大別すると導波モードと放射モードがある．

導波モード（guided mode）は**伝搬モード**（propagation mode）ともよばれ，電磁界が光導波路や光ファイバのコア中を長距離にわたって安定に導波されるもので，コアから十分離れたクラッドでの電磁界は十分に減衰している（図 2.6(a)）．一方，**放射モード**（radiation mode）の電磁界分布はクラッドで振動しており，光がコアからクラッドに漏れていくので，導波されない（図 (c)）．左右が非対称の屈折率分布では，一方で光波が導波されても，他方で放射される場合がある（図 (b)）．図 (a) を完全導波，図 (b) を部分的導波という．各モードの電磁界分布は，伝搬定数と各領域での $n_j k_0$ との大小関係から決まる．

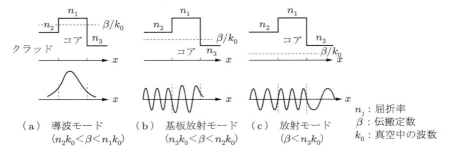

図 2.6 三層非対称スラブ導波路でのモード分類（下段：電界分布概略）

導波モードのうち，伝搬方向の電界成分をもたない（$E_z = 0$）モードは，電界が横方向成分のみをもつので **TE モード**（transverse electric mode）とよばれる．また，伝搬方向の磁界成分をもたない（$H_z = 0$）モードは，磁界が横方向成分のみをもつので **TM モード**（transverse magnetic mode）といわれる．フォトニック結晶では，TE・TM モードの定義が従来型光導波路と異なる（4.3.2

項, 8.5.1 項参照).

　光ファイバなどの 3 次元光導波構造では，伝搬方向の電磁界成分をもつ $(E_z H_z \neq 0)$ モードも現れ，これを**ハイブリッドモード**（hybrid mode）とよぶ．これには 2 種類あり，モードの判別は

$$p \equiv -\frac{\omega\mu_0}{\beta}\frac{H_z}{E_z} \tag{2.40}$$

で行う．$p < 0$ $(p > 0)$ のモードを **HE（EH）モード**という．ちなみに，TE (TM) モードでは $p = \infty(0)$ である．

(b) カットオフ

　導波モードと放射モードの境目，すなわち，光波が導波構造中に閉じ込められるぎりぎりの状態を**カットオフ**（cut off）または**遮断**という．カットオフでは，クラッドでの電磁界が平坦となって，導波構造中で導波されなくなる．カットオフに対応する V パラメータを**カットオフ V 値** V_c，そのときの波長を**カットオフ波長** λ_c とよぶが，これらの値は導波モードに依存して変わる．

　カットオフの意味は次のようになる．

(ⅰ) カットオフ V 値 V_c よりも大きな V パラメータ $(V_c \leqq V)$ をもつ導波モードは，導波構造中を伝搬する．

(ⅱ) カットオフ波長 λ_c より短波長側 $(\lambda \leqq \lambda_c)$ の導波モードは伝搬する．

● 2.6　電磁界解析から誘導できる伝搬特性

　電磁界解析から直接求められるのは，伝搬定数と電磁界分布であるが，これらから他の伝搬特性が誘導できる．その伝搬特性の項目を**表 2.1** に示す．以下では，これらと数値解析法で得られる結果との関連について説明する．伝搬定数が存在するのは，既述のように，光波の伝搬方向に対して導波構造が均一な場合だけである．

表 2.1　電磁界解析から誘導される伝搬特性

もとの特性	誘導される特性	もとの特性	誘導される特性
電磁界分布	伝搬光パワ 閉じ込め係数 実効コア断面積 伝搬定数	伝搬定数	分散関係 規格化伝搬定数 複屈折 群速度分散 利得と損失

2.6.1 電磁界分布に関係した諸概念

本項では，電磁界分布に関係した概念として，伝搬光パワ，閉じ込め係数，実効コア断面積を説明する．特別な場合については，電磁界分布から伝搬定数が求められることを示す．数値解析法で求めた電磁界からこれらの値を求める場合には，数値積分を利用する（付録 A.3 参照）．

(a) 伝搬光パワ

時間平均された，単位時間あたりの電磁界の伝搬エネルギー P_g は，光波領域では**伝搬光パワ**とよばれ，

$$P_g = \iint \overline{S} \cdot \hat{n} dS \tag{2.41a}$$

$$\overline{S} = \frac{1}{2} E \times H^* \tag{2.41b}$$

で表される．ただし，$\overline{S}\,[\mathrm{W/m^2}]$ は**ポインティングベクトル**（Poynting vector）といわれ，単位時間・単位面積あたりの電磁界エネルギーを表す．また，$\hat{n}$ は各断面での外向き法線ベクトル，dS は光波の伝搬方向に垂直な断面内の微小要素を表す．電磁界はエネルギーをもつので，外部に対して仕事を行うことができる．

単位時間・単位面積あたりの光エネルギーを**光強度** $I\,[\mathrm{W/m^2}]$ とよぶ．単色平面波の場合，電界を E とすると，光強度が次式で表せる．

$$I = \frac{1}{2} n \varepsilon_0 c |E|^2 \tag{2.42}$$

単位時間あたりの光エネルギーを**光パワ** $P\,[\mathrm{W}]$ または**光電力**という．

光導波路を伝搬する光パワ P_g は，式 (2.41a) のように，ポインティングベクトルを，光波の伝搬方向に垂直な断面内 dS で積分することによって求められる．デカルト座標系 (x, y, z) を用いると，z 方向に伝搬する単位時間あたりの伝搬光パワは，

$$P_g = \frac{1}{2} \iint (E_x H_y^* - E_y H_x^*) dx dy \tag{2.43}$$

で表せる．

数値解析法で求めた電磁界成分から伝搬光パワを計算する場合には，(x, y) 領域で求めた電磁界を式 (2.43) に代入して，数値積分を行う．コンピュータでは全断面にわたって積分することができないので，所望の誤差を満たす範囲内で有意な数値を示す領域を見定めて，数値積分する (x, y) 領域を決める．

特にスラブ光導波路で，構造が y 方向に対して均一 $(\partial/\partial y = 0)$ で，光波が z 方向に伝搬する場合，式 (2.43) はさらに簡略化される．TE・TM モードに対する伝搬光パワは，式 (2.43) に後述する式 (3.3a, b) あるいは式 (3.5a, b) を代入して，

$$P_g = \begin{cases} \dfrac{\beta}{2\omega\mu_0} \displaystyle\int_{-\infty}^{\infty} |E_y|^2 dx & : \text{TE モード} \\ \dfrac{\beta}{2\omega\varepsilon_0} \displaystyle\int_{-\infty}^{\infty} \dfrac{1}{n^2(x)} |H_y|^2 dx & : \text{TM モード} \end{cases} \quad (2.44)$$

で求められる．スラブ光導波路の場合には，伝搬光パワを計算するのに必要な電磁界成分は1つだけとなる．

円筒座標系 (r, θ, z) において，z 方向に伝搬する光パワ P_g は，

$$P_g = \frac{1}{2} \int_0^{2\pi} \int_0^{\infty} (E_r H_\theta^* - E_\theta H_r^*) r dr d\theta \quad (2.45)$$

で求められる．数値解析法で求めた電磁界成分から伝搬光パワを計算する方法は，デカルト座標系の場合の式 (2.43) と同じである．

(b) 閉じ込め係数

従来型光導波路や光ファイバは開放形導波路とよばれるように，その電磁界はクラッドまで広がっている．半導体レーザや光増幅器のように，コアに利得のある媒質を用いる場合には，活性層であるコアに閉じ込められる光パワの割合が重要となる．この光パワの断面全体の光パワに対する比率は，光の**閉じ込め係数**（confinement factor）とよばれ，

$$\Gamma \equiv \frac{P_{co}}{P_g} \quad (2.46)$$

で定義される．ここで，P_{co} はコア内を伝搬する光パワ，P_g は断面内の伝搬光パワである．

閉じ込め係数 Γ を求めるには，式 (2.43) または式 (2.45) を用いて伝搬光パワ P_g を求める．コア内で伝搬される光パワ P_{co} は，類似の式で，積分領域をコア領域に限定して計算できる．

(c) 実効コア断面積

光ファイバ断面内での光波の電磁界は，コアを中心としてクラッドにも広がっている．この光波の広がり具合の評価は，各種の光応用で重要となる．この広がり具合を定量的に表すため，次の定義式が利用される．

$$A_{\text{eff}} \equiv \frac{\left(\iint |E|^2 dS\right)^2}{\iint |E|^4 dS} \quad (E：光電界) \tag{2.47}$$

A_{eff} は**実効コア断面積**(effective mode area) または実効断面積ともよばれ，積分は光ファイバ断面全体で行う．

実効コア断面積は，光非線形応用や光パワ密度の利用，曲げ損失の低減では小さいほうが望ましく，光パワ伝送や光非線形効果の抑圧では大きいほうが望ましい．

(d) 伝搬定数

電磁界分布と伝搬定数が一義的な関係をもつことに着目すると，変分原理を利用して，電磁界分布から伝搬定数が求められることを次に示す．

デカルト座標系で $\partial/\partial y = 0$ とおいたスラブ光導波路で，構造が光波の伝搬方向 z 軸に対して均一とする．媒質の屈折率を $n(x)$ とし，屈折率勾配が波長オーダの距離で緩やかに変化しているとする．このとき，TE モードの電界成分 $E_y = \psi(x)$ は，後述する波動方程式 (5.1) を満たす．これに変分原理を適用すると，伝搬定数 β は次式に対して停留値を示す．

$$\beta^2 = \frac{-\int_{-\infty}^{\infty} [d\psi(x)/dx]^2 dx + \int_{-\infty}^{\infty} [n(x)k_0]^2 \psi^2(x) dx}{\int_{-\infty}^{\infty} \psi^2(x) dx} \tag{2.48}$$

ただし，k_0 は真空中の波数である．これは，電界分布から伝搬定数が求められることを示し，有限要素法などの電磁界解析法で利用できる．

円筒座標系で，構造が光波の伝搬方向 z 軸に対して均一とする．媒質の屈折率が半径座標のみに依存して $n(r)$ で表せ，その半径方向変化が緩やかであるとする．このとき，電磁界成分 $\psi(r)$ は，後述する波動方程式 (5.44) を満たす．これを利用すると，伝搬定数 β に関する変分表現が次式で表せる．

$$\beta^2 = \frac{-\int_0^{\infty} (d\psi/dr)^2 r dr - \nu^2 \int_0^{\infty} (1/r)\psi^2 dr + \int_0^{\infty} [n(r)k_0]^2 \psi^2 r dr}{\int_0^{\infty} \psi^2 r dr} \tag{2.49}$$

式 (2.49) で方位角モード次数を $\nu = 0$ とおくと，これは光ファイバにおける最

低次モードである HE_{11} モードに対する結果に相当する．

2.6.2 伝搬定数に関係した諸概念

伝搬定数 β に関係した特性として，分散関係，規格化伝搬定数，複屈折，群速度分散，利得と損失などを説明する．数値解析法で求めた伝搬定数から，これらの特性値を求めるのに必要な数値微分については付録 A.2(b) を参照のこと．

(a) 分散関係

伝搬定数 β が光波の角周波数 ω に依存することを**分散** (dispersion)，両者の関係を**分散関係**，ω–β 関係を表す曲線を**分散曲線**という．分散があるとき，ω と β は比例しない．分散関係は，フォトニック結晶やフォトニック結晶ファイバにおいて，フォトニックバンド構造（8.4.2 項参照）を記述する際によく使用される．

(b) 規格化伝搬定数

導波構造の特性を記述する上で，伝搬定数 β は基本的なパラメータである．伝搬定数 β は動作点に応じて複雑に変化するが，これが比較的簡単な形で書ければ有用である．

多層コア（最大屈折率 n_m）とクラッド（屈折率 n_2）からなる従来型光導波路や光ファイバを考える．V パラメータ，横方向規格化伝搬定数の定義を利用し，弱導波近似のもとで得られる近似式 $n_\mathrm{m} \fallingdotseq n_2 (1 + \Delta)$ を適用すると，伝搬定数 β が

$$\beta \fallingdotseq n_2 k_0 [1 + b(V)\Delta] \tag{2.50}$$

$$b(V) \equiv \frac{\beta^2 - (n_2 k_0)^2}{(n_\mathrm{m} k_0)^2 - (n_2 k_0)^2} = \left(\frac{w}{V}\right)^2 \tag{2.51}$$

で近似できる．ただし，V は V パラメータ，w はクラッドでの横方向規格化伝搬定数，Δ は比屈折率差，k_0 は真空中の波数である．式 (2.51) の後半は，式 (2.36)，(2.37) を用いて導ける．

$b(V)$ は**規格化伝搬定数** (normalized propagation constant) とよばれている．これは，クラッドでの波数 $n_2 k_0$ から測った伝搬定数 β を，コア・クラッド間の波数差で規格化した値と考えることができる．式 (2.51) は，従来型光導波路や光ファイバのいずれにも適用できる．

(c) 複屈折

水晶や雲母などの結晶を通して文字を見ると，文字が二重になって見える現

象があり，これは複屈折とよばれる．この現象は，入射光が結晶中で2つの状態に分解され，異なる屈折率で伝搬したために生じている．

単一モード光ファイバでも，コア形状やコア近傍の熱応力分布が円筒対称からずれた場合，最低次導波モードの縮退が解けて，2つの固有モードが伝搬するようになる．このとき，光ファイバ断面内の対称軸に沿った2つの互いに直交する直線偏光（たとえば，x偏波（HE_x）とy偏波（HE_y））が，異なる伝搬定数で伝搬する．このように，光ファイバ中で2つの固有状態をもつ光波に別れて伝搬する現象を，導波光学の分野では**複屈折**（birefringence），このようなファイバを**偏波光ファイバ**とよんでいる．

偏波光ファイバ中の2つの固有偏光モードの伝搬定数をそれぞれβ_1，β_2で表すとき，両固有モード間の伝搬定数差

$$\Delta\beta \equiv \beta_1 - \beta_2 \tag{2.52}$$

を**複屈折**とよぶ．偏波光ファイバを評価するパラメータとして，複屈折を無次元にした**モード複屈折**（modal birefringence）（規格化複屈折ともよぶ）がよく用いられる．これは伝搬定数差（複屈折）$\Delta\beta$を用いて，

$$B \equiv \frac{\Delta\beta}{k_0} \tag{2.53}$$

で定義される．モード複屈折は，複屈折を屈折率の次元で表したものである．

(d) 群速度分散

光パルスを光ファイバに入射させると，出射端での光パルス幅が入射端よりも広がる（**図2.7**）．このように，光パルス幅が伝搬により広がる性質は，**群速度分散**または単に**分散**といわれる．分散は，媒質中に存在できる状態がそれぞれに固有の群速度で伝搬するので，出射端では異なる時間に到達するために生じている．

分散特性の実用的意義として次のものがある．

(i) 光ファイバ通信では，光パルス列を符号化して送信する．送信パルスが分散で広がり過ぎると，隣接パルス間で重なりを生じ，符号誤りを生じる．そのため，中継間隔あるいは符号伝送速度（単位時間あたりの送信信号量）が群速度分散で制限を受ける．

(ii) 光ソリトン（伝搬しても波形が不変の光パルス）は，光カー効果（光非線形効果の一種）と分散の均衡で形成されるため，分散の存在が不可欠である．

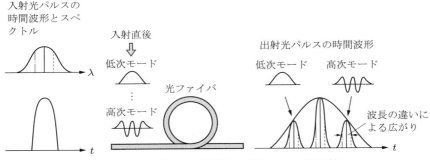

図 2.7 群速度分散による光パルス幅の広がり

(iii) 非線形光学では，導波路による分散が位相整合条件に利用できる．

光導波路や光ファイバ中での分散は，伝搬定数 β が光の角周波数 ω に依存することにより生じている．このときの**群速度**（group velocity）は，

$$v_{\mathrm{g}} \equiv \frac{1}{d\beta/d\omega} \tag{2.54}$$

で表される．実用的には，単位距離あたりの遅延時間のほうがわかりやすいので，群速度の逆数である**群遅延**（group delay）τ_{g}，つまり信号の単位長さあたりの伝搬遅延時間がよく使用される．群遅延は，

$$\tau_{\mathrm{g}} \equiv \frac{1}{v_{\mathrm{g}}} = \frac{1}{c}\frac{d\beta}{dk_0} \,[\mathrm{ps/km}] \tag{2.55}$$

で表される．ただし，k_0 は真空中の波数，c は真空中の光速であり，[ ] 内は実用的によく使用される単位を表す．

数値解析法を利用して群遅延 τ_{g} を求める方法を，以下で説明する．まず，等間隔の数個の波数に対して伝搬定数 β を数値解析法で求める．これらの値をもとにして，1 階微分の数値微分（付録 A.2 参照）を利用して群遅延を求める際，1 つの群遅延値を求めるのに利用する伝搬定数値の数は 2 点ないし 3 点程度である．これらの β 値を式 (2.55) に適用して，群遅延 τ_{g} を求める．

光ファイバでの分散を要因別に分類すると，①モード分散，②材料分散，③導波路分散，④偏波分散がある．次に，これらを個々に説明する．

モード分散（mode dispersion）とは，多モード光ファイバで複数の導波モードが伝搬する際，各モードの伝搬定数が異なることにより生じる群速度分散で

ある．各導波モードについて群遅延を求め，それらの最大・最小群遅延の差から群遅延差 $\Delta\tau_g$ を求める．

光源がスペクトル幅をもつとき，各導波モード内での群遅延は波長に依存して変化する．この要因による波動の広がりを**色分散**（chromatic dispersion）または**波長分散**という．色分散は，単一モード光ファイバにおけるパルス広がりの主要因である．

光源が中心波長 λ で波長幅 $\Delta\lambda$ をもつとき，ステップ形光ファイバにおける単位波長幅あたりの群遅延量 S は，次式で得られる．

$$S \equiv \frac{\Delta\tau_g}{\Delta\lambda}$$
$$= \frac{1}{c\lambda}\left[\lambda^2\frac{d^2n_1}{d\lambda^2}\Gamma + \lambda^2\frac{d^2n_2}{d\lambda^2}(1-\Gamma) + n_1\Delta V\frac{d^2(Vb)}{dV^2}\right] \text{[ps/(km·nm)]} \tag{2.56}$$

$$b(V) = \left(\frac{w}{V}\right)^2, \qquad \Gamma(V) = b + \frac{1}{2}V\frac{db}{dV} \tag{2.57}$$

ここで，Γ は閉じ込め係数，n_1 と n_2 はコア・クラッドの屈折率，Δ は比屈折率差，V は V パラメータ，w はクラッドでの横方向規格化伝搬定数，b は規格化伝搬定数である．[ ] 内は実用的によく使用される単位を表す．

式 (2.56) の第 1・2 項での $\lambda^2(d^2n_j/d\lambda^2)$ は，光ファイバ材料の屈折率分散から決まる値で**材料分散**（material dispersion）という．屈折率分散はセルマイアの式で記述されている．第 3 項は導波路構造に起因する効果で，**導波路分散**（waveguide dispersion）または**構造分散**という．導波路分散は比屈折率差 Δ に比例している．導波路分散の V 依存性は，V に式 (2.36)，b に式 (2.51) の定義を使えば，一般の屈折率分布にも使える．

数値解析法を利用して導波路分散を求めるには，まず複数の等間隔の V パラメータに対して伝搬定数 β を求める．その結果および構造パラメータと動作波長から，規格化伝搬定数 b を求める．そして，3 点ないし 5 点に対する Vb 値から 2 階微分の数値微分を行い，導波路分散を算出する（付録 A.2 参照）．

上述のように，単一モード光ファイバの断面内のコア形状が円筒対称からずれると，偏波光ファイバとなる．2 つの固有偏光モードの群速度の違い，すなわち伝搬定数 β_j の違いで生じる群遅延差 $\Delta\tau_g$ を**偏波分散**（polarization dispersion）または**偏波モード分散**という．偏波分散は次式で定義される．

$$\Delta\tau_\mathrm{g} \equiv \frac{1}{c}\frac{d(\Delta\beta)}{dk_0} \tag{2.58}$$

数値解析法を利用して偏波分散を求めるには，まず両偏光に対する伝搬定数 β_j を計算する．次に，モード分散の場合と同じようにして，両偏光に対する群遅延を数値微分で求め，それらの差から偏波分散を求める．

(e) 利得と損失

利得と損失は，次に示すように，伝搬定数の虚部と密接な関係がある．この場合には，屈折率を複素屈折率で扱っておく必要がある．

複素屈折率は

$$\tilde{n} = n - ik \tag{2.59}$$

と書かれ，n（実数）を屈折率，k を**消衰係数**とよぶ．消衰係数の前の符号が負になっているのは，損失の場合に正で表されるようにしているためである．消衰係数は次式で書ける．

$$k = \frac{\alpha_\mathrm{I} c}{2\omega} \tag{2.60}$$

ただし，α_I は光強度吸収係数，ω に角周波数，c は真空中の光速である．

伝搬定数 β を実・虚部に分けて，

$$\beta = \mathrm{Re}(\beta) + i\mathrm{Im}(\beta) \tag{2.61}$$

と書く．Re と Im は，それぞれ ( ) 内の実・虚部をとることを表す．式 (2.61) を時空変動因子に代入すると，

$$\exp[i(\omega t - \beta z)] = \exp(i\omega t)\exp[-i\mathrm{Re}(\beta)z + \mathrm{Im}(\beta)z] \tag{2.62}$$

が得られる．これは，$\mathrm{Im}(\beta) > 0$ の場合，活性媒質などから利得を得て，光波が伝搬とともに増幅されることを意味する．一方，$\mathrm{Im}(\beta) < 0$ の場合，光波が媒質で損失を受けることを意味している．

伝搬定数の虚部 $\mathrm{Im}(\beta)\,[\mathrm{\mu m}^{-1}]$ を損失 $L\,[\mathrm{dB/km}]$ と関係づけると，

$$L = -\frac{20}{\ln 10}\mathrm{Im}(\beta) \times 10^9 \tag{2.63}$$

が得られる．また，損失は光強度吸収係数 $\alpha_\mathrm{I}\,[\mathrm{cm}^{-1}]$ と，

$$L = 4.343 \times 10^5 \alpha_\mathrm{I} \tag{2.64}$$

で関係づけられる．

3章
光導波路と光ファイバにおける電磁界の解析的手法

　本書の次章以降で説明する電磁界の数値解析法では，電磁界が数値的に求められるが，得られた数値結果が正しいかどうかの判断をする必要がある．導波構造や解析手法が異なる場合，定量的な結果は異なるが，定性的な性質には共通点がある．したがって，厳密解が得られる場合の扱いや，その結果の定性的な理解に慣れておくことは，数値解析法の結果を解釈する上でも役立つ．

　そこで，本章では，電磁界の厳密解が求められる場合について，前章での一般的な内容を具体化する．具体例として，2次元デカルト座標系で扱う三層対称スラブ導波路と，円筒座標系で扱うステップ形光ファイバを取り上げ，電磁界分布や固有値方程式の導出，定性的性質などを説明する．

3.1 スラブ光導波路における電磁界解析の基本式

　本節では，2次元光導波路の代表例であるスラブ光導波路の電磁界解析を行う際に使用する，デカルト座標系における基本式を示す．三層対称スラブ導波路を3.2節で扱う．なお，三層非対称スラブ導波路と4層スラブ導波路を後述する（9.4.1項，9.4.2項）．一般的な多層スラブ導波路の解法を9.3節で示す．

3.1.1 スラブ光導波路の構造と基本式

　光導波路は等方性・非磁性（比透磁率 $\mu = 1$）で，損失がなく，電流・電荷がともに零（$\boldsymbol{J} = \rho = 0$）の誘電体とする．実質的には，半導体にも適用できる．デカルト座標系で，構造が y 方向に対して均一であり（$\partial/\partial y = 0$），x 方向が平板状構造の導波路を，**スラブ光導波路**という（**図 3.1**）．光波は構造が均一な z 軸方向に伝搬するものとする．比誘電率 ε，つまり屈折率 $n(=\sqrt{\varepsilon})$ が x 座標のみに依存して $n(x)$ で表せ，光波は x 方向の屈折率変化で閉じ込められる．

　導波路構造が z 軸方向に対して均一なので，2.4.1項で述べたように，z 方向

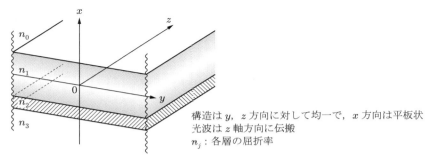

図 3.1 スラブ光導波路の概略

に対して伝搬の不変量があり，これを伝搬定数 β で表す．このとき，光の角周波数を ω とおき，電磁界が時空変動因子 $\exp[i(\omega t - \beta z)]$ をもって，

$$\Psi(x,z,t) = \psi(x)\exp[i(\omega t - \beta z)] \quad (\Psi: \text{各電磁界成分}) \quad (3.1)$$

に従って変化するものとする．このとき，x 座標に依存する電界 E と磁界 H を決めるマクスウェル方程式は，式 (2.24a～f) に $\mu = 1$, $\partial/\partial y = 0$ を適用して，

$$i\beta E_y = -i\omega\mu_0 H_x \tag{3.2a}$$

$$-i\beta E_x - \frac{dE_z}{dx} = -i\omega\mu_0 H_y \tag{3.2b}$$

$$\frac{dE_y}{dx} = -i\omega\mu_0 H_z \tag{3.2c}$$

$$i\beta H_y = i\omega\varepsilon_0 n^2(x) E_x \tag{3.2d}$$

$$-i\beta H_x - \frac{dH_z}{dx} = i\omega\varepsilon_0 n^2(x) E_y \tag{3.2e}$$

$$\frac{dH_y}{dx} = i\omega\varepsilon_0 n^2(x) E_z \tag{3.2f}$$

と書ける．ここで，ε_0 は真空の誘電率，μ_0 は真空の透磁率である．

式 (3.2a～f) で電磁界成分に着目すると，a, c, e の方程式群は電磁界成分 E_y, H_z, H_x を含み，b, d, f の方程式群は H_y, E_z, E_x を含むので，両方程式群が分離できる．これらの方程式群に対応して，前者から TE モード（軸方向電界成分をもたない：$E_z = 0$），後者から TM モード（軸方向磁界成分をもたない：$H_z = 0$）が得られる．

3.1.2 スラブ光導波路での TE・TM モードの基本式

(a) TE モードの基本式

TE モードの非零電磁界成分は E_y, H_z, H_x であり，式 (3.2a, c) を用いて，

これらの成分が

$$H_x = -\frac{\beta}{\omega\mu_0} E_y \tag{3.3a}$$

$$H_z = \frac{i}{\omega\mu_0} \frac{dE_y}{dx} \tag{3.3b}$$

で関係づけられる．ただし，$E_z = E_x = H_y = 0$ である．

式 (3.2e) に式 (3.3a, b) を代入し，電界成分 E_y について整理して，TE モードに対する波動方程式が次式で得られる．

$$\frac{d^2 E_y}{dx^2} + \{[n(x)k_0]^2 - \beta^2\} E_y = 0 \tag{3.4}$$

ただし，$n(x)$ は光導波路の断面内屈折率分布，β は伝搬定数，k_0 は真空中の波数である．TE モードでは，E_y 成分が既知となれば，式 (3.3a, b) を用いて，他の電磁界成分が求められる．

(b) TM モードの基本式

TM モードの非零電磁界成分は H_y, E_z, E_x であり，式 (3.2d, f) を用いて，これらが

$$E_x = \frac{\beta}{\omega\varepsilon_0 n^2(x)} H_y \tag{3.5a}$$

$$E_z = -\frac{i}{\omega\varepsilon_0 n^2(x)} \frac{dH_y}{dx} \tag{3.5b}$$

で表される．また，$H_z = H_x = E_y = 0$ である．TM モードでは，E_x と E_z の表示式の分母に屈折率 $n(x)$ が含まれていることに注意を要する．

式 (3.2b) に式 (3.5a, b) を代入し，磁界成分 H_y について整理して，TM モードに対する波動方程式が，

$$n^2(x) \frac{d}{dx}\left[\frac{1}{n^2(x)} \frac{dH_y}{dx}\right] + \{[n(x)k_0]^2 - \beta^2\} H_y = 0 \tag{3.6}$$

で得られる．TM モードでは，H_y 成分が既知となれば，式 (3.5a, b) を用いて，他の電磁界成分が求められる．

●3.2 三層対称スラブ導波路：2次元デカルト座標系での電磁界解析の実例

本節では，2 次元デカルト座標系における電磁界の解析例を示すため，屈折率分布がコア中心に対して対称な，従来型光導波路に属する**三層対称スラブ導**

波路を扱う．これは導波現象を扱う上での基本構造であり，その理論的扱いや考え方は，他の導波構造に対しても容易に適用できる利点がある．そこで，三層対称スラブ導波路の固有値方程式や電磁界の求め方を説明する．

3.2.1 三層対称スラブ導波路の基礎
(a) 波動方程式と電磁界の形式解

スラブ光導波路が誘電体からなるとし，その屈折率分布を $n(x)$ で表す．光導波路の中心部分に光波を集中させて伝搬させるため，中心部の屈折率を周辺よりも高くしている（**図 3.2**）．この屈折率 n_1 の高い部分を**コア**，周辺の屈折率 n_2 の低い部分を**クラッド**という（$n_1 > n_2$）．コアおよびクラッド内の屈折率は，それぞれ一定値とし，コア幅を d とする．コア中心を x 座標の原点にとる．

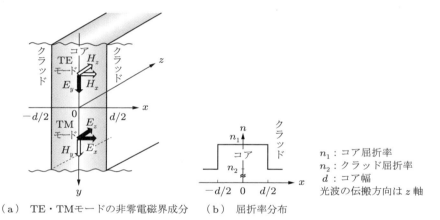

（a） TE・TMモードの非零電磁界成分　　（b） 屈折率分布

図 3.2 三層対称スラブ導波路の構造と電磁界成分

コアやクラッドのように，屈折率が一定値の領域では，式 (3.4)，(3.6) に示した TE・TM モードにおける電磁界成分 $\psi(x)$ に対する波動方程式が形式的に一致する．よって，コアとクラッドにおける波動方程式は次式で示される．

$$\frac{d^2\psi}{dx^2} + [(n_1 k_0)^2 - \beta^2]\psi = 0 \qquad : コア \qquad (3.7a)$$

$$\frac{d^2\psi}{dx^2} - [\beta^2 - (n_2 k_0)^2]\psi = 0 \qquad : クラッド \qquad (3.7b)$$

$$: \psi(x) = \begin{cases} E_y & : \text{TE モード} \\ H_y & : \text{TM モード} \end{cases}$$

これらはともに定数係数の2階線形常微分方程式なので，容易に解ける．コアとクラッドにおける微分方程式は形式的に同じであるが，物理的内容と対応するように分けて書いている．

式 (3.7a, b) の各領域での ψ に対する数学的な形式解として，次のものがある．

$$\psi = \begin{cases} \cos(\kappa_1 x), \sin(\kappa_1 x) \\ \exp(\pm i\kappa_1 x) \end{cases}, \quad \kappa_1 \equiv \sqrt{(n_1 k_0)^2 - \beta^2} : \mathrm{コア} \qquad (3.8\mathrm{a})$$

$$\psi = \begin{cases} \exp(\pm \gamma_2 x) \\ \cosh(\gamma_2 x), \sinh(\gamma_2 x) \end{cases}, \quad \gamma_2 \equiv \sqrt{\beta^2 - (n_2 k_0)^2} : \mathrm{クラッド} \quad (3.8\mathrm{b})$$

ここで，κ_1 と γ_2 はコアとクラッドでの**横方向伝搬定数**であり，電磁界の変化率に対応する．一般に，$n_1 k_0 > \beta$ での電磁界は振動関数となり，解の候補として三角関数がある．$\beta > n_2 k_0$ での電磁界は単調関数となり，指数関数や双曲線関数が解の候補となる．どの関数形を用いるかは，物理的内容と波動関数との対応を考慮して判断する．

上記の形式解は数学的なもので，物理的に存在が可能かどうかをさらに検討する必要がある．

(b) 導波構造中の光波に対する物理的要請

導波モードでは，光波が長距離にわたってコアに閉じ込められる必要がある．そのためには，電磁界は次の物理的条件を満たす必要がある．

(i) コアでの電磁界が有限値となる．
(ii) クラッド部分では，コア中心から離れるに従って光強度が減衰し，十分遠方では電磁界が限りなく零に近づいている．
(iii) コアとクラッドの境界面で境界条件を満たしている．

3.2.2 三層対称スラブ導波路における TE モードの基本特性

本項では，三層対称スラブ導波路における TE モードの固有値方程式と電磁界分布の求め方を説明する．

三層対称スラブ導波路では，屈折率つまり比誘電率が $x = 0$ に関して鏡面対称だから，2.3.2 項 (a) で述べたように，その電磁界分布は偶対称または奇対称となる．前項で述べた物理的条件を満たすためには，TE モードに対する波動方程式 (3.7a, b) の解として，各領域の電界 E_y を次のようにおけばよい．

3.2 三層対称スラブ導波路：2次元デカルト座標系での電磁界解析の実例

$$E_y = \begin{cases} A_{1c}\cos(\kappa_1 x) + A_{1s}\sin(\kappa_1 x) & : |x| \leqq d/2 \;(\text{コア}) \\ C\exp(\gamma_2 x) & : x \leqq -d/2 \;(\text{クラッド}) \\ D\exp(-\gamma_2 x) & : d/2 \leqq x \;(\text{クラッド}) \end{cases} \quad (3.9)$$

ここで，$A_{1c} \sim D$ は電界振幅係数であり，これらは境界条件から決定される．

誘電体での境界条件は，2.2.2項で示したように，次の2つである．

① 電界と磁界の境界面に対する接線成分が連続なこと．
② 電束密度と磁束密度の境界面に対する法線成分が連続なこと．

TEモードの場合，条件①からは E_y 成分と H_z 成分が境界面で連続となるように設定すればよい．条件②からは $B_x[= \mu_0 H_x = -(\beta/\omega)E_y]$ 成分が境界面で連続となる．伝搬定数 β はコアとクラッドで共通だから，E_y 成分の連続条件が満たされれば，B_x 成分の連続条件も自動的に満たされる．よって，TEモードでは E_y と $H_z[= (i/\omega\mu_0)(dE_y/dx)]$ のみを境界面で連続とすればよい．言い換えれば，TEモードでの境界条件は，電界とその傾きがともにコア・クラッド境界で連続ということと等価である．

電磁界分布が偶対称の場合，式 (3.9) の電界振幅係数で $A_{1s} = 0,\; C = D$ とおける．E_y と H_z 成分にコア・クラッド境界 $(x = \pm d/2)$ における境界条件を適用すると，振幅係数 A_{1c} と D が満たすべき条件は，次の行列形式で表せる．

$$\begin{pmatrix} \cos\dfrac{\kappa_1 d}{2} & -\exp\dfrac{-\gamma_2 d}{2} \\ \kappa_1 \sin\dfrac{\kappa_1 d}{2} & -\gamma_2 \exp\dfrac{-\gamma_2 d}{2} \end{pmatrix} \begin{pmatrix} A_{1c} \\ D \end{pmatrix} = \begin{pmatrix} 0 \\ 0 \end{pmatrix} \quad (3.10)$$

上記の行列で，電界振幅係数 A_{1c} と D が自明解以外の解をもつ条件，つまり行列式 $= 0$ より，

$$w = u\tan u \quad : \text{TE偶対称モード} \quad (3.11)$$

が得られる．ただし，

$$u \equiv \frac{\kappa_1 d}{2} = \sqrt{(n_1 k_0)^2 - \beta^2}\,\frac{d}{2} \quad (3.12)$$

$$w \equiv \frac{\gamma_2 d}{2} = \sqrt{\beta^2 - (n_2 k_0)^2}\,\frac{d}{2} \quad (3.13)$$

はそれぞれコア，クラッドでのコア半幅で規格化した**横方向規格化伝搬定数**で，無次元である．また，$k_0 = 2\pi/\lambda_0$ は真空中の波数，λ_0 は真空中の波長である．式 (3.11) には伝搬定数 β が陰に含まれており，これは**固有値方程式** (eigenvalue equation) または**特性方程式**とよばれる．

式 (3.10) の第 1 行より，E_y 成分の電界振幅係数比が，

$$\frac{D}{A_{1c}} = \frac{C}{A_{1c}} = \exp(w)\cos u \quad :\text{TE 偶対称モード} \tag{3.14}$$

で求められる．式 (3.14) を式 (3.9) に代入して得られる電界分布が，確かに原点に関して対称となっている．これを **TE 偶対称モード**（TE even mode）とよぶ．

固有値方程式 (3.11) の右辺には三角関数が含まれているので，これは u についての多値関数となる．そこで，解を小さい u から順序づけて次数で区別して，TE_{2m} と書き表す ($m:0,1,2,\cdots$)．TE 偶対称モードに対する磁界成分（H_x と H_z）は，いま得られた E_y 成分を式 (3.3a, b) に適用して求められる．

一方，電磁界が奇対称の場合，式 (3.9) で振幅係数を $A_{1c} = 0$，$C = -D$ とおく．境界条件を適用すると，残りの振幅係数に対して次式が成立する．

$$\begin{pmatrix} \sin\dfrac{\kappa_1 d}{2} & -\exp\dfrac{-\gamma_2 d}{2} \\ \kappa_1 \cos\dfrac{\kappa_1 d}{2} & \gamma_2 \exp\dfrac{-\gamma_2 d}{2} \end{pmatrix} \begin{pmatrix} A_{1s} \\ D \end{pmatrix} = \begin{pmatrix} 0 \\ 0 \end{pmatrix} \tag{3.15}$$

式 (3.15) より，固有値方程式と電界振幅係数比が次式で得られる．

$$w = -u\cot u \quad :\text{TE 奇対称モード} \tag{3.16a}$$

$$\frac{D}{A_{1s}} = -\frac{C}{A_{1s}} = \exp(w)\sin u \quad :\text{TE 奇対称モード} \tag{3.16b}$$

これは **TE 奇対称モード**（TE odd mode）とよばれ，TE_{2m+1} と書かれる ($m:0,1,2,\cdots$)．この場合の磁界成分（H_x と H_z）も，E_y 成分を式 (3.3a, b) に適用して求められる．

3.2.3 三層対称スラブ導波路における TM モードの基本特性

本項では，三層対称スラブ導波路における TM モードの固有値方程式と電磁界分布の求め方を説明する．式 (3.7a, b) からわかるように，TM モードの波動方程式は TE モードと形式的に同じである．よって，TM モードの場合，TE モードにおける式 (3.9) での E_y 成分の代わりに，磁界成分 H_y をとれば，コアとクラッドにおける形式解が式 (3.9) と同じ形に設定できる．この場合，式 (3.9) における電界振幅係数を磁界振幅係数と読み替えることにする．

TM モードの場合，TE モードと同様な検討を行うと，2.2.2 項での境界条件 ①，② より，H_y と $E_z \, [= -(i/\omega n^2 \varepsilon_0)(dH_y/dx)$：式 (3.5b) 参照] のみをコ

ア・クラッド境界で連続とすればよい．ここで，上記 E_z の表示では分母に屈折率 n^2 が含まれており，屈折率がコアとクラッドで異なっていることに注意を要する．

TM 偶対称モード（TM even mode）の場合，TE モードと同様の手法を用いて，固有値方程式が，

$$w = \left(\frac{n_2}{n_1}\right)^2 u \tan u \quad : \text{TM 偶対称モード} \tag{3.17a}$$

で，磁界 H_y の磁界振幅係数比が，

$$\frac{D}{A_{1c}} = \frac{C}{A_{1c}} = \exp(w)\cos v \quad : \text{TM 偶対称モード} \tag{3.17b}$$

で得られる．ここで，n_1 と n_2 はコアとクラッドの屈折率，u と w は式 (3.12)，(3.13) で定義した横方向規格化伝搬定数である．

TM 奇対称モード（TM odd mode）に対する固有値方程式が，

$$w = -\left(\frac{n_2}{n_1}\right)^2 u \cot u \quad : \text{TM 奇対称モード} \tag{3.18a}$$

で，磁界 H_y の磁界振幅係数比が，

$$\frac{D}{A_{1s}} = -\frac{C}{A_{1s}} = \exp(w)\sin u \quad : \text{TM 奇対称モード} \tag{3.18b}$$

で得られる．

TE モードの場合と異なり，TM モードの固有値方程式にはコアとクラッドの屈折率比（n_2/n_1）も含まれている．そのため，TM モードの横方向規格化伝搬定数 u と w の値は，V パラメータだけでなく，屈折率比（n_2/n_1）にも依存する．

TM モードの他の電界成分は，上で求めた H_y を式 (3.5a, b) に適用して得られる．TM モードの境界条件では，法線成分 E_x を求める式 (3.5a) の右辺分母に n^2 が含まれている．よって，コア・クラッド境界で H_y 成分が連続となっても，法線成分 E_x は境界面で不連続となる．

3.2.4 伝搬定数の決定方法

固有値方程式は，導波構造の特性を規定する伝搬定数 β を求めるための基本式である．これから求められる，三層対称スラブ導波路における低次 TE・TM モードに対する u–w 特性を**図 3.3** に示す．TM モードでは $n_2/n_1 = 0.95$ と

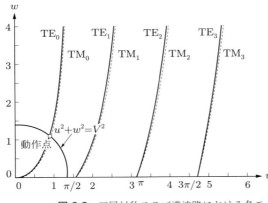

図 3.3 三層対称スラブ導波路における各モードの u–w 特性

している．これを描くには固有値方程式 (3.11), (3.16a)～(3.18a) を利用した．三層対称スラブ導波路では，TE・TM モードの u–w 特性は近い値を示している．この段階では，解の曲線群を与えるだけであり，動作点は一義的には定まらない．動作点，つまり所与の条件に対する伝搬定数 β の値は，次に述べる V パラメータを用いてはじめて決定できる．

V パラメータつまり**規格化周波数** V は，2.5.1 項の式 (2.36) にならって，

$$V \equiv \sqrt{u^2 + w^2} = \frac{k_0 d}{2}\sqrt{n_1^2 - n_2^2} = \frac{\pi d}{\lambda_0}\sqrt{n_1^2 - n_2^2} = \frac{\pi d}{\lambda_0} n_1 \sqrt{2\Delta} \tag{3.19}$$

$$\Delta \equiv \frac{n_1^2 - n_2^2}{2n_1^2} \quad \left(\fallingdotseq \frac{n_1 - n_2}{n_1} \quad : 弱導波近似\right) \tag{3.20}$$

と書ける．ここで，u, w はコア・クラッドの横方向規格化伝搬定数，d はコア幅，$n_1(n_2)$ はコア（クラッド）の屈折率，k_0 は真空中の波数，λ_0 は真空中の波長，Δ はコア・クラッド間の**比屈折率差**である．

式 (3.19) は，構造パラメータ (d, n_1, n_2) および動作波長 λ_0 を指定すれば，V パラメータが決まることを示している．V が決まった後は，各パラメータの個々の値ではなく，V パラメータだけで座標 (u, w) 上の動作点が決まる．

式 (3.19) から直ちに，

$$u^2 + w^2 = V^2 \tag{3.21}$$

が得られ，これは原点を中心とした半径 V の円を表す．よって，座標 (u, w) 上で V パラメータを半径とする円と，各モードの解曲線群の交点から動作点が決

定できる.図 3.3 からわかるように,$V < \pi/2$ では各モードの交点は 1 つであり,V の増加とともに交点の数が増える.ひとたび横方向規格化伝搬定数 u と w の 1 つの組合せが決まれば,式 (3.12),(3.13) のいずれかを用いて,伝搬定数 β を求めることができる.

式 (3.11) と式 (3.17a) の固有値方程式を比較してわかるように,TE モードと TM モードに対して同じ u や w が用いられていても,特定の V パラメータ V に対する u や w は,両モードで異なる値をとることに注意する必要がある.

三層対称スラブ導波路における,TE 偶・奇対称モードの電界分布の概略を**図 3.4** に示す.各モードの次数は電界における節の数に対応している.TE・TM モードに対する電磁界解析の結果(3.2.2 項,3.2.3 項参照)から明らかなように,三層対称スラブ導波路における導波モードでは,両モードともに偶対称と奇対称の電磁界分布のみが許容される.

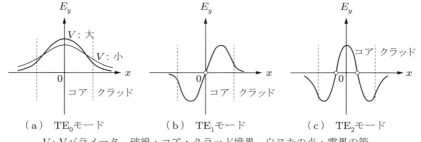

(a) TE_0 モード (b) TE_1 モード (c) TE_2 モード

V:V パラメータ,破線:コア・クラッド境界,白ヌキの点:電界の節

図 3.4 三層対称スラブ導波路における TE モードの電界分布概略

3.2.5 三層対称スラブ導波路における TE・TM モードの諸特性

本項では,導波構造における基本特性である,伝搬定数 β と電磁界分布に関係した特性を,3.2.2〜3.2.4 項の議論をもとにして示す.

(a) 規格化伝搬定数

三層対称スラブ導波路における TE・TM モードに対する規格化伝搬定数 b と伝搬定数の V パラメータ依存性を**図 3.5** に示す.TM モードでは屈折率比を $n_2/n_1 = 0.95$ ($\Delta = 0.05$) に設定している.どのモードも $0 < b(V) \leq 1$ を満たしている.式 (2.50) を参照すると,導波モードの伝搬定数 β は $n_2 < \beta/k_0 \leq n_1$ を満たすことがわかる.このような特性は次のようにして説明できる.

V パラメータの定義式 (3.19) で屈折率に関係するパラメータを固定すると,

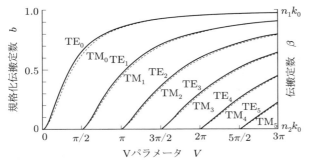

図 3.5 三層対称スラブ導波路における規格化伝搬定数と伝搬定数

V は d/λ_0 に比例する.これは,V が大きくなることは,波長 λ_0 がコア幅 d に比べて相対的に短くなることを意味する.このとき,電磁界はコア・クラッド間の屈折率差に敏感となり,光が屈折率の高いコアに集中する.そのため,等価屈折率がコア屈折率に近くなって ($\beta/k_0 \fallingdotseq n_1$),式 (2.51) より $b(V)$ が 1 に近づく.一方,V が小さくなると,波長 λ_0 が相対的に長くなるため,電磁界はコア・クラッド間の屈折率差に影響されにくくなり,光がクラッドまで大きく広がる.そのため,等価屈折率がクラッド屈折率に近くなり ($\beta/k_0 \fallingdotseq n_2$),$b(V) \fallingdotseq 0$ となる.

(b) カットオフ特性

図 3.3 あるいは図 3.5 において,$\text{TE}_m \cdot \text{TM}_m$ ($m \geq 1$) モードは $V = m(\pi/2)$ で $w = 0$ つまり $b(V) = 0$ となっている.$w = 0$ のとき,式 (3.13) より $\gamma_2 = 0$,式 (2.51) より $b(V) = 0$,式 (2.50) より $\beta = n_2 k_0$ となり,これらは等価である.横方向伝搬定数 γ_2 はクラッドでの電磁界の減衰率を表すから,$\gamma_2 = 0$ は電磁界がクラッドまで大きく広がることを意味し,この V パラメータのもとでは光波がもはや導波されない.このような状態を**カットオフ**(cut–off)または**遮断**とよぶ.ちょうど遮断になる V 値を**カットオフ V 値**または**遮断周波数**(cut–off frequency)とよび,V_c で表す.

カットオフは,TE モードでは固有値方程式 (3.11),(3.16a) で,TM モードでは式 (3.17a),(3.18a) で,$w = 0$ となる条件から求められる.$\text{TE}_m \cdot \text{TM}_m$ モードのカットオフ V 値は,同じ表式

$$V_c = m\frac{\pi}{2} \quad : \text{TE} \cdot \text{TM} \, \text{モード} \tag{3.22}$$

で得られる.モード次数 m が大きいほど,コアでの電磁界の節が多くなってい

るため,コアへの光閉じ込めが弱くなり,カットオフV値 V_c が大きくなる.

最低次モードである $TE_0 \cdot TM_0$ モードは,対称屈折率分布の場合,V がいかに小さくてもカットオフをもたない.これは,コア幅 d がいかに薄くなっても必ず導波されることを意味する.Vパラメータが $V < \pi/2$ を満たすとき,$TE_0 \cdot TM_0$ モードだけが導波される.$TE_0 \cdot TM_0$ モードはつねに導波モードとなるので,**基本モード** (fundamental mode) ともいわれる.1つのモードだけを伝搬させるものを**単一モード光導波路** (single mode waveguide) という.単一モード動作は三層対称スラブ導波路では達成できず,非対称スラブ導波路を使用する必要がある (4.3.1 項 (b) 参照).

(c) 電磁界分布

図 3.6 に三層対称スラブ導波路における TE_0 モードの電界成分 E_y のVパラメータ依存性を示す.TEモードの電界が,コア・クラッド境界でつねに連続となっていることがわかる.また V の低下とともに,電界のクラッドへの広がりが増加している.電界がクラッドまで大きく広がっているので,従来型光導波路は,電波領域での導波管と対比させて,開放形導波路ともよばれる.ちなみに,$V = \pi/2$ で閉じ込め係数が $\Gamma = 0.84$ である.

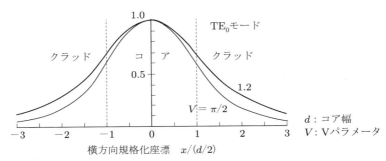

図 3.6 三層対称スラブ導波路における電界 E_y のVパラメータ依存性

(d) 伝搬光パワ

三層対称スラブ導波路で,TE・TMモードに対する伝搬光パワは,式 (2.44) に式 (3.9),(3.14) などを用いて求められる.TE_m モードの伝搬光パワは,偶・奇対称モードによらず,

$$P_g = \frac{\beta}{2\omega\mu_0} A_{1j}^2 d \left(1 + \frac{1}{w}\right) \tag{3.23}$$

で,TM_m モードの伝搬光パワは,

$$P_{\mathrm{g}} = \frac{\beta}{2\omega\varepsilon_0 n_1^2} A_{1\mathrm{j}}^2 d \left(1 + \frac{q_2}{w}\right), \qquad q_2 \equiv \frac{(n_1 n_2)^2 V^2}{n_2^4 u^2 + n_1^4 w^2} \tag{3.24}$$

で得られる．$A_{1\mathrm{j}}$ (j = c, s) は各モードのコアでの振幅係数，q_2 は TM モードの E_x 成分のコア・クラッド境界でのわずかな不連続を反映したものである．

3.3 円筒座標系における電磁界解析の基本式

本節では，円筒座標系における電磁界解析で使用する基本式を説明する．光ファイバ材料は通常，誘電体からなっているので，媒質が等方性・非磁性（$\mu = 1$）で，無損失（電流・電荷密度が $\boldsymbol{J} = \rho = 0$）とする．**光ファイバ**の構造は円筒対称として，円筒座標系（r, θ, z）を用いる（**図 3.7**(a)）．媒質は光波の伝搬方向である z 軸に対して均一であるとする．円筒対称屈折率分布 $n(r)$ で，コアの屈折率が多層構造をなしているとして，コア第 j 層の屈折率を n_j，コア半径を a，クラッドの屈折率を n_{cl} とおく（図 (b)，コアの一部が $n_j < n_{\mathrm{cl}}$ でもよい）．多層構造光ファイバの具体的な解法は，9.5 節で述べる．

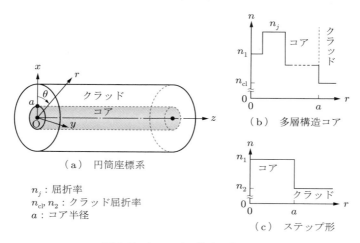

図 3.7 光ファイバ構造と座標系

光ファイバでも，媒質が光波の伝搬方向に対して均一なので，その伝搬不変量を伝搬定数 β で表す．このとき，光の角周波数を ω とおき，電磁界が時空変動因子 $\exp[i(\omega t - \beta z)]$ をもって伝搬するものとする．

コア・クラッド内では各層の屈折率が一定であるとしているから，E_z と H_z 成分に対する波動方程式は，式 (2.35) を用いて，次式で書ける．

$$\frac{\partial^2 \Psi}{\partial r^2} + \frac{1}{r}\frac{\partial \Psi}{\partial r} + \frac{1}{r^2}\frac{\partial^2 \Psi}{\partial \theta^2} + [n^2(r)k_0^2 - \beta^2]\Psi = 0$$

$$: \Psi(r,\theta) = E_z, H_z \quad n(r) = \begin{cases} n_j &: \text{コア } j \text{ 番目の層} \\ n_{\text{cl}} &: \text{クラッド} \end{cases} \quad (3.25)$$

ここで，$k_0 = 2\pi/\lambda_0 = \omega/c$，$\lambda_0$, c はそれぞれ真空中の波数，波長，光速である．横方向電磁界成分を軸方向電磁界成分で表す表現は，式 (2.33a〜d) と同じである．

式 (3.25) の解を，次のように半径・方位角座標に関する変数分離形で考える．

$$\Psi(r,\theta) = \psi(r)\exp(i\nu\theta) \quad (3.26)$$

ただし，ν は**方位角モード次数**（azimuthal mode number）であり，方位角方向の電磁界分布について $\exp(i2\pi\nu) = 1$ なる連続条件より，ν は整数である．

式 (3.26) を式 (3.25) に代入すると，半径方向の電磁界関数 $\psi(r)$ は，$n_j k_0$ と β の大小関係に応じて次式のように書ける．

$$\frac{d^2\psi}{dr^2} + \frac{1}{r}\frac{d\psi}{dr} + \left\{[(n_j k_0)^2 - \beta^2] - \frac{\nu^2}{r^2}\right\}\psi = 0 \quad : n_j k_0 > \beta \quad (3.27\text{a})$$

$$\frac{d^2\psi}{dr^2} + \frac{1}{r}\frac{d\psi}{dr} - \left\{[\beta^2 - (n_j k_0)^2] + \frac{\nu^2}{r^2}\right\}\psi = 0 \quad : \beta > n_j k_0 \quad (3.27\text{b})$$

式 (3.27a, b) は，光ファイバの半径方向電磁界分布を与える微分方程式である．両微分方程式は形式的には同じである．分けて書いているのは，次に定義する**横方向伝搬定数** κ_j と γ_j が，導波モードでは実数となるように設定しているためである．

$$\kappa_j \equiv \sqrt{(n_j k_0)^2 - \beta^2} \quad : n_j k_0 > \beta \quad (3.28\text{a})$$

$$\gamma_j \equiv \sqrt{\beta^2 - (n_j k_0)^2} \quad : \beta > n_j k_0 \quad (3.28\text{b})$$

ここで，κ_j と γ_j は各領域での電磁界の変化率を表す．

式 (3.27a, b) は，ν が整数，κ_j や γ_j が実定数のとき，ベッセルの微分方程式となる [3-1]．各領域での形式解の候補として，次のものが考えられる．

$$\begin{aligned}&J_\nu(\kappa_j r), \quad N_\nu(\kappa_j r) = Y_\nu(\kappa_j r) \quad : n_j k_0 > \beta \\ &I_\nu(\gamma_j r), \quad K_\nu(\gamma_j r) \quad\quad\quad\quad\quad\quad\quad : \beta > n_j k_0\end{aligned}$$

ここで，J_ν, $N_\nu = Y_\nu$ は ν 次の（狭義の）ベッセル関数およびノイマン関数，I_ν, K_ν は第 1 種変形ベッセル関数および第 2 種変形ベッセル関数である．

$J_\nu(r)$ は $r=0$ において有界で，r の増加とともに振動する関数である．$N_\nu(r)$ は $r=0$ で発散し，r の増加とともに振動する関数である．また，$I_\nu(r)$ は $r=0$ で有界であり，$r=\infty$ で発散し，$K_\nu(r)$ は $r=0$ で発散し，$r=\infty$ で 0 に収束する性質をもつ．スラブ光導波路における三角関数 $\cos x$，$\sin x$ の代わりに，円筒座標系では $J_\nu(r)$ になったと考えればよい．また，スラブ光導波路における指数関数の $\exp(\pm x)$ の代わりに，円筒座標系では変形ベッセル関数の $I_\nu(r)$ や $K_\nu(r)$ になったと考えれば，理解しやすい．

● 3.4 ステップ形光ファイバ：円筒座標系における電磁界解析の実例

本節では，円筒座標系における電磁界の解析例を示すため，従来型光ファイバの代表例であるステップ形光ファイバを取り上げ，固有値方程式や電磁界の求め方を説明する．

3.4.1 ステップ形光ファイバの構造と電磁界基本式

ステップ形光ファイバ（step–index optical fiber）では，中心（周辺）部の屈折率の高い（低い）領域を**コア**（**クラッド**）といい，コアの屈折率 n_1 とクラッドの屈折率 $n_2(<n_1)$ がコア・クラッド境界で階段状に変化している（図 3.7(c) 参照）．コア半径を a とおく．コアとクラッドが円筒対称なので，円筒座標系 (r, θ, z) を用いて解析する．媒質は z 軸方向に対して均一であり，光波が z 方向に伝搬するとし，この方向の伝搬定数を β とおく．

3.2.1 項 (b) で述べた，導波構造中の光波に対する物理的要請を満たす，ステップ形光ファイバに対する電磁界の形式解は，次式で書ける．

$$\left\{\begin{array}{c} E_z \\ H_z \end{array}\right\} = \left\{\begin{array}{c} A \\ B \end{array}\right\} J_\nu\left(\frac{ur}{a}\right) \left\{\begin{array}{c} \cos(\nu\theta) \\ \sin(\nu\theta) \end{array}\right\} \quad : \text{コア} \qquad (3.29\text{a})$$

$$= \left\{\begin{array}{c} C \\ D \end{array}\right\} K_\nu\left(\frac{wr}{a}\right) \left\{\begin{array}{c} \cos(\nu\theta) \\ \sin(\nu\theta) \end{array}\right\} \quad : \text{クラッド} \qquad (3.29\text{b})$$

$$u \equiv \kappa_1 a = \sqrt{(n_1 k_0)^2 - \beta^2}\, a \qquad (3.30\text{a})$$

$$w \equiv \gamma_2 a = \sqrt{\beta^2 - (n_2 k_0)^2}\, a \qquad (3.30\text{b})$$

式 (3.29a, b) で電磁界成分と電磁界振幅係数 $A \sim D$ は，上下の欄で対応している．電磁界振幅係数は後ほど境界条件から決定される．ν は方位角モード次数

である．u と w はコア半径 a で規格化した**横方向規格化伝搬定数**であり，コアとクラッドにおける電磁界の半径方向減衰率に対応している．

3.4.2 ステップ形光ファイバの固有値方程式
(a) 固有値方程式の導出
式 (3.29a, b) における電磁界振幅係数 A〜D は，次のようにして求められる．式 (3.29a) を式 (2.33b, d) に代入すると，コアとクラッドにおける電磁界成分 E_θ と H_θ が得られる．コア・クラッド境界 ($r = a$) で電磁界の接線成分 (E_z, H_z, E_θ, H_θ) が連続であるという境界条件 (2.2.2 項参照) を用いると，

$$AJ_\nu(u) = CK_\nu(w) \quad : E_z \tag{3.31a}$$

$$BJ_\nu(u) = DK_\nu(w) \quad : H_z \tag{3.31b}$$

$$A\frac{\nu\beta}{u^2}J_\nu(u) + B\frac{\omega\mu_0}{u}J'_\nu(u) = -C\frac{\nu\beta}{w^2}K_\nu(w) - D\frac{\omega\mu_0}{w}K'_\nu(w) \quad : E_\theta \tag{3.31c}$$

$$A\frac{\omega\varepsilon_0 n_1^2}{u}J'_\nu(u) + B\frac{\nu\beta}{u^2}J_\nu(u) = -C\frac{\omega\varepsilon_0 n_2^2}{w}K'_\nu(w) - D\frac{\nu\beta}{w^2}K_\nu(w) \quad : H_\theta \tag{3.31d}$$

が得られる．ただし，$'$ は各引数 (u または w) についての微分を表す．

式 (3.31a, b) から係数 C と D を A と B で表し，その結果を式 (3.31c, d) に代入すると，A と B に関する連立方程式が得られる．それは行列形式で，次のように書ける．

$$\begin{pmatrix} a_{11} & a_{12} \\ a_{21} & a_{22} \end{pmatrix} \begin{pmatrix} A \\ B \end{pmatrix} = \begin{pmatrix} 0 \\ 0 \end{pmatrix} \tag{3.32}$$

$$a_{11} = a_{22} \equiv \nu\beta\left(\frac{1}{u^2} + \frac{1}{w^2}\right)J_\nu(u) \tag{3.33a}$$

$$a_{12} \equiv \omega\mu_0\left[\frac{J'_\nu(u)}{u} + \frac{J_\nu(u)}{K_\nu(w)}\frac{K'_\nu(w)}{w}\right] \tag{3.33b}$$

$$a_{21} \equiv \omega\varepsilon_0\left[n_1^2\frac{J'_\nu(u)}{u} + n_2^2\frac{J_\nu(u)}{K_\nu(w)}\frac{K'_\nu(w)}{w}\right] \tag{3.33c}$$

連立方程式 (3.32) が自明解以外の解をもつ条件，つまり $a_{11}a_{22} - a_{12}a_{21} = 0$ を，伝搬定数 β が陽に含まないように変形する．その結果，横方向規格化伝搬定数 u と w の間に成立する関係式が，

$$\left[\frac{J'_\nu(u)}{uJ_\nu(u)} + \frac{K'_\nu(w)}{wK_\nu(w)}\right]\left[n_1^2\frac{J'_\nu(u)}{uJ_\nu(u)} + n_2^2\frac{K'_\nu(w)}{wK_\nu(w)}\right]$$
$$= \nu^2\left(\frac{1}{u^2} + \frac{1}{w^2}\right)\left[\left(\frac{n_1}{u}\right)^2 + \left(\frac{n_2}{w}\right)^2\right] \tag{3.34}$$

で導ける [3–2]．式 (3.34) は，ステップ形光ファイバに対する**固有値方程式**または**特性方程式**とよばれている．これには，コアとクラッドでの横方向規格化伝搬定数 u，w を通じて，伝搬定数 β が陰に含まれている．式 (3.34) は，規格化パラメータである u，w だけでなく，屈折率 n_1，n_2 や方位角モード次数 ν を含んだ超越方程式である．

(b) 伝搬定数の決定

固有値方程式は，導波構造の特性を規定する伝搬定数 β を求めるための基本式である．ところで式 (3.34) において，ν 次ベッセル関数 $J_\nu(u)$ は u に対する多値関数である．そこで，伝搬定数 β を一義的に決定するには，スラブ光導波路のときと同じように，V パラメータを利用する．

横軸に u，縦軸に w をとった (u,w) 平面で，原点から座標 (u,w) までの距離を V とし，式 (3.30a, b) の表現を利用すると，次式が得られる．

$$V \equiv \sqrt{u^2 + w^2} = \frac{2\pi a}{\lambda_0}\sqrt{n_1^2 - n_2^2} = \frac{2\pi a}{\lambda_0}n_1\sqrt{2\Delta} \tag{3.35}$$

$$\Delta \equiv \frac{n_1^2 - n_2^2}{2n_1^2} \quad \left(\fallingdotseq \frac{n_1 - n_2}{n_1} \quad :\text{弱導波近似}\right) \tag{3.36}$$

ここで，a はコア半径，$n_1(n_2)$ はコア（クラッド）の屈折率，λ_0 は真空中の波長，Δ はコア・クラッド間の**比屈折率差**である．式 (3.35) で定義された V を **V パラメータ**または**規格化周波数**という．V パラメータは，式 (3.35) からわかるように，光ファイバの動作波長 λ_0 と構造パラメータである，コア半径 a，屈折率 n_1，n_2 のみで決まる．

固有値方程式 (3.34) と V パラメータの式 (3.35) を連立させて，二分法（付録 A.1 参照）などを用いて解くことにより，まず u と w を，次に伝搬定数 β を求めることができる．伝搬定数 β が求められれば，これから光ファイバに関する各種特性を導くことができる（2.6.2 項参照）．

3.4.3　ステップ形光ファイバの導波モード

ステップ形光ファイバの導波モードは，TE・TM モードとハイブリッドモー

ドに分類される．この項では，これらのモードの固有値方程式を説明する．

(a) TE モード

TE モードは，電磁界を表す式 (3.29a, b) で振幅係数を $A = C = 0$，方位角モード次数を $\nu = 0$ とおいて得られる．このとき，非零電磁界成分として H_r, E_θ, H_z をもつ．固有値方程式は，式 (3.34) の左辺第 1 項 [ ] = 0 より，

$$\frac{uJ_0(u)}{J_1(u)} = -\frac{wK_0(w)}{K_1(w)} \quad :\text{TE モード} \tag{3.37}$$

で与えられる．ただし，$J_0'(u) = -J_1(u)$, $K_0'(w) = -K_1(w)$ を用いた．

固有値方程式でベッセル関数 $J_\nu(u)$ は u に対して振動特性を示すため，解は多値特性を示す．そこで，カットオフ V 値 V_c が小さいモードから順に μ (**半径方向モード次数**: radial mode number) で区別して，これを $TE_{0\mu}$ モードとよぶ．半径方向モード次数 μ による順序づけの考え方は，以下で述べる TM・ハイブリッドモードでも同じである．横方向電磁界成分は，式 (3.29a, b) の H_z を式 (2.33a～d) に代入して求められる．

(b) TM モード

TM モードは，式 (3.29a, b) で振幅係数を $B = D = 0$，方位角モード次数を $\nu = 0$ として得られる．非零電磁界成分は E_r, H_θ, E_z である．固有値方程式は，式 (3.34) の左辺第 2 項 [ ] = 0 より，

$$\frac{uJ_0(u)}{n_1^2 J_1(u)} = -\frac{wK_0(w)}{n_2^2 K_1(w)} \quad :\text{TM モード} \tag{3.38}$$

で得られる．低次モードから順に順序づけて $TM_{0\mu}$ モードと表す．

(c) ハイブリッドモード

ハイブリッドモード (hybrid mode) とは，軸方向電磁界成分である E_z, H_z 両成分をもつ ($E_z H_z \neq 0$) モードであり，式 (3.29a, b) で $\nu \neq 0$ とおける．これには 2 種類のモードがあり，モードの区別を

$$p \equiv -\frac{\omega\mu_0}{\beta}\frac{H_z}{E_z} = \nu \frac{1/u^2 + 1/w^2}{J_\nu'(u)/uJ_\nu(u) + K_\nu'(w)/wK_\nu(w)} \tag{3.39}$$

で行う．$\nu \geqq 1$ のとき，$p < 0$ ($p > 0$) となる電磁界成分を有するものを HE (EH) モードとよび，これらを $HE_{\nu\mu}$, $EH_{\nu\mu}$ モードと書く．

ハイブリッドモードの固有値方程式は式 (3.34) で得られるが，非常に煩雑である．そこで，実用的には弱導波近似が用いられるが [3-3]，ここでは割愛する．HE, EH いずれのモードでも，軸方向電磁界成分 E_z, H_z の大きさは，横方向

電磁界成分に比べると微小である．

導波モード数が 1 つの光ファイバを**単一モード光ファイバ**（single-mode fiber），複数のモードを同時に伝搬させる光ファイバを**多モード光ファイバ**（multimode fiber）という．通常，多モード光ファイバでは多数のモードを伝搬させる．多モード光ファイバの特性は電磁界解析による波動的扱いよりも，幾何光学的扱いのほうが容易であり，かつ物理的描像も得やすい．

3.4.4 ステップ形光ファイバでの諸特性

本項では，導波構造における基本特性である，伝搬定数，電磁界分布，分散特性を，3.4.2 項と 3.4.3 項の議論をもとにして示す．

(a) 規格化伝搬定数

ステップ形光ファイバの各モードに対する規格化伝搬定数と伝搬定数 β の数値例を図 3.8 に示す [3-4]．光ファイバに対する伝搬定数 β と規格化伝搬定数 $b(V)$ の表式は，弱導波近似のもとでは，式 (2.50)，(2.51) と同じ形で与えられる．どの導波モードでも伝搬定数 β は $n_2 k_0 < \beta \leq n_1 k_0$ を満たしている．ステップ形の場合，ハイブリッドモードである HE_{11} モードが最低次モードとなっている．このモードは V パラメータがいくら小さくなってもカットオフをもたない．つまり，HE_{11} モードは，どのような動作条件のもとでも伝搬可能なので，**基本モード**（fundamental mode）ともよばれる．ステップ形単一モード光ファイバでは，基本モードである HE_{11} モードだけを伝搬させる．

単一モード条件は，第 1 高次モード群（TE_{01}, TM_{01}, HE_{21} モード）がカットオフとなる条件より，次式で得られる．

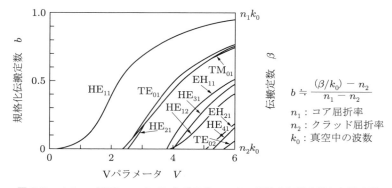

図 3.8 ステップ形光ファイバにおける各モードの規格化伝搬定数と伝搬定数

$$V = \frac{2\pi a}{\lambda_0}\sqrt{n_1^2 - n_2^2} = \frac{2\pi a}{\lambda_0}n_1\sqrt{2\Delta} < 2.405 \tag{3.40}$$

2.405 はベッセル関数 $J_0(V)$ の最初の零点である．式 (3.40) は，単一モード条件を満たすためには，コア半径 a や比屈折率差 Δ がある一定値より小さくなければならないことを示している．また，使用波長 λ_0 が長くなれば，それに比例してコア半径 a を大きくできる．

単一モード光ファイバで留意すべき点は，これは導波モードが 1 つだけということで，屈折率分布がステップ形を指すわけではない．実際，光ファイバ通信において，石英光ファイバの極低損失波長である 1.55 μm 帯で用いられる分散シフト光ファイバは，ステップ形以外であり，この場合の単一モード条件は式 (3.40) 右辺の値が 2.405 から変化する．

(b) 電磁界分布

ステップ形光ファイバにおける HE_{11} モード（基本モード）の電界分布の V パラメータ依存性を図 3.9 に示す．電界がコア・クラッド境界で零となることなく，クラッドにも広がっている．そのため，閉じ込め係数が $V = 2.4$ で $\Gamma = 0.83$ であり，従来型光ファイバは開放形導波路ともいわれる．V パラメータの増加につれて，光のコアへの閉じ込めがよくなっている様子は，スラブ光導波路と同様にして説明できる（3.2.5 項 (a)，(c) 参照）．

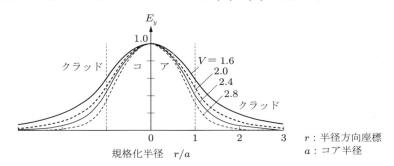

図 3.9 ステップ形光ファイバにおける HE_{11} モードの電界分布の V パラメータ依存性

(c) 群速度分散特性

広帯域光ファイバは，通常，単一モード光ファイバで実現されている．その理由は，複数のモードが同時に光ファイバ中を伝搬する場合には，モード分散が生じて，入射光パルスがより多く広がるからである．単一モード光ファイバでは色分散がパルス広がりの主要因となる（2.6.2 項 (d) 参照）．

4章 等価屈折率法

　等価屈折率法は，複雑な導波構造を対象とする場合，構造の特徴に着目して問題を簡略化し，解を見つけやすくした後に電磁界を求める近似解法である．ただし，これはあくまでも問題を簡略化する近似手法であって，これ単独で電磁界特性が求められるわけではなく，他の厳密解や数値解法を併用してはじめて電磁界特性が決定できる．

　本章では，まず，等価屈折率法の概要を述べる．その後，光導波路において等価屈折率法を適用する場合の考え方を，実例を示しながら説明する．最後に，3次元光導波路を2次元光導波路に帰着させて解く方法を説明する．

● 4.1　等価屈折率法の概要

　伝搬定数や電磁界分布は導波構造における各モード固有の基本情報であり，これらからさまざまな伝搬特性が求められる．形状や屈折率などの構造が複雑な導波構造の電磁界は，後述するように各種の数値的手法で解くことができるが，解は数値でしか得られない．

　実際の光導波路では導波特性や作製方法を考慮して，**図 4.1** に示す各種の導波構造が利用されている．ストリップ形（strip type）導波路は基板の上に導波層を貼りつけたものであり，拡散形は拡散によって基板内に導波路を作製したものである．リッジ形（ridge type）導波路は，コア層（屈折率 n_1）が空気層（n_3）に直接触れないように，リブ形（rib type）導波路を改良した構造であり，半導体光導波路でよく利用される．

　図 4.1 に示した導波構造では，大雑把には構造が1方向に緩やかに変化しているという特徴がある．このような特徴に着目して，次元を下げるなどして，解を求めやすい，より簡単な構造に置き換えて，伝搬特性を求める解析的近似法を**等価屈折率法**（effective index method）という．**等価屈折率**（effective index）

4.1 等価屈折率法の概要

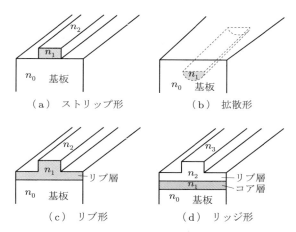

図 4.1 各種光導波路の構造（屈折率 n_1 の部分がコア層）

は**実効屈折率**ともよばれ，

$$n_{\text{eff}} \equiv \frac{\beta}{k_0} \tag{4.1}$$

で定義される．ただし，β は伝搬定数，k_0 は真空中の波数である．等価屈折率の名前の由来は，その次元が屈折率に相当することによる．

このような導波構造の特徴を利用して，電磁界特性の近似解を求めることができれば，次のような利点が生まれて有用である．

(i) 電磁界分布や伝搬定数が，導波路パラメータや波長の関数として解析的に表せるので，モード情報も含めて伝搬特性の把握が容易になる．そのため，解全体の見通しがよくなり，光回路素子などの設計が楽になる．

(ii) 適度な精度を保持したまま，計算時間を極度に短くできる．

(iii) さらに詳しい伝搬特性を調べたいときや精度を上げたいときは，その部分に絞り，他の数値解析法を使用すれば，全体の解析に要する時間が節約できる．

等価屈折率法は，上記の場合も含めて，次のような場合に利用できる．

(i) 形状や屈折率などの構造が 1 方向に緩やかに変化している導波構造．

(ii) コア部の屈折率と厚さが一定のプレーナ形や埋め込み形の 3 次元光導波路．

(iii) 断面全体がほぼ同一構造で，一部だけが異なる構造をもつ場合．

等価屈折率法を利用した応用例は，図 4.1 に示した光導波路以外に，フォトニック結晶やホーリーファイバなどのフォトニック結晶ファイバ，あるいは S

字形導波路やY分岐導波路，曲がり導波路などの3次元光導波路の埋め込み形構造がある．これらについては後述する．

等価屈折率法は一般的な電磁界の近似解法なので，標準的な参考書で説明されている場合が多い [4-1, 4-2]．

4.2 等価屈折率法の基本式

本節では，等価屈折率法の基本的な取り扱いに慣れるため，導波構造が光波の伝搬方向に対して均一な場合を示し，もう少し一般的な場合は4.4節で説明する．

3次元光導波路をデカルト座標系 (x, y, z) で表す．媒質が等方性・非磁性（比透磁率 $\mu = 1$）・無損失で，導波構造が z 軸方向に対して均一であり，光波が z 方向に伝搬するものとする．構造が (x, y) 平面内で緩やかに変化しているとして，屈折率分布を $n(x, y)$ で表す．

構造が均一な z 方向の伝搬定数を β とおく．光波の角周波数を ω とし，電磁界に対する時空変動因子を $\exp[i(\omega t - \beta z)]$ とする．このとき，式 (2.29) を用いて，電磁界成分に対する波動方程式が，

$$\frac{\partial^2 \psi(x,y)}{\partial x^2} + \frac{\partial^2 \psi(x,y)}{\partial y^2} + \{[n(x,y)k_0]^2 - \beta^2\}\psi(x,y) = 0$$

$$: \psi(x,y) = E_z, H_z \qquad (4.2)$$

で得られる．ただし，$k_0 = 2\pi/\lambda_0$ は真空中の波数，λ_0 は真空中の波長である．

以下では，屈折率や形状などの構造が，y 方向に対して緩やかに変化していると仮定して，電磁界に対する定式化を行う（**図4.2**）．電磁界分布が変数分離形で表せるとして，式 (4.2) の解を，

$$\psi(x,y) = X(x)Y(y) \qquad (4.3)$$

とおく．式 (4.2) に式 (4.3) を代入した後，両辺を $X(x)Y(y)$ で割ると，

$$\frac{1}{X(x)}\frac{d^2 X(x)}{dx^2} + \frac{1}{Y(y)}\frac{d^2 Y(y)}{dy^2} + [n(x,y)k_0]^2 - \beta^2 = 0 \qquad (4.4)$$

が得られる．式 (4.4) で左辺全体が 0 となるには，x 座標に依存する部分と y 座標に依存する部分のそれぞれが，逆符号の定数となればよい．

式 (4.4) の左辺第3項に含まれる $n(x, y)$ は，y 方向の構造変化が緩やかであると仮定しているので，相対的に x 座標に強く依存する．よって，粗い近似の

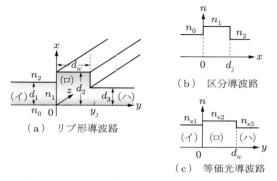

図 4.2 等価屈折率法によるリブ形導波路の三層スラブ導波路への分解

もとでは，第3項を x 座標のみの関数である第1項と組み合わせるのが適切である．このとき，式 (4.4) を第1・3項の和と第2・4項の和に分離して，次のように設定する．

$$\frac{1}{X(x)}\frac{d^2 X(x)}{dx^2} + [n(x,y)k_0]^2 = \beta_e^2(y) \tag{4.5a}$$

$$\frac{1}{Y(y)}\frac{d^2 Y(y)}{dy^2} - \beta^2 = -\beta_e^2(y) \tag{4.5b}$$

$$\beta_e(y) \equiv n_{\text{eff}}(y)k_0 \tag{4.6}$$

ここで，$\beta_e(y)$ は緩やかな構造変化をもつ y 座標の関数としているが，値の変化が小さいことを前提とする．$n_{\text{eff}}(y) = \beta_e(y)/k_0$ は屈折率に対応するので，これは等価屈折率または実効屈折率とよばれる．$n_{\text{eff}}(y)$ は y 座標にのみ依存する値である．

式 (4.5a, b) を整理すると，3次元光導波路で y 方向の構造変化が緩やかな場合，式 (4.2) と等価な次の2式が得られる．

$$\frac{d^2 X(x)}{dx^2} + \{[n(x,y)k_0]^2 - \beta_e^2(y)\}X(x) = 0 \tag{4.7a}$$

$$\frac{d^2 Y(y)}{dy^2} + \{[n_{\text{eff}}(y)k_0]^2 - \beta^2\}Y(y) = 0 \tag{4.7b}$$

式 (4.7a, b) は，等価屈折率を利用することにより，3次元光導波路の電磁界分布を，より簡単な構造に置換して解く手順を示しており，この方法を**等価屈折率法**という．

等価屈折率法は，次のような意味をもつ．

(ⅰ) 式 (4.7a) は，区分された導波路内の y 座標で，x 方向にのみ屈折率変化をもつ三層スラブ導波路に対する波動方程式とみなせる（図 4.2(b) 参照）．このとき，区分導波路内における伝搬定数が $\beta_e(y)$，等価屈折率が $n_{\mathrm{eff}}(y)$ となる．

(ⅱ) 式 (4.7b) は，こうして求められた y 方向の区分導波路で等価屈折率 $n_{\mathrm{eff}}(y)$ をもつ，等価光導波路に対する波動方程式とみなせる（図 4.2(c) 参照）．この等価光導波路での伝搬定数 β が，3次元光導波路に対する波動方程式 (4.2) での伝搬定数と一致している．よって，式 (4.7a, b) を連立させて求めた結果が，屈折率分布 $n(x, y)$ をもつ 3 次元光導波路に対する電磁界と等価である．

(ⅲ) 屈折率分布 $n(x, y)$ は厳密には空間で変化している．そのため，式 (4.7a, b) に含まれる伝搬定数 $\beta_e(y)$ は y に依存して，厳密には定数ではない．よって，y 方向での構造変化が大きいほど，変数分離の前提からのずれが大きくなる．そのため，y 方向での屈折率変化が大きい場合や形状の変化が激しい場合には，等価屈折率法の精度が低下する．

4.3 等価屈折率法の電磁界解析への応用

本節では，等価屈折率法の応用例として，リブ形導波路，リッジ形導波路，フォトニック結晶，フォトニック結晶ファイバを取り上げ，説明する．

4.3.1 リブ形・リッジ形導波路
(a) リブ形導波路の解法に対する一般的考え方

本項では，リブ形導波路の電磁界分布を等価屈折率法で求める（図 4.2 参照）．リブ形は電磁界解析におけるベンチマーク問題として用いられている．リブ形の導波構造は z 方向に均一であり，光波がこの z 方向に伝搬するものとし，断面を (x, y) 面にとる．断面では基板（屈折率 n_0）の上にリブ層（n_1）があり，上方は空気層（n_2）である．屈折率の大きさは $n_1 > n_0 > n_2$ である．リブ層がコアとなっており，中央部の分厚い部分に光波が閉じ込められる．

リブ形では (x, y) 面内の構造が変化しているが，x 方向に比べて y 方向の変化が緩やかなので，前節で説明した手法が使える．

その手法の概略は次のとおりである．

① 断面内の屈折率分布 $n(x, y)$ を y 方向で区分導波路に分割し，それぞれ

がコア厚 $d_1 \sim d_3$ をもつ三層非対称スラブ導波路とする（図 4.2(b) 参照）．この非対称スラブ導波路の x 方向電磁界は式 (4.7a) を満たしている．

② 上記三層非対称スラブ導波路の x 方向電磁界は，いくつかの方法で厳密に求めることができる（本書では，転送行列法で求める方法を 9.4.1 項で示している）．これから区分導波路での伝搬定数 $\beta_e(y)$ を，さらに式 (4.6) から等価屈折率 $n_{\text{eff}}(y)$ を求め，区分導波路での値を $n_{e1} \sim n_{e3}$ とする．

③ このようにして求められた等価屈折率 $n_{e1} \sim n_{e3}$ を y 方向に再構成すると，コア幅 d_w，コア屈折率 r_{e2}，両側のクラッド屈折率 n_{e1}, n_{e3} の新しい三層スラブ導波路ができる（図 4.2(c) 参照）．

④ 上記等価屈折率 $n_{\text{eff}}(y)$ は波動方程式 (4.7b) における値に該当するので，この式を解いて，伝搬定数 β や y 方向電磁界分布が求められる．

(b) 三層非対称スラブ導波路の特性

ここでは，リブ形導波路の特性計算に必要な，三層非対称スラブ導波路の特性について，主な結果のみを紹介する（9.4.1 項参照）．三層非対称スラブ導波路のコア幅を d，コア屈折率を n_1，両脇のクラッド屈折率を n_0 と n_2，動作波長を λ_0 とする．z 軸を光波の伝搬方向，x 軸をコア境界に垂直な方向にとる．

このとき，TE モード（非零電磁界成分は E_y, H_x, H_z）の固有値方程式は式 (9.39a) で，TM モード（非零電磁界成分は H_y, E_x, E_z）の固有値方程式は式 (9.39b) で得られる．この場合の横方向規格化伝搬定数を，

$$u_1 \equiv \sqrt{(n_1 k_0)^2 - \beta^2}\frac{d}{2}, \quad w_j \equiv \sqrt{\beta^2 - (n_j k_0)^2}\frac{d}{2} \quad (j=0,2) \quad (4.8)$$

で定義すると，V パラメータ V_j は

$$V_j \equiv \sqrt{u_1^2 + w_j^2} = \frac{\pi d}{\lambda_0}\sqrt{n_1^2 - n_j^2} \quad (j=0,2) \qquad (4.9)$$

で定義される．

三層非対称スラブ導波路における各モードの伝搬定数 β は，次のようにして求められる．光導波路の構造パラメータ n_1, n_0, n_2, d および動作波長 λ_0 を指定すると，式 (4.9) より，横方向規格化伝搬定数 u_1 と w_0 の間および u_1 と w_2 の間に関係式が成立する．TE・TM モードに対する固有値方程式 (9.39a) または式 (9.39b) からは，u_1, w_0, w_2 の 3 つが関係づけられる．これら 3 つの関係式を連立させて解くことにより，伝搬定数 β が厳密に求められる．

三層非対称スラブ導波路における，TE・TM モードに対する規格化伝搬定数

b の V パラメータ依存性を**図 4.3** に示す．参考のため，三層対称スラブ導波路に対する結果を破線で示し，右側に等価屈折率 n_eff を示す．この場合，非対称の度合いが大きいので，同じ次数の TE モードと TM モードの特性で大きな差異が生じている．また，三層対称スラブ導波路（図 3.5 参照）と異なり，TE_0 モードと TM_0 モードでもカットオフが生じており，非対称スラブ導波路では TE_0 モードが最低次モードとなっている．

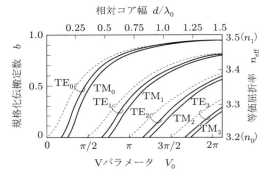

図 4.3 三層非対称スラブ導波路の規格化伝搬定数と等価屈折率

(c) リブ形光導波路の計算例

リブ形導波路の具体例として，AlGaAs 基板上 ($n_0 = 3.2$) の GaAs 層 ($n_1 = 3.5$) を想定し，他方が空気層 ($n_2 = 1.0$) とする（図 4.2 参照）．使用波長を λ_0 (= 0.85 μm) とし，コア厚を $d_1 = d_3 = 0.25\lambda_0$，$d_2 = 0.4\lambda_0$，コア幅を $d_w = 0.6\lambda_0$ として，最低次モードの特性を調べる．

3 次元構造での TE モードに対する電界成分 E_y を考える．この成分は x 軸に垂直な境界に平行だから，等価的 2 次元光導波路でも TE モードで考えればよい．コア厚 $d_1 = d_3 = 0.25\lambda_0$，$d_2 = 0.4\lambda_0$ の部分について，x 方向の三層非対称スラブ導波路に対する規格化伝搬定数 b（図 4.3 参照）を利用すると，TE_0 モードの等価屈折率として $n_{e1} = n_{e3} = 3.30$，$n_{e2} = 3.39$ を得る．

リブ形導波路で，等価屈折率 $n_{e1} \sim n_{e3}$ が求められた後は，y 方向に屈折率 $n_{e1} \sim n_{e3}$ が分布した三層スラブ導波路を考える．新しい y 方向の三層スラブ導波路は，コアの屈折率 n_{e2}，コア幅 $d_w = 0.6\lambda_0$，両側のクラッドの屈折率 $n_{e1} = n_{e3}$ となり，これは三層対称スラブ導波路である．y 方向の三層スラブ導波路では，電界成分 E_y がコアの境界に垂直な方向を向いているから，今度

はTMモードで考える必要がある．このときの固有値方程式は，偶対称モードのとき式 (3.17a) を用いて $w = (n_{e3}/n_{e2})^2 u \tan u$ となる．また，Vパラメータは，式 (3.19) より $V = (\pi d_w/\lambda_0)\sqrt{n_{e2}^2 - n_{e3}^2} = 1.46$ となる．図 4.3 でのTM$_0$ モードの結果を利用して，リブ形導波路の等価屈折率 $n_{\text{eff}} = 3.38$，つまり伝搬定数 $\beta = n_{\text{eff}} k_0 = 3.38 \cdot 2\pi/\lambda_0 = 25.0\,\mu\text{m}^{-1}$ が得られる．

(d) リッジ形導波路

図 4.1(d) に示したリッジ形導波路で，屈折率を $n_1 > n_0$, $n_1 > n_2 > n_3$ とし，屈折率 n_1 の層をコア層とする．リブ層の両端部が中央部より薄くなっているため，コア層ではリブ層の両端部よりも中央部に隣接した部分の屈折率のほうが等価的に高くなり，中央部に光が閉じ込められる．

リッジ形でも，リブ形での図 4.2(b) と同じように，区分導波路に分割すると，固定された y 座標のもとで，x 方向は 4 層スラブ導波路（9.4.2 項，図 9.6(b) 参照）となる．固有値方程式 (9.49a) を用いて，等価屈折率 $n_{e1} \sim n_{e3}$ が求められる．これ以降は，リブ形導波路と同様にして，伝搬定数や電磁界が求められる．

4.3.2 フォトニック結晶

三層スラブ導波路の層面に垂直な方向に，円筒形空孔が三角格子配列された**スラブ型フォトニック結晶**で，基本モードを対象とする（**図 4.4**）．フォトニック結晶の分野では，電界（磁界）が円筒形の軸に対して横方向のものを TE（TM）モードとよんでおり（図 (a)），スラブ光導波路と異なっていることに注意を要する．また，フォトニック結晶では，円筒形軸方向が z 軸にとられることが多い．

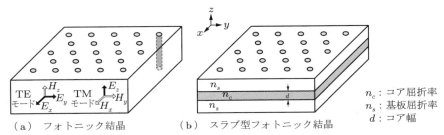

(a) フォトニック結晶　　(b) スラブ型フォトニック結晶

n_c：コア屈折率
n_s：基板屈折率
d：コア幅

(a)，(b) ともに，面に垂直な方向に，円筒形空孔が三角格子配列されている．
参考のため，円筒形状を 1 箇所だけ示している．

図 4.4 等価屈折率法のフォトニック結晶への適用

H_z(すなわち E_x, E_y)成分の振幅が最大の方向でスラブ光導波路を二分する面内では,スラブ光導波路における TE・TM モードの基本モードがそれぞれフォトニック結晶のものと一致する.このことを利用すると,3 次元スラブ型フォトニック結晶の特性が,等価的な 2 次元フォトニック結晶で,より短時間で調べることができる [4–3].

図 4.4(b) でコアが GaInAsP(屈折率 $n_c = 3.35$),基板が InP(屈折率 $n_s = 3.17$),コア厚 d(=フォトニック結晶の格子定数)のとき,三層スラブ導波路の等価屈折率 $n_\mathrm{eff} = 3.17\sim 3.28$ が得られた.図 (a) の 2 次元フォトニック結晶で媒質の屈折率を $n_\mathrm{eff} = 3.24$ として,これの分散曲線が FDTD 法(図 6.11 参照)を用いて求められた.この結果を,すべて FDTD 法で求められた厳密な結果と比較したところ,スラブ光導波路での屈折率差が比較的小さい場合には,広い周波数範囲にわたって良好な一致が見られた.しかし,屈折率差が大きい場合には,一致する周波数範囲が狭くなった.

4.3.3 フォトニック結晶ファイバ

フォトニック結晶ファイバの 1 つに**ホーリーファイバ**がある(導波原理が全反射なので,微細構造光ファイバともよばれる).これは全体が石英からなり,コアは石英そのもので,クラッドには円形空孔が周期構造,通常は三角格子配列をなして配置されている.このファイバでは,クラッドにある円形空孔が屈折率を低下させて,光波をコアに閉じ込めている.このファイバの解析に等価屈折率法が利用され,広い波長範囲にわたる単一モード動作が可能など,多くの特異な特性が説明されている [4–4].

ホーリーファイバの特性を記述するため,V パラメータの定義を従来型光ファイバと同じ形式,つまり式 (3.35) にとる.クラッドの屈折率には,コアは断面の一部なので,空孔が断面全体にわたって分布している,つまり三角格子配列が無限に存在すると仮定した場合の等価屈折率を使用する(**図 4.5**).基本空間充填モード(伝搬定数が最も大きいモード)の伝搬定数 β_FSM が,平面波展開法(8.5 節参照)を適用して求められた.これより,クラッドの等価屈折率が $n_\mathrm{FSM} = \beta_\mathrm{FSM}/k_0$($k_0$:真空中の波数)で得られる.その結果によれば,波長 λ_0 が短くなるにつれて n_FSM も大きくなるので,V パラメータがほぼ一定値に保たれる.これは,広波長域での単一モード動作を意味している.

一方,V パラメータが十分小さいとき,すなわち波長が $\lambda_0 \to \infty$ のとき,電

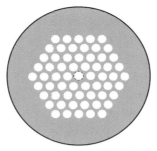

本来中心部にはない空孔(破線で表示)もあるとして,断面全体に空孔が三角格子配列されていると仮定し,電磁界を空間充填モードで扱う.白丸内は空孔を表す.

図 4.5 等価屈折率法のフォトニック結晶ファイバへの適用

磁界は断面全面にわたって分布するから,クラッドの等価屈折率 n_{FSM} は空気と石英の存在比,つまり空孔率(空孔が単位格子内で占める面積の割合)f で決まる.ところで,円形空孔の直径を d,空孔の中心間距離を Λ とすると,三角格子配列での空孔率 f は次式で表せる.

$$f = \frac{\pi}{2\sqrt{3}} \left(\frac{d}{\Lambda}\right)^2 \tag{4.10}$$

たとえば,$d/\Lambda = 0.4$ のとき,空孔率が $f = 0.145$ となる.石英の屈折率を $n = 1.45$ とすると,クラッドの等価屈折率が $n_{\mathrm{FSM}} = 1.0 \cdot f + 1.45 \cdot (1-f) = 1.38$ で得られる.

4.4 3次元問題の2次元問題への還元

3次元光導波路でも,Y分岐導波路や曲がり導波路などのように,コア部の屈折率が一定で形状だけが面内で変化しており,厚さがある方向に対してほぼ一定な光導波路がある(**図 4.6**).このような場合,以下に示すように,3次元問題を2次元問題に還元して解くことができる.

3次元光導波路をデカルト座標系 (x, y, z) で表す.媒質が等方性・非磁性・無損失であるとして,屈折率を $n(x, y, z)$ で表すと,屈折率の空間変化が緩やかなとき,3次元スカラー波動方程式は式 (2.10) と同様にして,次式で表せる.

$$\nabla^2 \boldsymbol{\Psi} - \frac{n^2(x,y,z)}{c^2}\frac{\partial^2 \boldsymbol{\Psi}}{\partial t^2} = 0 \quad : \boldsymbol{\Psi} = \boldsymbol{E}, \boldsymbol{H} \tag{4.11}$$

光波の角周波数を ω として,電磁界が時間因子 $\exp(i\omega t)$ をもつとすると,

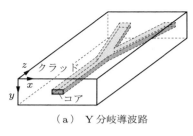
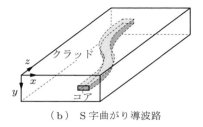

（a）Y分岐導波路　　　　　　（b）S字曲がり導波路

図 4.6　3次元の埋め込み形導波路の2次元光導波路への還元

$$\frac{\partial^2 \psi(x,y,z)}{\partial x^2} + \frac{\partial^2 \psi(x,y,z)}{\partial y^2} + \frac{\partial^2 \psi(x,y,z)}{\partial z^2} + [n(x,y,z)k_0]^2 \psi(x,y,z) = 0$$

$$: \psi(x,y,z) = E, H \qquad (4.12)$$

が得られる．ただし，$k_0 = \omega/c$ は真空中の波数である．

比誘電率 $\varepsilon(x,y,z) = n^2(x,y,z)$ が 3 次元で変化しているが，y 方向での構造変化が $y_1 \leqq y \leqq y_2$ のみにあり，この部分では y に対して独立とする．光波が主として z 方向に伝搬するとき，この方向の構造変化のため z 方向の伝搬定数が存在しない．電磁界分布が (x,z) 面内と y 座標に分離した変数分離形で表せるとして，式 (4.12) の解を

$$\psi(x,y,z) = \xi(x,z)Y(y) \qquad (4.13)$$

とおく．式 (4.13) を式 (4.12) に代入した後，両辺を $\xi(x,z)Y(y)$ で割ると，

$$\frac{1}{\xi(x,z)}\frac{\partial^2 \xi(x,z)}{\partial x^2} + \frac{1}{\xi(x,z)}\frac{\partial^2 \xi(x,z)}{\partial z^2} + \frac{1}{Y(y)}\frac{d^2 Y(y)}{dy^2} + [n(x,y,z)k_0]^2 = 0$$

$$(4.14)$$

が得られる．

$y_1 \leqq y \leqq y_2$ 内の y_j では (x,z) 面内の構造は y_j に依存しないから，式 (4.14) では，第 1, 2, 4 項が 1 組で扱える．このとき，上式は次のように書ける．

$$\frac{1}{\xi(x,z)}\frac{\partial^2 \xi(x,z)}{\partial x^2} + \frac{1}{\xi(x,z)}\frac{\partial^2 \xi(x,z)}{\partial z^2} + [n(x,y_j,z)k_0]^2 = C(y_j)$$

$$(4.15\mathrm{a})$$

$$\frac{1}{Y(y)}\frac{d^2 Y(y)}{dy^2} = -C(y_j) \qquad (4.15\mathrm{b})$$

$$C(y_j) = \begin{cases} \beta_{\text{e}}^2(y_j) \equiv n_{\text{eff}}^2(y_j)k_0^2 & : y_1 \leqq y \leqq y_2 \\ -\beta_{\text{e}}^2(y_j) \equiv -n_{\text{eff}}^2(y_j)k_0^2 & : y \leqq y_1,\ y \geqq y_2 \end{cases} \quad (4.15c)$$

これらの式を整理して，次式を得る．

$$\frac{\partial^2 \xi(x,z)}{\partial x^2} + \frac{\partial^2 \xi(x,z)}{\partial z^2} + \left\{[n(x,y_j,z)k_0]^2 - C(y_j)\right\}\xi(x,z) = 0 \quad (4.16a)$$

$$\frac{d^2 Y(y)}{dy^2} + C(y_j)Y(y) = 0 \quad (4.16b)$$

y 方向の厚さ $(y_2 - y_1)$ が波長に比べて十分大きい場合，粗い近似のもとでは y 方向に十分長いとみなせて，$\partial/\partial y \fallingdotseq 0$ とできる．これを式 (4.16b) に適用すると，$C(y_j) \fallingdotseq 0$ を得る．このとき，式 (4.16a) は近似的に

$$\frac{\partial^2 \xi(x,z)}{\partial x^2} + \frac{\partial^2 \xi(x,z)}{\partial z^2} + [n(x,z)k_0]^2 \xi(x,z) \fallingdotseq 0 \quad (4.17)$$

に書き直せる．こうして，3 次元問題が実質的に 2 次元問題に還元されたことになる．式 (4.17) は，後述するビーム伝搬法での TE モードに対する波動方程式 (7.7) と形式的に一致する．

5章 有限要素法

　導波構造で，光波の伝搬方向に垂直な断面内で屈折率が変化している場合，断面内をパッチワークのように，微小な要素に分割した後，変分原理を利用して連立方程式あるいは固有値問題に変換し，電磁界を数値的に求める方法を有限要素法という．近年では，光波の伝搬での構造変化や時間変化へ対応するため，ビーム伝搬法やFDTD法の手法も併用する方法が開発されている．

　本章では，まず構造が比較的簡単なスラブ光導波路に対して有限要素法を適用して，有限要素法の扱い方に慣れる．その後，光ファイバへの適用を念頭においた円筒対称構造，およびより一般的な3次元光導波構造に対する有限要素法の扱いを説明する．最後には，有限要素法を時間領域の電磁界解析に拡張する方法を説明する．

5.1 有限要素法の概要

　有限要素法は，最初，航空機や船舶などの大きな構造物の構造力学に使用されていた [5-1, 5-2]．有限要素法は，常微分方程式や偏微分方程式で記述される，大規模で複雑な構造物の問題を効率よく解くことができるので，その後，工学や自然科学で広く使用されるようになった．これは，コンピュータの進歩にともない，計算量の多い光波領域での電磁界解析でも使用されるようになってきた．

　有限要素法（FEM: finite element method）の手法は次のとおりである．まず，大規模な解析領域を微小な要素に分割して，要素内の変化量を簡単な関数で近似する．次に，それらの要素に対する汎関数を求め，変分原理を適用して固有値問題に帰着させ，多元連立方程式を数値的に解くことによって解を得る．微小要素に分割して問題を解くことが，名称の由来となっている．

　有限要素法の特徴は，次のようにまとめることができる．

(ⅰ) 複雑な構造物全体が微分方程式で記述されている場合に，微分方程式を解く代わりに，変分原理を利用して多元連立1次方程式を解く問題に置換するので，応用範囲が広い．
(ⅱ) 局所的な領域で変化が激しい場合でも，変化量の近似関数は低次のままにして，分割数を増加させることで対応するので，汎用性がある．
(ⅲ) 計算量が多いので，コンピュータの使用が不可欠である．

光波領域での電磁界解析の重要性と有用性の認知度が高まるにつれて，より高度な電磁界解析への要求が増している．そのため，光波の伝搬での構造変化や時間変化へ対応するため，本来の有限要素法に加えて，ビーム伝搬法やFDTD法の手法である，差分近似や吸収境界条件が取り入れられている．これらは，論文名で語尾にビーム伝搬法がついている場合が多いが，内容的に有限要素法に重点があるものは本章に含めている．

有限要素法の導波構造への応用では，次のようなものがある（**図 5.1**）．

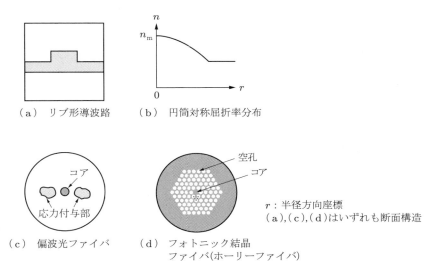

図 5.1　断面構造が不均一な光導波路・光ファイバの例

(ⅰ) 光導波路で断面内の屈折率分布が任意の値をとるとき，たとえばリブ形導波路（図(a)）や図4.1に示した各種光導波路に使える．
(ⅱ) 従来型光ファイバなど，構造が円筒対称で半径方向の屈折率分布が不均一な場合は（図(b)），形式的に光導波路の場合と同様な扱いができる．

(iii) 光ファイバ断面内の任意の屈折率分布で，円筒対称でない従来型光ファイバ，たとえば，偏波光ファイバ（図 (c)）の電磁界解析に使える．また，断面内に応力分布がある場合にも，応力解析をした後，光弾性効果を利用して屈折率分布の変化に帰着させると，応力付与形ファイバなどでも使用できる．

(iv) 断面内の構造で周期性があったり，空孔があったりする，フォトニック結晶やフォトニック結晶ファイバ（図 (d)）でも使用できる．

(v) フォトニック結晶導波路における光波の時間的振る舞いの解析ができる．

有限要素法はその汎用性と有用性のため，ソフトウェアが市販され，公開されたプログラムリストもある．また，有限要素法に特化した解説書 [5-3〜5-5] や，詳しい説明 [5-6, 5-7]，数学的側面の解説 [5-8] などもある．

● 5.2 スラブ光導波路における有限要素法：TE モード

本節と次節では，有限要素法の考え方を理解しやすくするため，構造が比較的簡単なスラブ光導波路を対象として，議論を進める．まず，TE・TM モードの電磁界に対する一般式を示す．5.2.2 項以降では，TE モードを対象として，有限要素法での基本的手順を説明する．

5.2.1 スラブ光導波路での波動基本式

導波構造の媒質が等方性・非磁性（比透磁率 $\mu = 1$）・無損失（電流密度と電荷密度が $J = \rho = 0$）の誘電体からなるとする．デカルト座標系 (x, y, z) をとったとき，構造が y, z 方向に対して均一である，すなわちスラブ光導波路を対象とする．光波の伝搬方向を z 軸とし，その方向の伝搬定数を β，光波の角周波数を ω で表すと，電磁界の時空変動因子は $\exp[i(\omega t - \beta z)]$ で表せる．屈折率は x 軸方向で不均一であり，$n(x)$ で表せるものとする．このとき，TE・TM モードが得られる（3.1.2 項参照）．

TE モードにおける非零電磁界成分は E_y，H_x，H_z である．$E_y = \psi(x)$ とおいて，E_y 成分に対するスカラー波動方程式 (3.4) を次に再掲する．

$$\frac{d^2\psi(x)}{dx^2} + \{[n(x)k_0]^2 - \beta^2\}\psi(x) = 0 \quad : \text{TE モード} \quad (5.1)$$

ただし，k_0 は真空中の波数である．電磁界が導波構造中で安定に導波されるためには，すなわち，導波モードでは

$$x = \pm\infty \ \ \text{で} \ \psi(x) = 0 \quad \text{かつ} \quad \frac{d\psi(x)}{dx} = 0 \tag{5.2}$$

という，物理的要請も満たす必要がある．これは，変分問題では**自然境界条件** (natural boundary condition) とよばれている．TE モードにおける他の非零磁界成分は，式 (3.3a, b) より次式で表せる．

$$H_x = -\frac{\beta}{\omega\mu_0}\psi(x), \qquad H_z = \frac{i}{\omega\mu_0}\frac{d\psi(x)}{dx} \tag{5.3}$$

ただし，μ_0 は真空の透磁率である．また，境界条件（2.2.2 項参照）より，電界と磁界の接線成分 $E_y(=\psi)$ と $H_z(\propto d\psi/dx)$ が境界で連続でなければならない．

TM モードの非零電磁界成分は H_y, E_x, E_z である．H_y 成分に対するスカラー波動方程式 (3.6) で $H_y = \psi(x)$ とおき，後の便のため次のように書き換えておく．

$$\frac{d}{dx}\left[\frac{1}{n^2(x)}\frac{d\psi(x)}{dx}\right] + \frac{[n(x)k_0]^2 - \beta^2}{n^2(x)}\psi(x) = 0 \quad : \text{TM モード} \tag{5.4}$$

TM モードの他の非零電界成分は，式 (3.5a, b) より次式で表せる．

$$E_x = \frac{\beta}{\omega\varepsilon_0 n^2(x)}\psi(x), \qquad E_z = -\frac{i}{\omega\varepsilon_0 n^2(x)}\frac{d\psi(x)}{dx} \tag{5.5}$$

ただし，ε_0 は真空の誘電率である．境界条件より，磁界と電界の接線成分 $H_y(=\psi)$ と $E_z[\propto (1/n^2)(d\psi/dx)]$ が境界で連続となる必要がある．E_x と E_z の表示式の分母に屈折率 $n^2(x)$ が含まれていることに注意を要する．

以下では，当面，TE モードに対する有限要素法について説明し，TM モードについては 5.3 節で述べる．

5.2.2 波動方程式の変分問題への変換

変分問題では，関数 $\psi(x)$ の関数 $I[\psi]$ を扱い，これを**汎関数** (functional) とよび，関数 $\psi(x)$ の微小変化に対する汎関数の変化量 ΔI を**変分**とよぶ．物理的に実現される $\psi(x)$ は，汎関数 I が停留値をとる（変分が $\Delta I = 0$）ときであるとして，停留解から $\psi(x)$ を求める方法を**変分法** (variational method) という（付録 B.1 参照）．

TE モードに対する波動方程式 (5.1) に変分原理を適用すると，汎関数が

$$I[\psi(x)] = \frac{1}{2}\int_{-\infty}^{\infty}\left\{\left[\frac{d\psi(x)}{dx}\right]^2 - [n^2(x)k_0^2 - \beta^2]\psi^2(x)\right\}dx \tag{5.6}$$

で得られる．式 (5.1) の波動方程式（微分方程式）を解く問題が，変分問題に置き換えられたことになる．次に，式 (5.6) で表される汎関数が，自然境界条件［式 (5.2)］のもとで，微分方程式 (5.1) と等価であることを示す．

関数 $\psi(x)$ と独立した，微小な実数を δ として，停留解からずれた解を，

$$\psi_{\mathrm{p}}(x) = \psi(x) + \delta\, h(x) \tag{5.7}$$

とおく．ここで，$h(x)$ は x 軸上の任意のなめらかな関数とする．式 (5.7) を式 (5.6) に代入して微小量 δ で偏微分した後，δ を 0 に漸近させると次式を得る（付録 B.1 参照）．

$$\lim_{\delta\to 0}\frac{\partial}{\partial\delta}I[\psi+\delta\, h] = \int_{-\infty}^{\infty}\left\{\frac{d\psi(x)}{dx}\frac{dh(x)}{dx} - \left[n^2(x)k_0^2-\beta^2\right]\psi(x)h(x)\right\}dx \tag{5.8}$$

式 (5.8) の第 1 項を部分積分して，次式を得る．

$$\varDelta I = \left[\frac{d\psi(x)}{dx}h(x)\right]_{-\infty}^{\infty} - \int_{-\infty}^{\infty}\left\{\frac{d^2\psi(x)}{dx^2} + \left[n^2(x)k_0^2-\beta^2\right]\psi(x)\right\}h(x)dx = 0 \tag{5.9}$$

汎関数 I が停留値をとる（$\varDelta I = 0$）とき，式 (5.9) で $h(x)$ は任意の関数なので，変分の基本定理により，第 1・2 項が独立に 0 とならなければならない．自然境界条件の式 (5.2) により，式 (5.9) の第 1 項が 0 となり，また $H_z(\propto d\psi/dx)$ の連続条件が満たされる．第 2 項の被積分関数で { } 内が 0 となる．すなわち，微分方程式 (5.1) が得られる．

5.2.3　要素内の波動関数設定法

1 次元の有限要素法では，x 軸上を多くの微小な**線要素**（line element）e に分割し，その両端を**節点**（node）とよぶ（**図 5.2**）．各線要素 e について汎関数 I_e を求め，解析領域全体の汎関数 I をこれらの和で表す．

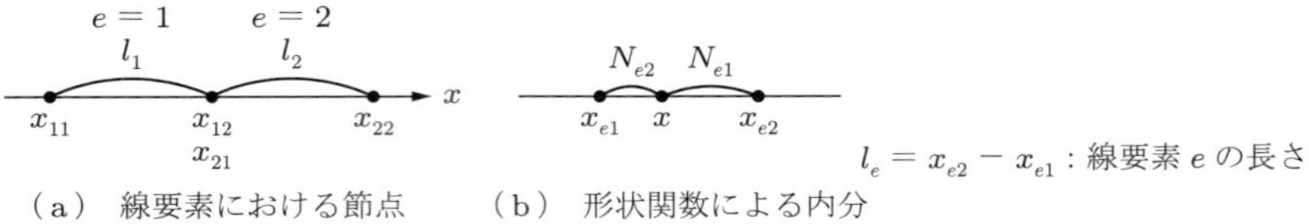

$e=1$
$e=2$
l_1
l_2
x
x_{11}
x_{12}
x_{21}
x_{22}
N_{e2}
N_{e1}
x_{e1}
x
x_{e2}
$l_e = x_{e2} - x_{e1}$：線要素 e の長さ
（a）　線要素における節点
（b）　形状関数による内分

図 5.2　線要素 e，節点座標 x_{ej}，形状関数 N_{ej} の関係（1 次元の場合）

$$I = \sum_e I_e \tag{5.10}$$

各線要素 e の汎関数 I_e は，式 (5.6) における波動関数 $\psi(x)$ を各線要素 e における波動関数 $\psi_e(x)$ に置換して得られる．

線要素 e を $x_{e1} \leqq x \leqq x_{e2}$ とすると，節点座標は x_{e1} と x_{e2} となり，ここでの屈折率を一定値 n_e とする．線要素 e 内の任意の座標における波動関数 $\psi_e(x)$ は，簡単な関数形であることが望ましく，通常，次に示すように，x に関する1次または2次の多項式で近似される．

$$\psi_e(x) = \begin{cases} p_{e0} + p_{e1}x \\ p_{e0} + p_{e1}x + p_{e2}x^2 \end{cases} \tag{5.11}$$

ただし，p_{em} ($m = 0 \sim 2$) は線要素 e 内での展開係数である．複雑な形状に対しては，分割要素数を増加させることで対応する．

以下で，波動関数を1次関数で近似すると，

$$\psi_e(x) = p_{e0} + p_{e1}x = \begin{pmatrix} p_{e0} & p_{e1} \end{pmatrix} \begin{pmatrix} 1 \\ x \end{pmatrix} \tag{5.12}$$

と書ける．いま，節点 x_{e1}, x_{e2} におけるそれぞれの関数値（nodal value）を $\psi_{ej}(j=1, 2)$ で表すと，次の行列表示が得られる．

$$\begin{pmatrix} \psi_{e1} & \psi_{e2} \end{pmatrix} = \begin{pmatrix} p_{e0} & p_{e1} \end{pmatrix} [G^{(e)}] \tag{5.13a}$$

$$[G^{(e)}] \equiv \begin{pmatrix} 1 & 1 \\ x_{e1} & x_{e2} \end{pmatrix} \tag{5.13b}$$

線要素 e の両端での関数値 ψ_{ej} が求めるべき未知数である．

式 (5.13a) で右側から逆行列 $[G^{(e)}]^{-1}$ を掛けた式を，式 (5.12) に代入すると，線要素 e 内の波動関数 $\psi_e(x)$ が次式で表せる．

$$\psi_e(x) = \begin{pmatrix} \psi_{e1} & \psi_{e2} \end{pmatrix} \begin{pmatrix} N_{e1}(x) \\ N_{e2}(x) \end{pmatrix} \tag{5.14}$$

$$\begin{pmatrix} N_{e1}(x) \\ N_{e2}(x) \end{pmatrix} = [G^{(e)}]^{-1} \begin{pmatrix} 1 \\ x \end{pmatrix} = \frac{1}{l_e} \begin{pmatrix} x_{e2} & -1 \\ -x_{e1} & 1 \end{pmatrix} \begin{pmatrix} 1 \\ x \end{pmatrix} \tag{5.15}$$

$$l_e \equiv x_{e2} - x_{e1} \tag{5.16}$$

式 (5.14) は，線要素 e 内の波動関数 $\psi_e(x)$ を，節点での関数値 ψ_{ej} で補間した

ことを意味する．$N_{ej}(x)$ は**形状関数**（shape function）または**補間関数**とよばれ，線要素 e ごとに異なる値をとる．l_e は線要素 e の長さを表している．

ここで，形状関数に関する性質を調べる．式 (5.14) で一方の節点座標を代入すると，$\psi_e(x_{e1}) = \psi_{e1}$ となるから，$N_{e1}(x_{e1}) = 1$，$N_{e2}(x_{e1}) = 0$ となる．つまり，節点座標では $N_{ej}(x_{ek}) = 1\ (j=k)$，$N_{ej}(x_{ek}) = 0\ (j \neq k)$ が成り立つ．また，式 (5.15) より次式が成立する．

$$N_{e1}(x) = \frac{x_{e2} - x}{l_e}, \qquad N_{e2}(x) = \frac{x - x_{e1}}{l_e} \tag{5.17a}$$

$$N_{e1}(x) + N_{e2}(x) = 1 \tag{5.17b}$$

式 (5.17a) は，形状関数の値 $N_{e1}(x)$ と $N_{e2}(x)$ が，節点座標 x_{e1} と x_{e2} の間にある x を $N_{e2} : N_{e1}$ に内分する比率であることを示している（図 5.2(b) 参照）．この内分点の座標は $x_{\mathrm{IP}} = x_{e1} N_{e2}(x) + x_{e2} N_{e1}(x)$ で表せる．要素 e 内（$x_{e1} \leqq x \leqq x_{e2}$）の波動関数 $\psi_e(x)$ は，次の 1 次関数で表せる．

$$\psi_e(x) = \frac{(\psi_{e1} x_{e2} - \psi_{e2} x_{e1}) + (\psi_{e2} - \psi_{e1})x}{x_{e2} - x_{e1}} \tag{5.18}$$

波動関数 $\psi_e(x)$ は，$\psi_{e1} < \psi_{e2}$ のとき単調増加，$\psi_{e1} > \psi_{e2}$ のとき単調減少，$\psi_{e1} = \psi_{e2}$ のとき定数で $\psi_e(x) = \psi_{e1} = \psi_{e2}$ となる．

5.2.4 停留条件による固有値方程式の形式解の導出：TE モード

線要素 e 内の任意の点における波動関数 $\psi_e(x)$ ［式 (5.14)］を，線要素 e の汎関数 I_e ［式 (5.6) で $\psi(x)$ を $\psi_e(x)$ に置換したもの］に代入すると，

$$I_e = \frac{1}{2} \int_{x_{e1}}^{x_{e2}} \left\{ \left[\frac{d\psi_e(x)}{dx} \right]^2 - (n_e^2 k_0^2 - \beta^2) \psi_e^2(x) \right\} dx \tag{5.19}$$

を得る．式 (5.14) を利用すると，次のように書ける．

$$I_e = \frac{1}{2} \int_{x_{e1}}^{x_{e2}} \left[\left(\psi_{e1} \frac{dN_{e1}}{dx} + \psi_{e2} \frac{dN_{e2}}{dx} \right)^2 - (n_e^2 k_0^2 - \beta^2)(\psi_{e1} N_{e1} + \psi_{e2} N_{e2})^2 \right] dx \tag{5.20}$$

上記の結果を式 (5.10) に代入すると，次のように書き換えることができる．

$$I = \frac{1}{2} \sum_e {}^t\{\psi_e\} \left([\mathrm{K}_{\mathrm{TE}}^{(e)}] - \lambda_e [\mathrm{M}_{\mathrm{TE}}^{(e)}] \right) \{\psi_e\} \tag{5.21}$$

$$[\mathrm{K}_{\mathrm{TE}}^{(e)}] \equiv \int_{x_{e1}}^{x_{e2}} \frac{d\{N_e\}}{dx} \frac{d^{\mathrm{t}}\{N_e\}}{dx} dx \tag{5.22}$$

$$[\mathrm{M}_{\mathrm{TE}}^{(e)}] \equiv \int_{x_{e1}}^{x_{e2}} \{N_e\}^{\mathrm{t}}\{N_e\} dx \tag{5.23}$$

$$\lambda_e = n_e^2 k_0^2 - \beta^2 \tag{5.24}$$

式 (5.21) は線要素を設定したときの汎関数 I である．有限要素法が構造力学から発展してきた名残で，$[\mathrm{K}_{\mathrm{TE}}^{(e)}]$ は**剛性行列** (stiffness matrix)，$[\mathrm{M}_{\mathrm{TE}}^{(e)}]$ は**質量行列** (mass matrix) とよばれている．要素 e を対象とするときはこれらの用語に「要素」が冠せられるが，本書では「要素」を省略し，上付き添え字 (e) で示す．$\{\psi_e\}$ と $\{N_e\}$ はそれぞれ節点における関数値 ψ_{ej} と形状関数 N_{ej} の 2 成分を全線要素について表した列ベクトル，左上付き添え字 t は転置を表す（転置を右上付き t で表す本もある）．式 (5.21) は，全線要素 e の節点についての加算を表す．

式 (5.21) は未知数である $\{\psi_e\}$ に対してつねに成立する必要がある．そのため，変分操作 $\partial I / \partial \psi_{ej} = 0$ (e：全要素，$j = 1, 2$) を施すと，次式を得る．

$$\frac{\partial I}{\partial \psi_{ej}}$$

$$= \int_{x_{e1}}^{x_{e2}} \left[\frac{dN_{ej}}{dx} \begin{pmatrix} \dfrac{dN_{e1}}{dx} & \dfrac{dN_{e2}}{dx} \end{pmatrix} \begin{pmatrix} \psi_{e1} \\ \psi_{e2} \end{pmatrix} - \lambda_e N_{ej} \begin{pmatrix} N_{e1} & N_{e2} \end{pmatrix} \begin{pmatrix} \psi_{e1} \\ \psi_{e2} \end{pmatrix} \right] dx$$

$$= 0 \quad (e：全要素, \ j = 1, 2) \tag{5.25}$$

式 (5.25) で等式がつねに成り立つためには，変分原理により，被積分関数も 0 とならなければならない．よって，式 (5.22)〜(5.24) の表示を用いて，

$$[\mathrm{A}_{\mathrm{TE}}^{(e)}]\{\psi_e\} = \{0\} \quad (e \text{ は全要素}, \ j = 1, 2) \tag{5.26a}$$

$$[\mathrm{A}_{\mathrm{TE}}^{(e)}] \equiv [\mathrm{K}_{\mathrm{TE}}^{(e)}] - \lambda_e [\mathrm{M}_{\mathrm{TE}}^{(e)}] \tag{5.26b}$$

が得られる．ただし，$\{0\}$ は要素の節点に対応する零列ベクトルである．

式 (5.26) が自明解以外の解をもつ条件は，次式で与えられる．

$$\det([\mathrm{A}_{\mathrm{TE}}^{(e)}]) = 0 \tag{5.27}$$

ただし，det は行列式をとることを意味する．式 (5.27) は有限要素法における固有値方程式であり，これを解いて伝搬定数 β が求められる．得られた β を式 (5.26) に代入して解くことにより，全節点での波動関数値 $\{\psi_e\}$ が求められる．

ところで, 式 (5.26) における λ_e には, 式 (5.24) から明白なように, 線要素 e に依存する項と伝搬定数 β を含んでいる. 式 (5.26a) の左側から逆行列 $[\mathrm{M}_{\mathrm{TE}}^{(e)}]^{-1}$ を掛けた後, 整理して次式を得る.

$$[\mathrm{C}_{\mathrm{TE}}^{(e)}]\{\psi_e\} = \beta^2 \{\psi_e\} \tag{5.28a}$$

$$[\mathrm{C}_{\mathrm{TE}}^{(e)}] \equiv -[\mathrm{M}_{\mathrm{TE}}^{(e)}]^{-1}[\mathrm{K}_{\mathrm{TE}}^{(e)}] + n_e^2 k_0^2 [\mathrm{E}] \tag{5.28b}$$

ここで, $[\mathrm{E}]$ は単位行列である. 式 (5.28a) は右辺の β^2 のみが定数で, TE モードに対する固有値方程式であり, 標準的方法で解ける (付録 A.4(c) 参照).

5.2.5 固有値方程式の具体的表現の導出

式 (5.26) と式 (5.28) は形式的なものであり, 具体的な計算ができない. なぜなら, これらの式に含まれる剛性行列 $[\mathrm{K}_{\mathrm{TE}}^{(e)}]$ と質量行列 $[\mathrm{M}_{\mathrm{TE}}^{(e)}]$ は, 式 (5.22), (5.23) からわかるように, 形状関数 $N_{ej}(x)$ に関係した要素 e での積分を含んでおり, これらの積分を現段階ではまだ行っていないからである. 以下では, これらの結果を示す.

形状関数を表す式 (5.15) を線要素 e について積分するとき, 1, x 以外は定数である. 式 (5.22) の $[\mathrm{K}_{\mathrm{TE}}^{(e)}]$ に含まれる積分では, 形状関数を x で微分するので, 結局, 定数に関する積分となる. よって, 剛性行列は以下のとおりとなる.

$$[\mathrm{K}_{\mathrm{TE}}^{(e)}] \equiv \int_{x_{e1}}^{x_{e2}} \frac{d\{N_e\}}{dx} \frac{d^{\mathrm{t}}\{N_e\}}{dx} dx = \frac{1}{l_e} \begin{pmatrix} 1 & -1 \\ -1 & 1 \end{pmatrix} \tag{5.29}$$

ただし, l_e は線要素 e の長さである. 式 (5.23) における質量行列 $[\mathrm{M}_{\mathrm{TE}}^{(e)}]$, その逆行列および式 (5.28b) の右辺第 1 項は次式で表せる.

$$[\mathrm{M}_{\mathrm{TE}}^{(e)}] \equiv \int_{x_{e1}}^{x_{e2}} \{N_e\}^{\mathrm{t}}\{N_e\} dx = \frac{l_e}{6} \begin{pmatrix} 2 & 1 \\ 1 & 2 \end{pmatrix} \tag{5.30a}$$

$$[\mathrm{M}_{\mathrm{TE}}^{(e)}]^{-1} = \frac{2}{l_e} \begin{pmatrix} 2 & -1 \\ -1 & 2 \end{pmatrix} \tag{5.30b}$$

$$[\mathrm{M}_{\mathrm{TE}}^{(e)}]^{-1}[\mathrm{K}_{\mathrm{TE}}^{(e)}] = \frac{6}{l_e^2} \begin{pmatrix} 1 & -1 \\ -1 & 1 \end{pmatrix} = \frac{6}{l_e}[\mathrm{K}_{\mathrm{TE}}^{(e)}] \tag{5.31}$$

以上で求めた $[\mathrm{K}_{\mathrm{TE}}^{(e)}]$ と $[\mathrm{M}_{\mathrm{TE}}^{(e)}]$ の積分結果を式 (5.26a) に代入すると, 線要素 e での関数値 $\psi_{ej}(j=1,2)$ に関する連立 1 次方程式が次式で得られる.

$$\begin{pmatrix} A_{11}^{(e)} & A_{12}^{(e)} \\ A_{21}^{(e)} & A_{22}^{(e)} \end{pmatrix} \begin{pmatrix} \psi_{e1} \\ \psi_{e2} \end{pmatrix} = \begin{pmatrix} 0 \\ 0 \end{pmatrix} \quad (5.32a)$$

$$A_{11}^{(e)} = A_{22}^{(e)} \equiv \frac{1}{l_e} - (n_e^2 k_0^2 - \beta^2)\frac{l_e}{3} \quad (5.32b)$$

$$A_{12}^{(e)} = A_{21}^{(e)} \equiv -\frac{1}{l_e} - (n_e^2 k_0^2 - \beta^2)\frac{l_e}{6} \quad (5.32c)$$

また,式 (5.28a) からは,TE モードに対する固有値方程式

$$\begin{pmatrix} C_{11}^{(e)} & C_{12}^{(e)} \\ C_{21}^{(e)} & C_{22}^{(e)} \end{pmatrix} \begin{pmatrix} \psi_{e1} \\ \psi_{e2} \end{pmatrix} = \beta^2 \begin{pmatrix} \psi_{e1} \\ \psi_{e2} \end{pmatrix} \quad (5.33a)$$

$$C_{11}^{(e)} = C_{22}^{(e)} \equiv -\frac{6}{l_e^2} + n_e^2 k_0^2, \qquad C_{12}^{(e)} = C_{21}^{(e)} \equiv \frac{6}{l_e^2} \quad (5.33b)$$

が得られる.

5.2.6 導波構造全体に対する方程式の構成

以上の項での議論は,主に線要素 e についてであった.システム全体の方程式を構成する場合,式 (5.19),(5.20) などから予測できるように,1 つの節点の情報が複数の線要素に分離されていることを反映させる必要がある.

要素数は一般には多数であるが,全体の構成方法が理解しやすいように,ここでは線要素が 3 つある場合を例にとる(**図 5.3**).3 つの線要素の指数を $e = 1$ ~3 とする.全体で 4 つある独立な節点を下付き [ ] 内の通し番号で区別し,節点座標と節点での関数値を,

$$x_{[1]} = x_{11}, \qquad x_{[2]} = x_{12} = x_{21}, \qquad x_{[3]} = x_{22} = x_{31}, \qquad x_{[4]} = x_{32} \quad (5.34a)$$

$$\psi_{[1]} = \psi_{11}, \qquad \psi_{[2]} = \psi_{12} = \psi_{21}, \qquad \psi_{[3]} = \psi_{22} = \psi_{31}, \qquad \psi_{[4]} = \psi_{32} \quad (5.34b)$$

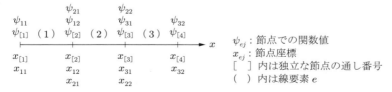

図 5.3 システム全体の方程式の構成法(1 次元で線要素が 3 つの場合)

で表す．

このとき，式 (5.26a) や式 (5.32a) に対応する全体方程式を考える．全体行列の次元は独立な節点数に等しくなるから，全体方程式は 4 元の連立 1 次方程式で表せる．これは全体行列の成分を A_{jk} ($j, k = 1 \sim 4$) とおいて，形式的に，

$$[A]\{\psi_{[\xi]}\} = \{0\}$$

で書ける．線要素 $e = 1 \sim 3$ に対応する個別の方程式は次式で書ける．

$$\begin{pmatrix} A_{11}^{(1)} & A_{12}^{(1)} & 0 & 0 \\ A_{21}^{(1)} & A_{22}^{(1)} & 0 & 0 \\ 0 & 0 & 0 & 0 \\ 0 & 0 & 0 & 0 \end{pmatrix} \begin{pmatrix} \psi_{[1]} \\ \psi_{[2]} \\ \psi_{[3]} \\ \psi_{[4]} \end{pmatrix} = \begin{pmatrix} 0 \\ 0 \\ 0 \\ 0 \end{pmatrix}$$

$$\begin{pmatrix} 0 & 0 & 0 & 0 \\ 0 & A_{11}^{(2)} & A_{12}^{(2)} & 0 \\ 0 & A_{21}^{(2)} & A_{22}^{(2)} & 0 \\ 0 & 0 & 0 & 0 \end{pmatrix} \begin{pmatrix} \psi_{[1]} \\ \psi_{[2]} \\ \psi_{[3]} \\ \psi_{[4]} \end{pmatrix} = \begin{pmatrix} 0 \\ 0 \\ 0 \\ 0 \end{pmatrix}$$

$$\begin{pmatrix} 0 & 0 & 0 & 0 \\ 0 & 0 & 0 & 0 \\ 0 & 0 & A_{11}^{(3)} & A_{12}^{(3)} \\ 0 & 0 & A_{21}^{(3)} & A_{22}^{(3)} \end{pmatrix} \begin{pmatrix} \psi_{[1]} \\ \psi_{[2]} \\ \psi_{[3]} \\ \psi_{[4]} \end{pmatrix} = \begin{pmatrix} 0 \\ 0 \\ 0 \\ 0 \end{pmatrix} \quad (5.35)$$

ただし，上式における $A_{jk}^{(e)}$ は，式 (5.26a) または式 (5.32a〜c) で示した要素行列 $[A_{TE}^{(e)}]$ の j 行 k 列成分である．

式 (5.35) の要素行列の成分を足し合わせると，次式が得られる．

$$\begin{pmatrix} A_{11}^{(1)} & A_{12}^{(1)} & 0 & 0 \\ A_{21}^{(1)} & A_{22}^{(1)} + A_{11}^{(2)} & A_{12}^{(2)} & 0 \\ 0 & A_{21}^{(2)} & A_{22}^{(2)} + A_{11}^{(3)} & A_{12}^{(3)} \\ 0 & 0 & A_{21}^{(3)} & A_{22}^{(3)} \end{pmatrix} \begin{pmatrix} \psi_{[1]} \\ \psi_{[2]} \\ \psi_{[3]} \\ \psi_{[4]} \end{pmatrix} = \begin{pmatrix} 0 \\ 0 \\ 0 \\ 0 \end{pmatrix}$$
$$(5.36)$$

式 (5.36) は，線要素数を 3 つに限定した場合の導波構造に対する全体方程式である．これを解いて，節点での関数値 $\psi_{[\xi]} = \psi_{ej}$（TE モードでの E_y 成分）が求められる．

実際の問題では要素数はもっと多数である．その場合，特定の要素とそこから離れた要素との間には相互関係がないから，全体行列は 0 成分が多い疎行列となる（付録 A.4(a) 参照）．また，本項だけでなく，後述する 3 次元光導波構造でも，辺を共有する両節点での通し番号が近い値になるように設定すると（5.5.2 項参照），全体行列は対角成分とその近傍の成分だけが非零の帯行列となる．特に，線要素で波動関数が 1 次関数で近似される場合には，対角成分と隣接する副対角成分だけが非零となる三重対角行列となり，これはトーマス法（付録 A.4(b–2) 参照）を用いて容易に解ける．

5.3 スラブ光導波路での TM モード

本節では，式 (5.4) を出発式として，スラブ光導波路における TM モードに対する固有値方程式を求める．

5.3.1 TM モードに対する汎関数

TM モードにおける H_y 成分に対する波動（微分）方程式を，式 (5.4) で示した．これに対する汎関数は次式で得られる．

$$I[\psi(x)] = \frac{1}{2}\int_{-\infty}^{\infty}\left\{\frac{1}{n^2(x)}\left[\frac{d\psi(x)}{dx}\right]^2 - \frac{n^2(x)k_0^2 - \beta^2}{n^2(x)}\psi^2(x)\right\}dx \quad (5.37)$$

TE モードの場合と同様にして，式 (5.37) の変分をとると，次式を得る．

$$\Delta I = \left[\frac{1}{n^2(x)}\frac{d\psi}{dx}h(x)\right]_{-\infty}^{\infty} - \int_{-\infty}^{\infty}\left\{\frac{d}{dx}\left[\frac{1}{n^2(x)}\frac{d\psi}{dx}\right] + \frac{n^2(x)k_0^2 - \beta^2}{n^2(x)}\psi\right\}h(x)dx$$
$$= 0 \quad (5.38)$$

ここで，$h(x)$ は任意の関数なので，変分の基本定理により，第 1・2 項が独立に 0 とならなければならない．この式の第 1 項より，$E_z[\propto (1/n^2)(d\psi/dx)]$ が境界で連続となる．第 2 項の被積分関数の { } 内 $= 0$ より，微分方程式 (5.4) が得られ，式 (5.37) が TM モードに対する汎関数であることが確認できる．式 (5.37) は，TE モードに対する汎関数の式 (5.6) における被積分関数を $n^2(x)$ で割った値と一致している．したがって，TM モードに対しても，TE モードとほぼ同様の結果を得ることができる．

5.3.2 TM モードに対する固有値方程式

線要素 e 内の波動関数 $\psi_e(x)$ を式 (5.14) にとり，線要素内では屈折率が一定

値 n_e をとるとする.これを式 (5.37) に代入すると,線要素全体の汎関数は,

$$I = \frac{1}{2}\sum_e {}^t\{\psi_e\}\left([K_{TM}^{(e)}] - \lambda_e[M_{TM}^{(e)}]\right)\{\psi_e\} \tag{5.39}$$

$$[K_{TM}^{(e)}] \equiv \int_{x_{e1}}^{x_{e2}} \frac{1}{n_e^2}\frac{d\{N_e\}}{dx}\frac{d{}^t\{N_e\}}{dx}dx \tag{5.40a}$$

$$[M_{TM}^{(e)}] \equiv \int_{x_{e1}}^{x_{e2}} \frac{1}{n_e^2}\{N_e\}{}^t\{N_e\}dx \tag{5.40b}$$

$$\lambda_e = n_e^2 k_0^2 - \beta^2 \tag{5.40c}$$

で書ける.ここで,$[K_{TM}^{(e)}]$ は剛性行列,$[M_{TM}^{(e)}]$ は質量行列である.

式 (5.39) は未知数である $\{\psi_e\}$ に対してつねに成立する必要があるため,変分操作 $\partial I/\partial \psi_{ej} = 0$ (e:全要素,$j = 1, 2$) を施して整理すると,次式を得る.

$$[A_{TM}^{(e)}]\{\psi_e\} = \{0\} \quad (e \text{ は全要素}, j = 1, 2) \tag{5.41a}$$

$$[A_{TM}^{(e)}] \equiv [K_{TM}^{(e)}] - \lambda_e[M_{TM}^{(e)}] \tag{5.41b}$$

ただし,$\{0\}$ は要素の節点に対応する零列ベクトルである.式 (5.41) は $\{\psi_e\}$ を未知数とする多元連立 1 次方程式である.

式 (5.41a) の左側から逆行列 $[M_{TM}^{(e)}]^{-1}$ を掛けて整理すると,固有値方程式

$$[C_{TM}^{(e)}]\{\psi_e\} = \beta^2\{\psi_e\} \tag{5.42}$$

$$[C_{TM}^{(e)}] \equiv -[B_1] + n_e^2 k_0^2[E] \tag{5.43a}$$

$$[B_1] \equiv [M_{TM}^{(e)}]^{-1}[K_{TM}^{(e)}] = [M_{TE}^{(e)}]^{-1}[K_{TE}^{(e)}] = \frac{6}{l_e^2}\begin{pmatrix} 1 & -1 \\ -1 & 1 \end{pmatrix}$$

$$= \frac{6}{l_e}[K_{TE}^{(e)}] \tag{5.43b}$$

を得る.ただし,l_e は線要素 e の長さ,$[E]$ は単位行列である.式 (5.43a, b) では,5.2.5 項の結果を利用した.TM モードに対する固有値方程式 (5.42) は,TE モードに対する固有値方程式 (5.28a) と形式的に同じである.

● 5.4 円筒対称構造における有限要素法

本節では,円筒対称構造における電磁界を,有限要素法で求める方法を説明する.この場合には,5.2 節で扱ったスラブ光導波路とほぼ同じ扱いになる.円

筒対称の具体的な構造物は光ファイバであり，主として従来型光ファイバに適用できる．

5.4.1 円筒対称構造での波動方程式と汎関数

媒質は，5.2節と同じく，等方性・非磁性・無損失の誘電体とする．円筒対称なので，円筒座標系 (r,θ,z) を用いる（図5.4）．媒質は z 軸方向に対して均一であるとし，光波の伝搬方向を z 軸にとると，この方向に伝搬定数 β が存在する．光の角周波数を ω とおくと，電磁界が時空変動因子 $\exp[i(\omega t - \beta z)]$ をもって伝搬する．断面内の屈折率分布を，r のみの関数として $n(r)$ で表す．

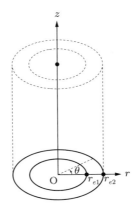

図 5.4 円筒対称構造における要素分割

屈折率の横方向変化が緩やかなとき，電磁界成分の E_z と H_z に対する微分方程式が形式的に同じとなり，式 (2.35) あるいは式 (3.25) で書ける．式 (3.25) の解を半径・方位角座標に関する変数分離形で表すため，式 (3.26) のように，方位角に依存する部分を $\exp(i\nu\theta)$ とおくと，半径座標に依存する電磁界 $\psi(r)$ は，波動（微分）方程式

$$\frac{1}{r}\frac{d}{dr}\left[r\frac{d\psi(r)}{dr}\right] + \left\{[n(r)k_0]^2 - \beta^2 - \frac{\nu^2}{r^2}\right\}\psi(r) = 0 \quad : \psi(r) = E_z, H_z \tag{5.44}$$

を満たす．ここで，$k_0 = 2\pi/\lambda_0 = \omega/c$，$\lambda_0$，$c$ は，それぞれ真空中の波数，波長，光速である．また，ν は方位角モード次数で，整数である．横方向電磁界成分は，式 (2.33a～d) を用いて，軸方向電磁界成分から求められる．電磁界が

安定に導波されるためには，**自然境界条件**

$$r = 0 \text{ で } \psi(r) \text{ が有界}, \qquad r = \infty \text{ で } \frac{d\psi(r)}{dr} = 0 \tag{5.45}$$

も満たす必要がある．

式 (5.44) に対する汎関数は，

$$I[\psi(r)] = \frac{1}{2} \int_0^\infty \left\{ \left[\frac{d\psi(r)}{dr}\right]^2 + \frac{\nu^2}{r^2}\psi^2(r) - \left[n^2(r)k_0^2 - \beta^2\right]\psi^2(r) \right\} r\, dr \tag{5.46}$$

で得られる．上記の汎関数に対する変分は，スラブ光導波路と同様にして，次のように書ける．

$$\Delta I = \left[\frac{d\psi}{dr}rh(r)\right]_0^\infty - \int_0^\infty \left\{\frac{d^2\psi}{dr^2} + \frac{1}{r}\frac{d\psi}{dr} + \left[-\frac{\nu^2}{r^2} + n^2(r)k_0^2 - \beta^2\right]\psi\right\}h(r)r\,dr$$
$$= 0 \tag{5.47}$$

ただし，$h(r)$ は $0 \leq r < \infty$ における任意のなめらかな関数である．上記の汎関数が，自然境界条件［式 (5.45)］のもとでの微分方程式 (5.44) と等価であること，および境界条件を満たすことは，スラブ光導波路と同様にして確かめられる．方位角座標 θ に関する項は最終結果に影響を及ぼさないので省略する．

5.4.2 要素内の連立方程式に対する具体的表現

円筒対称の場合，1 次元での座標 x を半径座標 r に置換すると，ほぼ同様な関係式が成り立つ．半径座標全体を多くの微小な線要素 e に分割し，全体の汎関数 I を，式 (5.10) と同じように，各線要素 e についての汎関数 I_e の和で表す．

要素 e を $r_{e1} \leq r \leq r_{e2}$ にとると，節点座標は r_{e1}, r_{e2} で表せる（図 5.4 参照）．この要素内の屈折率を一定値 n_e とする．線要素 e 内の任意の座標における波動関数 $\psi_e(r)$ を，次式のように，r に関する 1 次式で近似する．

$$\psi_e(r) = p_{e0} + p_{e1}r = \begin{pmatrix} p_{e0} & p_{e1} \end{pmatrix} \begin{pmatrix} 1 \\ r \end{pmatrix} \tag{5.48}$$

ただし，p_{em}（$m = 0, 1$）は線要素内での展開係数である．各節点における関数値を ψ_{ej}（$j = 1, 2$）で表す．このとき，線要素 e 内の任意の位置での波動関数 $\psi_e(r)$ と節点での関数値 ψ_{ej} は，形状関数 $N_{ej}(r)$ で関係づけられる．

$$\psi_e(r) = \begin{pmatrix} \psi_{e1} & \psi_{e2} \end{pmatrix} \begin{pmatrix} N_{e1}(r) \\ N_{e2}(r) \end{pmatrix} \tag{5.49}$$

$$\begin{pmatrix} N_{e1}(r) \\ N_{e2}(r) \end{pmatrix} = \frac{1}{l_e} \begin{pmatrix} r_{e2} & -1 \\ -r_{e1} & 1 \end{pmatrix} \begin{pmatrix} 1 \\ r \end{pmatrix}, \quad l_e \equiv r_{e2} - r_{e1} \tag{5.50}$$

ここで,l_e は半径方向の線要素 e の長さである.

式 (5.49) の波動関数を式 (5.46) の汎関数に代入する.その結果に対して変分をとると,式 5.2.4 項と同様にして,連立 1 次方程式が式 (5.26a, b) と同じ形式で得られる.$[A^{(e)}] \equiv [K^{(e)}] - \lambda_e [M^{(e)}]$ とおけるが,円筒対称構造では剛性行列 $[K^{(e)}]$ と質量行列 $[M^{(e)}]$ の表現は,次のように異なる形で表される [5–5].

$$[K^{(e)}] \equiv \int_{r_{e1}}^{r_{e2}} \left(\frac{d\{N_e\}}{dr} \frac{d^t\{N_e\}}{dr} r + \nu^2 \frac{1}{r} \{N_e\}^t \{N_e\} \right) dr \tag{5.51}$$

$$\int_{r_{e1}}^{r_{e2}} \frac{d\{N_e\}}{dr} \frac{d^t\{N_e\}}{dr} r dr = \frac{r_{e1}}{2l_e} \begin{pmatrix} 1 & -1 \\ -1 & 1 \end{pmatrix} + \frac{r_{e2}}{2l_e} \begin{pmatrix} 1 & -1 \\ -1 & 1 \end{pmatrix} \tag{5.52a}$$

$$\int_{r_{e1}}^{r_{e2}} \frac{1}{r} \{N_e\}^t \{N_e\} dr \fallingdotseq \frac{l_e}{6r_{eG}} \begin{pmatrix} 2 & 1 \\ 1 & 2 \end{pmatrix} \tag{5.52b}$$

$$\frac{1}{r_{eG}} = \frac{1}{r_{e2} - r_{e1}} \ln \left(\frac{r_{e2}}{r_{e1}} \right) \tag{5.52c}$$

$$[M^{(e)}] \equiv \int_{r_{e1}}^{r_{e2}} \{N_e\}^t \{N_e\} r dr = \frac{r_{e1}l_e}{12} \begin{pmatrix} 3 & 1 \\ 1 & 1 \end{pmatrix} + \frac{r_{e2}l_e}{12} \begin{pmatrix} 1 & 1 \\ 1 & 3 \end{pmatrix} \tag{5.53}$$

ただし,式 (5.52b) は被積分関数に含まれる $1/r$ の分母を要素 e 内の重心値 r_{eG} で近似した積分値であり,r_{eG} を式 (5.52c) に示した.

式 (5.26a) または式 (5.32a) に対応する,円筒対称構造での要素 e に対する連立 1 次方程式の具体的表現は,次式で書き表される.

$$\begin{pmatrix} A_{11}^{(e)} & A_{12}^{(e)} \\ A_{21}^{(e)} & A_{22}^{(e)} \end{pmatrix} \begin{pmatrix} \psi_{e1} \\ \psi_{e2} \end{pmatrix} = \begin{pmatrix} 0 \\ 0 \end{pmatrix} \tag{5.54}$$

$$A_{11}^{(e)} \equiv \frac{r_{e1} + r_{e2}}{2l_e} + \nu^2 \frac{l_e}{3r_{eG}} - (n_e^2 k_0^2 - \beta^2) \frac{l_e(3r_{e1} + r_{e2})}{12} \tag{5.55a}$$

$$A_{12}^{(e)} = A_{21}^{(e)} \equiv -\frac{r_{e1} + r_{e2}}{2l_e} + \nu^2 \frac{l_e}{6r_{eG}} - (n_e^2 k_0^2 - \beta^2)\frac{l_e(r_{e1} + r_{e2})}{12} \quad (5.55\text{b})$$

$$A_{22}^{(e)} \equiv \frac{r_{e1} + r_{e2}}{2l_e} + \nu^2 \frac{l_e}{3r_{eG}} - (n_e^2 k_0^2 - \beta^2)\frac{l_e(r_{e1} + 3r_{e2})}{12} \quad (5.55\text{c})$$

式 (5.28a) または式 (5.33a) に対応する，円筒対称構造での固有値方程式は，

$$\begin{pmatrix} C_{11}^{(e)} & C_{12}^{(e)} \\ C_{21}^{(e)} & C_{22}^{(e)} \end{pmatrix} \begin{pmatrix} \psi_{e1} \\ \psi_{e2} \end{pmatrix} = \beta^2 \begin{pmatrix} \psi_{e1} \\ \psi_{e2} \end{pmatrix} \quad (5.56)$$

$$C_{11}^{(e)} \equiv -\frac{1}{r_{e1}^2 + 4r_{e1}r_{e2} + r_{e2}^2}\left[\frac{6(r_{e1}^2 + 3r_{e1}r_{e2} + 2r_{e2}^2)}{l_e^2} + \nu^2\frac{r_{e1} + 5r_{e2}}{r_{eG}}\right]$$
$$+ n_e^2 k_0^2 \quad (5.57\text{a})$$

$$C_{12}^{(e)} \equiv -\frac{1}{r_{e1}^2 + 4r_{e1}r_{e2} + r_{e2}^2}\left[\frac{-6(r_{e1}^2 + 3r_{e1}r_{e2} + 2r_{e2}^2)}{l_e^2} - \nu^2\frac{r_{e1} - r_{e2}}{r_{eG}}\right] \quad (5.57\text{b})$$

$$C_{21}^{(e)} \equiv -\frac{1}{r_{e1}^2 + 4r_{e1}r_{e2} + r_{e2}^2}\left[\frac{-6(2r_{e1}^2 + 3r_{e1}r_{e2} + r_{e2}^2)}{l_e^2} + \nu^2\frac{r_{e1} - r_{e2}}{r_{eG}}\right] \quad (5.57\text{c})$$

$$C_{22}^{(e)} \equiv -\frac{1}{r_{e1}^2 + 4r_{e1}r_{e2} + r_{e2}^2}\left[\frac{6(2r_{e1}^2 + 3r_{e1}r_{e2} + r_{e2}^2)}{l_e^2} + \nu^2\frac{5r_{e1} + r_{e2}}{r_{eG}}\right]$$
$$+ n_e^2 k_0^2 \quad (5.57\text{d})$$

で書ける．全要素に対する方程式の立て方は 5.2.6 項と同様である．

5.4.3 スラブ光導波路や光ファイバに対する補遺

5.2 節や本節で説明したスラブ光導波路や円筒対称構造では，解析領域が有限であった．光導波路や光ファイバの電磁界解析では，厳密には無限領域を扱う必要があり，この問題に対処するには，次の2つの方法がある．

(i) 有限領域で扱った場合，境界からの非物理的な反射が生じて精度を低下させる．これを抑制するため，FDTD 法と同じように，完全整合層 (PML) 吸収境界条件 (6.6.2 項参照) や無限要素法，仮想境界法が用いられている．
(ii) クラッドの屈折率が一定値で，この領域が等価的に無限遠まで続いているとみなせる場合がある．この場合，有限要素法でもクラッドに対しては

厳密解を用いる併用法が使える [5-7].

5.5 3次元光導波構造における有限要素法

3次元光導波構造では，その導波モードがハイブリッドモードとなっているので，厳密には複数の電磁界成分を含むベクトル波動方程式を解く必要がある [5-9〜5-11]．この場合，汎関数に有限要素法を適用すると，式 (2.1d) を満たさない解が発生する．この非物理的な解を**スプリアス**（spurious）**解**という [5-9, 5-5]．スプリアス解の発生を防ぐ手立ても研究されているが，一般には困難である．そこで，スカラー波動方程式を代用することがよく行われており，この場合でも実用上，問題のない精度が確保でき，かつ計算時間も短くなる．本節でも，スカラー波動方程式を出発式として，議論を進める．

5.5.1 波動方程式の変分問題への変換

3次元の導波構造で等方性・非磁性・無損失媒質を対象とする．構造が z 軸方向に対して均一であるが，断面の屈折率分布は不均一であり，$n(x,y)$ で表されるものとする．光波が z 軸に沿って伝搬するとして，この方向の伝搬定数を β で表す．光波の角周波数を ω として，電磁界の時空変動因子を $\exp[i(\omega t - \beta z)]$ とおく．屈折率の横方向空間変化が緩やかなときの波動関数 $\psi(x,y)$ は，式 (2.29) を利用すると，次の2次元スカラー波動方程式

$$\frac{\partial^2 \psi(x,y)}{\partial x^2} + \frac{\partial^2 \psi(x,y)}{\partial y^2} + [n^2(x,y)k_0^2 - \beta^2]\psi(x,y) = 0 \tag{5.58}$$

を満たす．ただし，k_0 は真空中の波数である．

式 (5.58) に変分原理を適用すると，汎関数が
$I[\psi(x,y)]$

$$= \frac{1}{2}\iint_\Omega \left\{ \left[\frac{\partial \psi(x,y)}{\partial x}\right]^2 + \left[\frac{\partial \psi(x,y)}{\partial y}\right]^2 - [n^2(x,y)k_0^2 - \beta^2]\psi^2(x,y) \right\} dxdy \tag{5.59}$$

で得られる．ここで，Ω は導波構造の断面を表す．式 (5.59) で示した汎関数から式 (5.58) の微分方程式が導けることは，1次元の場合と同様にして，容易に確認できる（付録 B.2 参照）．

5.5.2 要素内の波動関数設定法

有限要素法では，解析領域 Ω を多数の微小領域に分割し，Ω を微小領域の集合体としてとらえる．この微小領域を**要素** (element) e とよぶ．要素の形状として三角形や四角形が用いられるが，**三角形要素** (triangular element) がよく用いられる．各要素について汎関数 I_e を求め，解析領域全体の汎関数 I をこれらの和で表すと，式 (5.10) と同じ形式が得られる．各要素の汎関数 I_e は，式 (5.59) における波動関数 $\psi(x,y)$ を各要素 e における波動関数 $\psi_e(x,y)$ に置換し，Ω も要素 e の領域に置換して得られる．

要素 e 内における波動関数 $\psi_e(x,y)$ を設定するため，三角形要素を用いる方法を以下で説明する（図 5.5）．三角形要素の頂点は**節点**とよばれる．三角形要素と節点に関する留意点は次のとおりである．

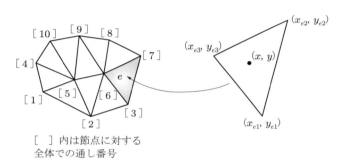

図 5.5　解析領域の三角形要素への分割例

（ⅰ）三角形要素のすべての頂点に節点をおき，番号付けをする．
（ⅱ）ある三角形の節点は，必ず他の三角形の節点と一致するように分割する．
（ⅲ）節点に対する番号付けでは，辺を共有する両側にある節点の番号が近くなるようにする．
（ⅳ）三角形要素内の屈折率 n_e を一定値として扱う．

本節では，形状関数の意味を明確にするため，5.2 節とは別の角度から議論を進める．三角形要素 e に含まれる 3 つの節点の座標を (x_{ej}, y_{ej}) $(j = 1\sim3)$，三角形要素 e 内の任意の座標を (x, y) で表す．$N_{ej}(x,y)$ $(j = 1\sim3)$ は，要素 e 内の特定の節点 (x_{ek}, y_{ek}) の番号と一致したときのみ $N_{ej} = 1$ とし，他の節点では $N_{ej} = 0$ と設定する（図 5.6）．つまり，

$$N_{ej}(x_{ek}, y_{ek}) = \begin{cases} 1 & : 節点\ (x_{ek}, y_{ek})\ で\ j = k \\ 0 & : 節点\ (x_{ek}, y_{ek})\ で\ j \neq k \end{cases} \quad (5.60)$$

と定義する．後にわかるように，N_{ej} は実は形状関数である．

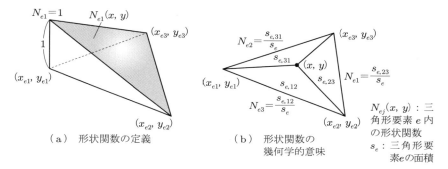

(a) 形状関数の定義　　(b) 形状関数の幾何学的意味

$N_{ej}(x,y)$：三角形要素 e 内の形状関数
s_e：三角形要素 e の面積

図 5.6　形状関数の性質（2 次元の場合）

要素 e 内の任意の点における波動関数 $\psi_e(x,y)$ の値を，$N_{ej}(x,y)$ を用いて表すと，次のように書ける．

$$\psi_e(x,y) = q_{e1}N_{e1}(x,y) + q_{e2}N_{e2}(x,y) + q_{e3}N_{e3}(x,y) \quad (5.61)$$

ただし，q_{ej} は展開係数である．要素 e 内の節点での関数値を ψ_{ej} ($j = 1\sim3$) で表すことにすると，式 (5.60) の性質により $q_{ej} = \psi_{ej}$ が導ける．すなわち，

$$\psi_e(x,y) = \psi_{e1}N_{e1} + \psi_{e2}N_{e2} + \psi_{e3}N_{e3} = \begin{pmatrix} \psi_{e1} & \psi_{e2} & \psi_{e3} \end{pmatrix} \begin{pmatrix} N_{e1}(x,y) \\ N_{e2}(x,y) \\ N_{e3}(x,y) \end{pmatrix} \quad (5.62)$$

が成立する．式 (5.62) は，節点での関数値 ψ_{ej} と $N_{ej}(x,y)$ が既知になれば，要素 e 内の任意の点における波動関数 $\psi_e(x,y)$ が表せることを示している．

三角形要素 e 内の任意の点における波動関数 $\psi_e(x,y)$ は，通常，x と y に関する 1 次または 2 次の多項式で近似される．ここでは，1 次関数で近似する．これは，$N_{ej}(x,y)$ を x, y に関する 1 次関数で近似することと等価であり，

$$\begin{pmatrix} N_{e1}(x,y) \\ N_{e2}(x,y) \\ N_{e3}(x,y) \end{pmatrix} = \begin{pmatrix} a_{e1} & b_{e1} & c_{e1} \\ a_{e2} & b_{e2} & c_{e2} \\ a_{e3} & b_{e3} & c_{e3} \end{pmatrix} \begin{pmatrix} 1 \\ x \\ y \end{pmatrix} \quad (5.63)$$

と書ける．ここで，行列成分 a_{ej}, b_{ej}, c_{ej} は式 (5.60) の条件から決定される定数である．

式 (5.60) の条件を式 (5.63) にあてはめると，次式が成立する．

$$\begin{pmatrix} a_{e1} & b_{e1} & c_{e1} \\ a_{e2} & b_{e2} & c_{e2} \\ a_{e3} & b_{e3} & c_{e3} \end{pmatrix} [\mathrm{G}^{(e)}] = \begin{pmatrix} 1 & 0 & 0 \\ 0 & 1 & 0 \\ 0 & 0 & 1 \end{pmatrix}, \quad [\mathrm{G}^{(e)}] \equiv \begin{pmatrix} 1 & 1 & 1 \\ x_{e1} & x_{e2} & x_{e3} \\ y_{e1} & y_{e2} & y_{e3} \end{pmatrix} \tag{5.64}$$

式 (5.64) の第 1 式で左辺 1 項目の行列を $[\mathrm{B}^{(e)}]$ で表すと，これは $[\mathrm{G}^{(e)}]$ が $[\mathrm{B}^{(e)}]$ の逆行列となること，つまり $[\mathrm{G}^{(e)}] = [\mathrm{B}^{(e)}]^{-1}$ を意味する．式 (5.63) の左から行列 $[\mathrm{B}^{(e)}]^{-1}$ を掛けると，次式を得る．

$$[\mathrm{B}^{(e)}]^{-1}[\mathrm{B}^{(e)}] \begin{pmatrix} 1 \\ x \\ y \end{pmatrix} = \begin{pmatrix} 1 \\ x \\ y \end{pmatrix} = [\mathrm{G}^{(e)}] \begin{pmatrix} N_{e1}(x,y) \\ N_{e2}(x,y) \\ N_{e3}(x,y) \end{pmatrix} \tag{5.65}$$

式 (5.65) で右側の 2 つの式の関係は，1 次元での式 (5.15) と形式的に同じである．よって，$N_{ej}(x,y)$ は形状関数に一致する．

これより，三角形要素 e の**形状関数** $N_{ej}(x,y)$ は次のように表せる．

$$\begin{pmatrix} N_{e1}(x,y) \\ N_{e2}(x,y) \\ N_{e3}(x,y) \end{pmatrix} = [\mathrm{G}^{(e)}]^{-1} \begin{pmatrix} 1 \\ x \\ y \end{pmatrix}$$

$$= \frac{1}{2s_e} \begin{pmatrix} x_{e2}y_{e3} - x_{e3}y_{e2} & y_{e2} - y_{e3} & x_{e3} - x_{e2} \\ x_{e3}y_{e1} - x_{e1}y_{e3} & y_{e3} - y_{e1} & x_{e1} - x_{e3} \\ x_{e1}y_{e2} - x_{e2}y_{e1} & y_{e1} - y_{e2} & x_{e2} - x_{e1} \end{pmatrix} \begin{pmatrix} 1 \\ x \\ y \end{pmatrix} \tag{5.66}$$

ただし，s_e は三角形要素 e の面積であり，次式で表せる．

$$s_e \equiv \frac{1}{2}[(x_{e2} - x_{e1})(y_{e3} - y_{e1}) - (x_{e3} - x_{e1})(y_{e2} - y_{e1})] \tag{5.67}$$

式 (5.66) は，1 次元での式 (5.15) を 2 次元に拡張したものである．式 (5.66) を式 (5.62) に代入することにより，要素 e 内の任意の点における波動関数 $\psi_e(x,y)$ が決定できる．

要素 e に属する 2 つの節点 (x_{ej}, y_{ej}), (x_{ek}, y_{ek}) と，要素 e 内の点 (x,y) で

囲まれる三角形の面積は，

$$s_{e,jk} = \frac{1}{2}[(x_{ej}y_{ek} - x_{ek}y_{ej}) + (y_{ej} - y_{ek})x + (x_{ek} - x_{ej})y] \quad (5.68)$$

となる．これを式 (5.66) と比較すると，$s_{e,jk}/s_e$ は添え字 j, k 以外の添え字 l ($l \neq j$, $l \neq k$) をもつ形状関数 $N_{el}(x,y)$ と一致していることがわかる．つまり，$N_{el}(x,y)$ は，節点 (x_{el}, y_{el}) の対辺にある 2 つの節点と要素 e 内の点 (x,y) からなる三角形の面積の，三角形要素 e の面積に対する比を表している（図 5.6(b) 参照）．これは，形状関数が 1 次元では内分比を意味したことに対応する．

5.5.3 停留条件による固有値方程式への帰着

要素 e の汎関数 I_e は，式 (5.59) で $\psi(x,y)$ を $\psi_e(x,y)$ に置換して得られる．

$$I_e = \frac{1}{2}\iint_e \left\{ \left[\frac{\partial \psi_e(x,y)}{\partial x}\right]^2 + \left[\frac{\partial \psi_e(x,y)}{\partial y}\right]^2 - (n_e^2 k_0^2 - \beta^2)\psi_e^2(x,y) \right\} dxdy \quad (5.69)$$

要素 e 内の波動関数 $\psi_e(x,y)$ として式 (5.62) を代入すると，

$$I_e = \frac{1}{2}\iint_e \Bigg[\left(\psi_{e1}\frac{\partial N_{e1}}{\partial x} + \psi_{e2}\frac{\partial N_{e2}}{\partial x} + \psi_{e3}\frac{\partial N_{e3}}{\partial x}\right)^2$$
$$+ \left(\psi_{e1}\frac{\partial N_{e1}}{\partial y} + \psi_{e2}\frac{\partial N_{e2}}{\partial y} + \psi_{e3}\frac{\partial N_{e3}}{\partial y}\right)^2$$
$$- (n_e^2 k_0^2 - \beta^2)(\psi_{e1}N_{e1} + \psi_{e2}N_{e2} + \psi_{e3}N_{e3})^2 \Bigg] dxdy \quad (5.70)$$

と書ける．上記の結果を式 (5.10) に代入すると，次のように書き換えることができる．

$$I = \frac{1}{2}\sum_e {}^t\{\psi_e\}([K^{(e)}] - \lambda_e[M^{(e)}])\{\psi_e\} \quad (5.71)$$

$$[K^{(e)}] = [K_x^{(e)}] + [K_y^{(e)}] \quad (5.72\text{a})$$

$$[K_x^{(e)}] = \iint_e \left(\frac{\partial \{N_e\}}{\partial x}\frac{\partial {}^t\{N_e\}}{\partial x}\right) dxdy \quad (5.72\text{b})$$

$$[K_y^{(e)}] = \iint_e \left(\frac{\partial \{N_e\}}{\partial y}\frac{\partial {}^t\{N_e\}}{\partial y}\right) dxdy \quad (5.72\text{c})$$

$$[\mathrm{M}^{(e)}] = \iint_e \{N_e\}{}^{\mathrm{t}}\{N_e\} dx dy \tag{5.72d}$$

$$\lambda_e = n_e^2 k_0^2 - \beta^2 \tag{5.72e}$$

ただし，$[\mathrm{K}^{(e)}]$ は剛性行列，$[\mathrm{M}^{(e)}]$ は質量行列，$\{\psi_e\}$ と $\{N_e\}$ はそれぞれ節点における ψ_{ej} と N_{ej} の 3 成分を全要素について表した列ベクトル，左上付き添え字 t は転置を表す．式 (5.71) は，全要素 e における節点についての加算を表す．

式 (5.71) において $\{\psi_e\}$ は未知数である．この未知数を求めるため，変分操作 $\partial I/\partial \psi_{ej} = 0$ (e：全要素，$j = 1\sim 3$) を施すと，I_e は ψ_{ej} に関して対称式であり，次式を得る．

$$\begin{aligned}\frac{\partial I}{\partial \psi_{ej}} = \iint_e \Bigg[&\frac{\partial N_{ej}}{\partial x}\left(\psi_{e1}\frac{\partial N_{e1}}{\partial x} + \psi_{e2}\frac{\partial N_{e2}}{\partial x} + \psi_{e3}\frac{\partial N_{e3}}{\partial x}\right) \\ &+ \frac{\partial N_{ej}}{\partial y}\left(\psi_{e1}\frac{\partial N_{e1}}{\partial y} + \psi_{e2}\frac{\partial N_{e2}}{\partial y} + \psi_{e3}\frac{\partial N_{e3}}{\partial y}\right) \\ &- (n_e^2 k_0^2 - \beta^2)N_{ej}(\psi_{e1}N_{e1} + \psi_{e2}N_{e2} + \psi_{e3}N_{e3}) \Bigg] dx dy = 0 \\ & \qquad (e：\text{全要素}, j = 1\sim 3) \end{aligned} \tag{5.73}$$

式 (5.73) で等式がつねに成り立つためには，変分原理により，被積分関数がつねに 0 となる必要がある．よって，式 (5.72a〜d) の表示を用いて，

$$[\mathrm{A}^{(e)}]\{\psi_e\} = \{0\} \qquad (e \text{ は全要素}, j = 1\sim 3) \tag{5.74a}$$

$$[\mathrm{A}^{(e)}] \equiv [\mathrm{K}^{(e)}] - \lambda_e[\mathrm{M}^{(e)}] \tag{5.74b}$$

が得られる．ただし，$\{0\}$ は全要素の節点に対応する零列ベクトルである．式 (5.74a) は $\{\psi_e\}$ を未知数とする多元連立 1 次方程式である．

式 (5.74a) が自明解以外の解をもつ条件は，

$$\det([\mathrm{A}^{(e)}]) = 0 \tag{5.75}$$

で与えられる．式 (5.75) は有限要素法における固有値方程式であり，これを数値的に解いて伝搬定数 β が求められる．得られた β を式 (5.74a) に代入して解くことにより，全節点での波動関数値 $\{\psi_e\}$ が求められる．

ところで，式 (5.74b) における λ_e には，式 (5.72e) から明らかなように，要素 e に依存する項と伝搬定数 β を含んでいる．式 (5.74a) の左側から逆行列

$[\mathrm{M}^{(e)}]^{-1}$ を掛けた後，整理すると，

$$[\mathrm{C}^{(e)}]\{\psi_e\} = \beta^2\{\psi_e\} \tag{5.76a}$$

$$[\mathrm{C}^{(e)}] \equiv -[\mathrm{M}^{(e)}]^{-1}[\mathrm{K}^{(e)}] + n_e^2 k_0^2 [\mathrm{E}] \tag{5.76b}$$

を得る．ここで，[E] は単位行列である．式 (5.76a) は典型的な**固有値方程式**であり，標準的な方法で解くことができる（付録 A.4(c) 参照）．

5.5.4 固有値方程式の具体形の導出

式 (5.74) や式 (5.76) は形式的なものであり，具体的な計算ができない．以下では，式 (5.72a, d) で定義した剛性行列 $[\mathrm{K}^{(e)}]$ と質量行列 $[\mathrm{M}^{(e)}]$ に含まれる，形状関数 $N_{ej}(x, y)$ に関係する積分を行う．

形状関数を表す式 (5.66) を各三角形要素 e について積分するとき，1, x, y 以外は定数である．式 (5.72a) の剛性行列 $[\mathrm{K}^{(e)}]$ に含まれる積分では，形状関数を x または y の偏微分をするので，結局，定数に関する積分となる．よって，行列における j 行 k 列成分（$[\cdot]_{jk}$ における添え字）は以下のとおりとなる．

$$\left[\iint_e \frac{\partial\{N_e\}}{\partial \xi} \frac{\partial^{\mathrm{t}}\{N_e\}}{\partial \eta} dxdy \right]_{jk} = s_e C_{\xi j} C_{\eta k} \quad \begin{pmatrix} \xi, \eta = x, y \\ j, k = 1 \sim 3 \end{pmatrix} \tag{5.77}$$

ただし，

$$C_{xj} = \begin{cases} (y_{e2} - y_{e3})/2s_e & : j = 1 \\ (y_{e3} - y_{e1})/2s_e & : j = 2 \\ (y_{e1} - y_{e2})/2s_e & : j = 3 \end{cases} \quad C_{yj} = \begin{cases} (x_{e3} - x_{e2})/2s_e & : j = 1 \\ (x_{e1} - x_{e3})/2s_e & : j = 2 \\ (x_{e2} - x_{e1})/2s_e & : j = 3 \end{cases} \tag{5.78a}$$

$$s_e = \iint_e 1 dxdy \tag{5.78b}$$

とおいており，s_e は三角形要素 e の面積である．

式 (5.72d) における質量行列 $[\mathrm{M}^{(e)}]$，その逆行列および式 (5.76b) での行列は，次式で表せる．

$$[\mathrm{M}^{(e)}] = \iint_e \{N_e\}^{\mathrm{t}}\{N_e\} dxdy = \frac{s_e}{12} \begin{pmatrix} 2 & 1 & 1 \\ 1 & 2 & 1 \\ 1 & 1 & 2 \end{pmatrix} \tag{5.79a}$$

$$[\mathrm{M}^{(e)}]^{-1} = \frac{3}{s_e} \begin{pmatrix} 3 & -1 & -1 \\ -1 & 3 & -1 \\ -1 & -1 & 3 \end{pmatrix} \tag{5.79b}$$

$$[\mathrm{M}^{(e)}]^{-1}[\mathrm{K}^{(e)}] = \frac{12}{s_e}[\mathrm{K}^{(e)}] \tag{5.80}$$

以上で求めた要素行列 $[\mathrm{K}^{(e)}]$ や $[\mathrm{M}^{(e)}]$ に関係した積分結果を式 (5.74) に代入すると,

$$\begin{pmatrix} A_{11}^{(e)} & A_{12}^{(e)} & A_{13}^{(e)} \\ A_{21}^{(e)} & A_{22}^{(e)} & A_{23}^{(e)} \\ A_{31}^{(e)} & A_{32}^{(e)} & A_{33}^{(e)} \end{pmatrix} \begin{pmatrix} \psi_{e1} \\ \psi_{e2} \\ \psi_{e3} \end{pmatrix} = \begin{pmatrix} 0 \\ 0 \\ 0 \end{pmatrix} \tag{5.81}$$

を得る. ここで, 要素行列 $[\mathrm{A}^{(e)}]$ の行列成分は次のとおりである.

$$A_{11}^{(e)} \equiv \frac{1}{4s_e}\left[(y_{e2}-y_{e3})^2 + (x_{e3}-x_{e2})^2\right] - \frac{s_e}{6}(n_e^2 k_0^2 - \beta^2) \tag{5.82a}$$

$$A_{12}^{(e)} \equiv \frac{1}{4s_e}\left[(y_{e2}-y_{e3})(y_{e3}-y_{e1}) + (x_{e3}-x_{e2})(x_{e1}-x_{e3})\right] - \frac{s_e}{12}(n_e^2 k_0^2 - \beta^2) \tag{5.82b}$$

$$A_{13}^{(e)} \equiv \frac{1}{4s_e}\left[(y_{e2}-y_{e3})(y_{e1}-y_{e2}) + (x_{e3}-x_{e2})(x_{e2}-x_{e1})\right] - \frac{s_e}{12}(n_e^2 k_0^2 - \beta^2) \tag{5.82c}$$

$$A_{21}^{(e)} \equiv \frac{1}{4s_e}\left[(y_{e3}-y_{e1})(y_{e2}-y_{e3}) + (x_{e1}-x_{e3})(x_{e3}-x_{e2})\right] - \frac{s_e}{12}(n_e^2 k_0^2 - \beta^2) \tag{5.82d}$$

$$A_{22}^{(e)} \equiv \frac{1}{4s_e}\left[(y_{e3}-y_{e1})^2 + (x_{e1}-x_{e3})^2\right] - \frac{s_e}{6}(n_e^2 k_0^2 - \beta^2) \tag{5.82e}$$

$$A_{23}^{(e)} \equiv \frac{1}{4s_e}\left[(y_{e3}-y_{e1})(y_{e1}-y_{e2}) + (x_{e1}-x_{e3})(x_{e2}-x_{e1})\right] - \frac{s_e}{12}(n_e^2 k_0^2 - \beta^2) \tag{5.82f}$$

$$A_{31}^{(e)} \equiv \frac{1}{4s_e}\left[(y_{e1}-y_{e2})(y_{e2}-y_{e3}) + (x_{e2}-x_{e1})(x_{e3}-x_{e2})\right] - \frac{s_e}{12}(n_e^2 k_0^2 - \beta^2) \tag{5.82g}$$

$$A_{32}^{(e)} \equiv \frac{1}{4s_e}\left[(y_{e1}-y_{e2})(y_{e3}-y_{e1}) + (x_{e2}-x_{e1})(x_{e1}-x_{e3})\right] - \frac{s_e}{12}(n_e^2 k_0^2 - \beta^2) \tag{5.82h}$$

$$A_{33}^{(e)} \equiv \frac{1}{4s_e}\left[(y_{e1}-y_{e2})^2 + (x_{e2}-x_{e1})^2\right] - \frac{s_e}{6}(n_e^2 k_0^2 - \beta^2) \tag{5.82i}$$

式 (5.81) は，三角形要素 e の節点における関数値 ψ_{ej} を求めるための連立 1 次方程式である．解析領域全体での式は，5.2.6 項と同様にして立てられる．

式 (5.76a, b) は，行列 $[C^{(e)}]$ の計算に式 (5.80) を利用して，解くことができる．

● 5.6 有限要素法の時間領域への適用

光領域での電磁界を時間領域でも扱うため，空間座標部分の電磁界解析に有限要素法を適用し，時間軸に対してはビーム伝搬法の考え方を導入する方法が用いられている．これは，FETD–BPM (TD–BPM based on finite–element) とよばれているが，有限要素法の比重が高いので，本章の中で扱うことにする．

5.6.1 時間領域に対する電磁界の基本式

対象媒質を等方性・非磁性・無損失とする．構造が y 方向に均一 $(\partial/\partial y = 0)$ なスラブ光導波路を想定し，導波路断面を (x,z) 面にとり，断面内の比誘電率を $\varepsilon(x,z)$ で表す．

TE (TM) モードの $E_y(H_y)$ 成分に対する時間領域も含むスカラー波動方程式は，時間領域ビーム伝搬法で導くように，次式で得られる（7.9.1 項参照）．

$$\frac{\partial}{\partial x}\left(\zeta_{s1}\frac{\partial \Psi}{\partial x}\right) + \frac{\partial}{\partial z}\left(\zeta_{s1}\frac{\partial \Psi}{\partial z}\right) = \zeta_{s2}\frac{1}{c^2}\frac{\partial^2 \Psi}{\partial t^2} \tag{5.83}$$

ただし，

$$\Psi(x,z,t) = \begin{cases} E_y & : \text{TE モード} \\ H_y & : \text{TM モード} \end{cases} \tag{5.84a}$$

$$\zeta_{s1} = \begin{cases} 1 & : \text{TE モード} \\ 1/\varepsilon(x,z) & : \text{TM モード} \end{cases}, \quad \zeta_{s2} = \begin{cases} \varepsilon(x,z) & : \text{TE モード} \\ 1 & : \text{TM モード} \end{cases} \tag{5.84b}$$

であり，c は真空中の光速である．

いま，光波での時間変動が角周波数 ω よりも緩やかな変動を対象として，光波に対して包絡線近似

$$\Psi(x,z,t) = \phi(x,z,t)\exp(i\omega t) \tag{5.85}$$

を用いる．このとき，緩やかな変動関数 $\phi(x,z,t)$ に関する波動方程式は，式 (5.85) を式 (5.83) に代入して，次の偏微分方程式で得られる．

$$-\zeta_{s2}\frac{1}{c^2}\frac{\partial^2 \phi}{\partial t^2} - 2i\zeta_{s2}\frac{\omega}{c^2}\frac{\partial \phi}{\partial t} + \zeta_{s2}k_0^2\phi + \frac{\partial}{\partial x}\left(\zeta_{s1}\frac{\partial \phi}{\partial x}\right) + \frac{\partial}{\partial z}\left(\zeta_{s1}\frac{\partial \phi}{\partial z}\right) = 0 \tag{5.86}$$

式 (5.86) を解くにあたって，空間座標部分に対しては有限要素法を，時間項に対してはビーム伝搬法（7 章参照）を利用する．

式 (5.86) に対する汎関数 $I[\phi(x,z,t)]$ は，前節までと同様な考え方で，

$$I[\phi] = \frac{1}{2}\iint_{-\infty}^{\infty}\left[-\zeta_{s2}\frac{1}{c^2}\frac{\partial^2}{\partial t^2}\phi^2 - 2i\zeta_{s2}\frac{\omega}{c^2}\frac{\partial}{\partial t}\phi^2 + \zeta_{s2}k_0^2\phi^2 \right.$$
$$\left. -\zeta_{s1}\left(\frac{\partial \phi}{\partial x}\right)^2 - \zeta_{s1}\left(\frac{\partial \phi}{\partial z}\right)^2\right]dxdz \tag{5.87}$$

で表せる．ここで，$\partial/\partial t$ を偏微分演算子と考える．式 (5.87) の変分をとることにより，式 (5.87) が式 (5.86) を満たすことが確認できる．

2 次元解析領域 (x,z) を微小な三角形要素 e で分割する．要素 e 内の任意の点における緩やかな変動関数 $\phi_e(x,z,t)$ の値を，形状関数 $N_{ej}(x,z)$ を用いて表すと，次のように書ける．

$$\phi_e(x,z,t) = \phi_{e1}(t)N_{e1}(x,z) + \phi_{e2}(t)N_{e2}(x,z) + \phi_{e3}(t)N_{e3}(x,z) \tag{5.88}$$

ここで，$\phi_{ej}(t)$ は三角形要素 e の節点 j $(j=1\sim 3)$ における時間に依存する関数値で，求めるべき未知数である．

式 (5.88) を式 (5.87) に代入して，汎関数 $I[\phi]$ を $\phi_{ej}(t)$ と形状関数 $N_{ej}(x,z)$ で表す．この表現で ϕ_{ej} は未知数であるから，変分操作 $\partial I/\partial \phi_{ej} = 0$ を全要素の節点に対して施すと（付録 B.3 参照），次式が導ける [5-12]．

$$-\frac{1}{c^2}[\mathrm{M}^{(e)}]\frac{d^2}{dt^2}\{\phi_e\} - 2i\frac{k_0}{c}[\mathrm{M}^{(e)}]\frac{d}{dt}\{\phi_e\} + \left(k_0^2[\mathrm{M}^{(e)}] - [\mathrm{K}^{(e)}]\right)\{\phi_e\} = \{0\}$$
$$(e：全要素, j=1\sim 3) \tag{5.89}$$

ただし，

$$[\mathrm{M}^{(e)}] = \zeta_{s2}\iint_e \{N_e\}^{\mathrm{t}}\{N_e\}dxdz \tag{5.90a}$$

$$[\mathrm{K}^{(e)}] = \zeta_{s1}\left([\mathrm{K}_x^{(e)}] + [\mathrm{K}_z^{(e)}]\right) \tag{5.90b}$$

$$[\mathrm{K}_x^{(e)}] = \iint_e \frac{\partial\{N_e\}}{\partial x}\frac{\partial^\mathrm{t}\{N_e\}}{\partial x}dxdz \tag{5.90c}$$

$$[\mathrm{K}_z^{(e)}] = \iint_e \frac{\partial\{N_e\}}{\partial z}\frac{\partial^\mathrm{t}\{N_e\}}{\partial z}dxdz \tag{5.90d}$$

である．ここで，$\{\phi_e\}$ と $\{N_e\}$ はそれぞれ節点における $\phi_{ej}(t)$ と $N_{ej}(x,z)$ の 3 成分を全要素について表した列ベクトル，$\{0\}$ は全要素の節点に対応する零列ベクトル，$k_0 = \omega/c$ は真空中の波数，左上付き添え字 t は転置を表す．$[\mathrm{M}^{(e)}]$ は質量行列，$[\mathrm{K}^{(e)}]$ は剛性行列に対応する．ζ_{s1} と ζ_{s2} での $\varepsilon(x,z)$ には n_e^2 を代入する．式 (5.90a, c, d) の値は，前節の式 (5.77)，(5.79) などを用いて求めることができる．式 (5.89) では，全要素 e における節点についての加算を行う．

5.6.2 パデ近似による解法

微分方程式 (5.89) を解くのに，次に説明するように，パデ近似（付録 D.1 参照）における再帰式（7.7.1 項参照）を利用する．

式 (5.89) を移項して，

$$-\frac{1}{c^2}[\mathrm{M}^{(e)}]\frac{d^2}{dt^2} - 2i\frac{k_0}{c}[\mathrm{M}^{(e)}]\frac{d}{dt} = -P \tag{5.91a}$$

$$P \equiv k_0^2[\mathrm{M}^{(e)}] - [\mathrm{K}^{(e)}] \tag{5.91b}$$

を得る．ただし，P は演算子を表す．式 (5.91a) の左辺を形式的に d/dt でくくり，割り算をすると，d/dt に関する再帰式を次式で得る．

$$\left.\frac{d}{dt}\right|_m = \frac{-P}{-2i(k_0/c)[\mathrm{M}^{(e)}] - (1/c^2)[\mathrm{M}^{(e)}](d/dt)|_{m-1}} \quad (m:\text{整数}) \tag{5.92}$$

ここで，$d/dt|_{-1} = 0$ と定義すると，

$$\left.\frac{d}{dt}\right|_0 = \frac{-P}{-2i(k_0/c)[\mathrm{M}^{(e)}]} \tag{5.93a}$$

$$-2i\frac{\omega}{c^2}[\mathrm{M}^{(e)}]\frac{d}{dt}\{\phi_e\} + \left(k_0^2[\mathrm{M}^{(e)}] - [\mathrm{K}^{(e)}]\right)\{\phi_e\} = \{0\} \tag{5.93b}$$

が得られる．これは式 (5.91a) で 2 階微分を無視したものに相当し，フレネル

近似（7.3.2 項参照）とよばれる．

次に，微分演算子の 1 次近似（次数 $m=1$）は，式 (5.93a) を式 (5.92) に代入して整理すると，次式で得られる．

$$\left.\frac{d}{dt}\right|_1 = \frac{-P}{-2i(\omega/c^2)\left\{[\mathrm{M}^{(e)}] - (c^2/4\omega^2)P\right\}} \tag{5.94a}$$

$$-2i\frac{\omega}{c^2}[\tilde{\mathrm{M}}^{(e)}]\frac{d}{dt}\{\phi_e\} + (k_0^2[\mathrm{M}^{(e)}] - [\mathrm{K}^{(e)}])\{\phi_e\} = \{0\} \tag{5.94b}$$

ただし，

$$[\tilde{\mathrm{M}}^{(e)}] \equiv [\mathrm{M}^{(e)}] - \frac{c^2}{4\omega^2}(k_0^2[\mathrm{M}^{(e)}] - [\mathrm{K}^{(e)}]) = \frac{3}{4}[\mathrm{M}^{(e)}] + \frac{1}{4k_0^2}[\mathrm{K}^{(e)}] \tag{5.95}$$

である．式 (5.94a) は，分母・分子が演算子 P に関する 1 次多項式となっており，1 次のパデ近似とよばれる．式 (5.94b) は，この近似のもとでの微分方程式である．式 (5.95) は，時間微分の係数が，フレネル近似のもとでは $[\mathrm{M}^{(e)}]$ であるのに対して，1 次のパデ近似では $[\mathrm{M}^{(e)}]$ と $[\mathrm{K}^{(e)}]/k_0^2$ が 3：1 の比率で寄与するようになることを示している．

5.6.3 電磁界の時間変化に対する差分式

本項では，微分方程式 (5.94b) における時間項の差分表示を求める．時間ステップを Δt，整数 s として時間を $t = s\Delta t$，時間 $t = s\Delta t$ における節点での関数値を $\{\phi_e^s\}$ で表し，時間を上付き添え字 s で示す．

式 (5.94b) を時間指数 $s+1/2$ で考え，微分項に中心差分近似（付録 A.2(a) 参照）を用いると，左辺第 1，2 項はそれぞれ

$$-2i\frac{\omega}{c^2}[\tilde{\mathrm{M}}^{(e)}]\frac{d}{dt}\{\phi_e^{s+1/2}\} = -2i\frac{\omega}{c^2}[\tilde{\mathrm{M}}^{(e)}]^s \frac{1}{\Delta t}\left(\{\phi_e^{s+1}\} - \{\phi_e^s\}\right) \tag{5.96a}$$

$$(k_0^2[\mathrm{M}^{(e)}] - [\mathrm{K}^{(e)}])\{\phi_e\} = (k_0^2[\mathrm{M}^{(e)}]^s - [\mathrm{K}^{(e)}]^s)\{\phi_e^{s+1/2}\} \tag{5.96b}$$

と書ける．式 (5.96b) は，時間に対する指数が半整数で表されている．これを整数で表すため，クランク・ニコルソン法（半整数指数の値を前後の整数指数の値の平均値で近似する方法）を適用すると，

$$\{\phi_e^{s+1/2}\} = \frac{\{\phi_e^{s+1}\} + \{\phi_e^s\}}{2} \tag{5.97}$$

が使える．これらより式 (5.96a, b) を合わせ，これを時間項の指数別に整理して書き直す．

その結果，緩やかな変動関数 $\{\phi_e^s\}$ の時間項に対する差分式が次式で書ける [5–12]．

$$[\mathrm{A}^{(e)}]^s \{\phi_e^{s+1}\} = [\mathrm{B}^{(e)}]^s \{\phi_e^s\} \tag{5.98}$$

$$[\mathrm{A}^{(e)}]^s = -2i\frac{\omega}{c^2}[\tilde{\mathrm{M}}^{(e)}]^s + \frac{1}{2}\Delta t(k_0^2[\mathrm{M}^{(e)}]^s - [\mathrm{K}^{(e)}]^s) \tag{5.99a}$$

$$[\mathrm{B}^{(e)}]^s = -2i\frac{\omega}{c^2}[\tilde{\mathrm{M}}^{(e)}]^s - \frac{1}{2}\Delta t(k_0^2[\mathrm{M}^{(e)}]^s - [\mathrm{K}^{(e)}]^s) \tag{5.99b}$$

ここで，Δt は時間ステップ，s は整数である．式 (5.98) で，まず空間領域に対して有限要素法を利用して，質量行列 $[\mathrm{M}^{(e)}]$ や剛性行列 $[\mathrm{K}^{(e)}]$ を求める．次に時間指数 s について $\{\phi_e^s\}$ を求め，これを式 (5.88) に適用して，任意の位置での電磁界の時間発展が求められる．

解析領域の境界からの非物理的な反射の影響を避けるため，PML 吸収境界条件 (6.6.2 項，式 (7.84) 参照) を取り入れた扱いもなされているが [5–12]，煩雑になるのでここでは省略した．また，時間領域に対する扱いを超短光パルスの伝搬解析に適用している例もある [5–13]．

● 5.7 有限要素法の応用

有限要素法は，図 4.1 で示した構造を含めて，チャネル導波路や方向性結合器などの各種構造の光導波路に適用されている [5–14, 5–15]．これは弱導波近似のもとで，各種断面構造をもつ光ファイバの電磁界解析にも利用されている [5–16]．これはまた，断面形状が三角形・方形などの光ファイバや拡散形・埋め込み形などの単一モード光導波路の解析に用いられている [5–11]．

図 5.7 は，ストリップ形導波路における電磁界分布の等高線を有限要素法で求めた結果である [5–14]．V パラメータを式 (2.36) の定義に従って求めると，コアと基板間では $V_0 = 4.8$，コアと空気層間では $V_2 = 15.0$ となる．これより，コアから空気側への光の漏れがほとんどなく，基板側に光が多少漏れることが予測でき，図の結果もそのようになっている．また，x 方向の屈折率分布がコア中心に対して鏡面対称なので，2.3.2 項 (a) の議論より，電磁界分布がコア中心に対して対称または反対称となる．HE モードでは反対称となっている．

有限要素法は，ホーリーファイバなどのフォトニック結晶ファイバの電磁界

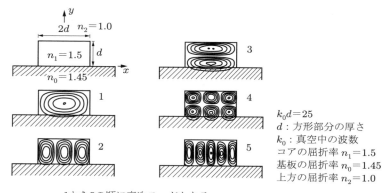

1から5の順に高次モードとなる.

図 5.7 有限要素法によるストリップ形導波路の電磁界分布等高線(低次 HE モード) [5-14]
©1981 IEEE, Reprinted, with permission, from N. Mabaya, P. E. Lagasse, and P. Vandenbulcke: "Finite element analysis of optical waveguides," IEEE Trans. Microwave Theory Techniq. **MTT-29** (1981) 600-605.

解析にも応用されている [5-17]. 有限要素法の時間領域への応用では, 2次元フォトニック結晶で形成された 90° 曲がり導波路, Y 分岐導波路や X 字状カップラなど, 光回路の経路に沿った光パルスの時間変化の様子が調べられている [5-12].

6章
有限差分時間領域（FDTD）法

　有限差分時間領域（FDTD）法は，電磁界の空間・時間変化を差分化することにより，電磁界を数値的に解析する方法である．これは，構造が光波の主たる伝搬方向に対して変化している場合や周期構造の場合を含め，任意の導波構造に対して適用できる汎用性のある解析手法である．

　本章ではまず，FDTD法固有の差分化に基づく基本アルゴリズムを説明する．次に，コンピュータ固有の有限領域での計算にともなう，境界面からの反射波の影響を軽減する，吸収境界条件を説明する．本章では，主として，理解しやすい2次元光導波路に対するFDTD法の手法を説明してその扱いに慣れる．後半では，3次元光導波路でのアルゴリズムと周期構造に特化した場合を説明する．

6.1　FDTD法の概要

　有限差分時間領域（FDTD: finite-difference time-domain）**法**は，時間領域差分法ともよばれ，マクスウェル方程式を直接差分化して，電磁界を数値的に求める解析手法であるので，適用対象は電磁波のみである．これは，1966年Yeeによって提案されたもので [6-1]，系を時空間的に離散化した後，偏微分を差分に置き換えて電磁界を逐次求めるという，コンピュータに適合した数値解析法である．その特徴は，空間・時間の両変化を同時に含む系に対しても解析できる点にある．

　FDTD法は，最初，マイクロ波などの電波領域で，導波管での電磁界解析やアンテナからの放射の解析手法として発達してきた．この手法を波長が相対的に短い光波領域（おおむね波長μm以下）に適用する場合，計算時の刻み幅の微小化によりメモリを多く必要とし，計算量も増加する．しかし，光波領域での電磁界解析の重要性の高まり，メモリの低廉化とコンピュータの高速化などにともない，FDTD法の光波領域への応用が進んでいる．

FDTD 法の特徴は，以下のとおりである．
(ⅰ) 導波路構造が光波の伝搬方向に沿って変化している場合の電磁界解析にも適用できる．
(ⅱ) 反射波を自動的に考慮できるため，周期構造や屈折率差の大きい媒質を含む場合など，反射の影響が無視できない導波構造でも効率よく計算できる．
(ⅲ) メモリの節約にともなう，有限解析領域の境界から生じる非物理的な反射波の影響を抑制するため，適切な吸収境界条件の使用が不可欠である．
(ⅳ) 時間変化も扱えるので，非定常状態あるいは過渡現象の解析が行える．また，分散性や非線形性などを含む媒質に対しても適用できる．
(ⅴ) すべて数値的に解くので，汎用性がある半面，光波領域では計算時間が他の電磁界数値解析法に比べて極度に長くなる．そのため使用にあたっては，対称性や周期性などを利用して，必要とされる精度の範囲内で，計算領域を必要最小限に絞る必要がある．

光波領域では，FDTD 法の特徴を活かした応用がなされており，その適用領域は以下のとおりである．
(ⅰ) 対象媒質の大きさが波長と同程度，あるいは少し大きい程度の微細構造での電磁界の振る舞い，非周期構造も扱うことができる．
(ⅱ) 前記(ⅰ)の微細構造でも特に周期構造に特化した手法が開発されており，フォトニック結晶やフォトニック結晶ファイバに適用できる．
(ⅲ) 屈折率差の大きい媒質を含む系（例：半導体と石英，半導体と空孔）での電磁界解析ができる．
(ⅳ) 時間変化を含む電磁界現象の解析ができる．ただし，光短パルスへの適用では高速変化に対して制限がある．

具体的な応用例として，前項(ⅰ)，(ⅱ)に対応して，光学的に微細な構造をもつ媒質中，たとえばフォトニック結晶（**図 6.1(a)**)）やフォトニック結晶ファイバ中での電磁界解析，あるいは回折格子（多数の細かい溝を表面に刻んだもので，光波が入射すると波長に応じて回折方向が異なる光学素子）などでの光波伝搬がある．フォトニック結晶の電磁界解析（特に分散関係）では，FDTD 法にブロッホの定理を繰り込むことにより周期構造への適用が可能となり，平面波展開法（8 章参照）と並んで広く使用されている．フォトニック結晶の応用として，微小共振器（レーザ）や光導波路などがある．

前項(ⅲ)に対応して，90°曲がり導波路，T 字型導波路（図(b)），十字型導

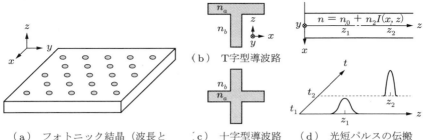

(a) フォトニック結晶（波長と同程度の微小構造）　(b) T字型導波路　(c) 十字型導波路　(d) 光短パルスの伝搬

図(a)で円筒形媒質は三角格子配列されており，その半径は波長より小さいか同等．
図(b)，(c)でn_aとn_bの屈折率差が大きい（$n_a > n_b$）．
n_0：線形屈折率，n_2：非線形屈折率，I：光強度

図 6.1 FDTD 法の適用例

波路（図 (c)）などの各種導波路がある．また (iv) に対応して，光非線形現象を含む光非線形導波路，伝搬途中で光カー効果などにより屈折率が時間的に変化し，その結果，波形も変化する超短光パルス（例：フェムト秒ソリトン）の伝搬解析などがある（図 (d)）．

FDTD 法は，既述のように，マイクロ波を中心とした電波領域を対象として発展してきたので，解説書がすでにある [6-2〜6-4]．これらでは暗黙のうちに，電波あるいは自由空間を対象とした式になっている場合があるので，光波領域での使用に際しては，式の前提条件を吟味する必要がある．また，FDTD 法に関連した文献・書物と光導波路や光ファイバの関連分野では，TE モードと TM モードの定義が逆なので，注意を要する．

光波領域を対象とした FDTD 法は，光学技術 [6-5] やフォトニック結晶に対して記述されている [6-6]．空間変動のみを対象とするときは，周波数領域への変換を利用した**有限差分周波数領域**（FDFD: finite-difference frequency-domain）**法**が使え，これはフォトニック結晶ファイバの解析に利用されている [6-7]．

● 6.2　FDTD 法での 3 次元基本式

本章では，損失のない光導波構造への適用を想定しているため，厳密には電流密度や比透磁率を考慮する必要がない．しかし，後述する吸収境界条件の定式化との関連で，本節では，これらのパラメータを入れた形で示す．

FDTD 法での定式化のため，構成方程式 (2.3a〜c) で等方性媒質を想定し，

電束密度 D,磁束密度 B,電流密度 J を次式で表す.

$$D = \varepsilon(\boldsymbol{r})\varepsilon_0 \boldsymbol{E}, \qquad \boldsymbol{B} = \mu\mu_0 \boldsymbol{H}, \qquad \boldsymbol{J} = \sigma\boldsymbol{E} \tag{6.1}$$

ここで,比誘電率 ε は時間変化がなく,空間変化だけとして $\varepsilon(\boldsymbol{r})$ で表し,$\boldsymbol{r}$ は3次元位置ベクトルである.また,比透磁率 μ は定数とし,ε_0 は真空の誘電率,μ_0 は真空の透磁率,σ は電気伝導度(導電率)である.

式 (6.1) をファラデーの法則[式 (2.1a)]とアンペールの法則[式 (2.1b)]に適用すると,次の微分表示が得られる.

$$\mu\mu_0 \frac{\partial \boldsymbol{H}}{\partial t} = -\nabla \times \boldsymbol{E} \tag{6.2a}$$

$$\varepsilon(\boldsymbol{r})\varepsilon_0 \frac{\partial \boldsymbol{E}}{\partial t} + \sigma\boldsymbol{E} = \nabla \times \boldsymbol{H} \tag{6.2b}$$

式 (6.2a, b) を FDTD 法に適用する上で,他の手法における時空変動因子に関して,次の点に留意する必要がある.

(i) 光波の主たる伝搬方向を本書では z 軸にとるが,この方向に対しても構造が変化する場合を扱うので,z 方向に伝搬定数が存在しない.

(ii) 非定常状態あるいは過渡現象の解析も行えるようにするため,定まった時間変動因子をもたない.

式 (6.2a, b) をデカルト座標系で表すと,各電磁界成分は次式で書ける.

$$\mu\mu_0 \frac{\partial H_x}{\partial t} = -\left(\frac{\partial E_z}{\partial y} - \frac{\partial E_y}{\partial z}\right) \tag{6.3a}$$

$$\mu\mu_0 \frac{\partial H_y}{\partial t} = -\left(\frac{\partial E_x}{\partial z} - \frac{\partial E_z}{\partial x}\right) \tag{6.3b}$$

$$\mu\mu_0 \frac{\partial H_z}{\partial t} = -\left(\frac{\partial E_y}{\partial x} - \frac{\partial E_x}{\partial y}\right) \tag{6.3c}$$

$$\varepsilon(\boldsymbol{r})\varepsilon_0 \frac{\partial E_x}{\partial t} + \sigma E_x = \frac{\partial H_z}{\partial y} - \frac{\partial H_y}{\partial z} \tag{6.3d}$$

$$\varepsilon(\boldsymbol{r})\varepsilon_0 \frac{\partial E_y}{\partial t} + \sigma E_y = \frac{\partial H_x}{\partial z} - \frac{\partial H_z}{\partial x} \tag{6.3e}$$

$$\varepsilon(\boldsymbol{r})\varepsilon_0 \frac{\partial E_z}{\partial t} + \sigma E_z = \frac{\partial H_y}{\partial x} - \frac{\partial H_x}{\partial y} \tag{6.3f}$$

以降では,これらの式に差分近似を施し,電磁界を逐次計算するための基本式を構成する.

6.3 FDTD 法の基礎

FDTD 法では，時空間座標や電磁界を離散化して電磁界成分を求める．本節では，このような離散化の考え方を説明する．

6.3.1 時空間座標の離散化

FDTD 法で電磁界を計算する際には，**図 6.2** に示すように，解析領域での空間座標で，x, y, z 方向をそれぞれ微小格子間隔 Δx, Δy, Δz で分割し，これらを**セルサイズ**とよぶ．セルサイズで形成される直方体を**セル**あるいは単位格子とよぶ．デカルト座標系 (x, y, z) を

$$x = p\Delta x, \qquad y = q\Delta y, \qquad z = r\Delta z \tag{6.4a}$$

で表すとき，整数 p, q, r で表示される点 (p, q, r) を**格子点**という．また，時間 t も微小間隔 Δt で離散化して，

$$t = s\Delta t \tag{6.4b}$$

で表す．ここで，Δt を**時間ステップ**とよび，s も整数である．こうして，電磁界を計算する際の時空点を，式 (6.4a, b) に基づいて決める．

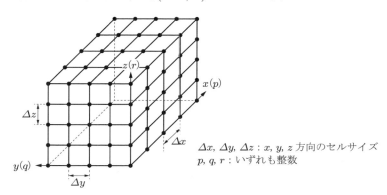

Δx, Δy, Δz : x, y, z 方向のセルサイズ
p, q, r : いずれも整数

図 6.2 有限差分時間領域法における空間格子点

FDTD 法の表記では，時空間に対する電磁界関数 $F(x, y, z, t)$ と比誘電率の空間分布 $\varepsilon(x, y, z)$ を，

$$F(x, y, z, t) = F^s(p, q, r) \quad : F = E, H \tag{6.5a}$$

$$\varepsilon(x, y, z) = \varepsilon(p, q, r) \tag{6.5b}$$

で表示し，格子点の座標や，時間に関する上付き添え字指数 s で表す．

6.3.2 電磁界の時空間表示に関する約束事

次に,前項で提示した時間指数 s や格子点 (p, q, r) の設定について,各電磁界成分に関する約束事を説明する.

マクスウェル方程式 (6.2a, b) からわかるように,電磁波は電界と磁界が時空間的に相互に影響を及ぼし合って伝搬するので,電界と磁界を時間的に交互に設定するのが自然である.そこで,時間ステップ Δt を単位として,電界 $\boldsymbol{E}$ の時間 t の指数を整数で,磁界 $\boldsymbol{H}$ の時間を半整数で表すものと約束する (**図 6.3**).

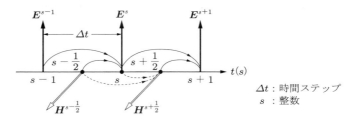

図 6.3 電界と磁界の時間配置

また,同式は,電界(磁界)の回転が磁界(電界)の時間変化を生み出すことを意味している.そのため,4 つの電界(磁界)成分の中心に 1 つの磁界(電界)成分がくるように配置されている (**図 6.4**).このような配置を **Yee 格子** とよぶ.たとえば,$q = 11/2$ の x–z 面に着目すると,E_y の上下と左右で半整数離れた位置に,それぞれ H_x と H_z が 2 つずつ配置されている.これは,式

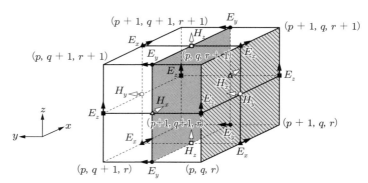

図で黒(白)塗りは電界(磁界)成分
網掛け面上(q が半整数)は TE モードの各成分($\partial/\partial y = 0$ のとき)
斜線面上(q が整数)は TM モード

図 6.4 Yee 格子における電界と磁界の空間配置

(6.2b) で $\sigma = 0$ とおいた式の y 成分を書き下した式 (6.3e) に対応するものである.

電磁界成分の空間座標 (p, q, r) 表示と時間指数 s に関する約束事を次に示す.

$$E_\alpha^s(p,q,r): \begin{cases} 成分\ \alpha\ に一致する空間座標は半整数 \\ その他の空間座標は整数 \\ 時間は整数 \end{cases} \tag{6.6a}$$

$$H_\alpha^s(p,q,r): \begin{cases} 成分\ \alpha\ に一致する空間座標は整数 \\ その他の空間座標は半整数 \\ 時間は半整数 \end{cases} \tag{6.6b}$$

● 6.4　1次元構造での差分近似

本節では，FDTD法における差分化に慣れるため，1次元構造を扱う．非磁性・無損失媒質とすると，比透磁率を $\mu = 1$, 電気伝導度を $\sigma = 0$ とおける．導波構造は y, z 方向に対して均一であり $(\partial/\partial y = \partial/\partial z = 0)$，比誘電率が x 方向だけで変化していると仮定して $\varepsilon(x) = n^2(x)$ で表し，光波伝搬を x 方向に限定する．

このとき，式 (6.3c, e) と式 (6.3b, f) から，それぞれ (E_y, H_z) の組と (H_y, E_z) の組が得られるが，ここでは前者に対する次式を扱う．

$$\frac{\partial E_y}{\partial t} = -\frac{1}{\varepsilon(x)\varepsilon_0}\frac{\partial H_z}{\partial x} \tag{6.7a}$$

$$\frac{\partial H_z}{\partial t} = -\frac{1}{\mu_0}\frac{\partial E_y}{\partial x} \tag{6.7b}$$

式 (6.7a, b) における偏微分の差分化では，中心差分近似（付録 A.2(a) 参照）を用いる．差分化での要点は次のとおりである．

(ⅰ) 電磁界の時間と空間座標の指数を，時空間設定に関する約束事（6.3.2項参照）を満たすように，左右の辺で一致させる．

(ⅱ) 電界と磁界の指数が式 (6.6a, b) の約束事を満たしていない場合には，前後の半整数ずれた指数での値の平均をとって使う．

式 (6.7a, b) における時間に関する偏微分の中心差分近似は，時間設定に関する約束事により，電界の時間指数を整数，磁界の時間指数を半整数として，

$$\left.\frac{\partial E_y}{\partial t}\right|_{t=(s+1/2)\Delta t} \fallingdotseq \frac{E_y^{s+1}(p) - E_y^s(p)}{\Delta t} \tag{6.8a}$$

$$\left.\frac{\partial H_z}{\partial t}\right|_{t=s\Delta t} \fallingdotseq \frac{H_z^{s+1/2}(p+1/2) - H_z^{s-1/2}(p+1/2)}{\Delta t} \tag{6.8b}$$

で表せる．一方，電磁界成分の空間座標に関する偏微分は，

$$\left.\frac{\partial E_y}{\partial x}\right|_{x=(p+1/2)\Delta x} \fallingdotseq \frac{E_y^s(p+1) - E_y^s(p)}{\Delta x} \tag{6.9a}$$

$$\left.\frac{\partial H_z}{\partial x}\right|_{x=p\Delta x} \fallingdotseq \frac{H_z^{s+1/2}(p+1/2) - H_z^{s+1/2}(p-1/2)}{\Delta x} \tag{6.9b}$$

で表される．式 (6.8a, b)，(6.9a, b) のそれぞれの分子では，微分に関係する電界での x の指数が整数，磁界での x の指数が半整数にとられている．

これらを式 (6.7a, b) に代入して整理すると，次式が得られる．

$$E_y^{s+1}(p) = E_y^s(p) - \frac{\Delta t}{\Delta x \varepsilon_0 \varepsilon(p)}\left[H_z^{s+1/2}\left(p+\frac{1}{2}\right) - H_z^{s+1/2}\left(p-\frac{1}{2}\right)\right] \tag{6.10a}$$

$$H_z^{s+1/2}\left(p+\frac{1}{2}\right) = H_z^{s-1/2}\left(p+\frac{1}{2}\right) - \frac{\Delta t}{\Delta x \mu_0}\left[E_y^s(p+1) - E_y^s(p)\right] \tag{6.10b}$$

式 (6.10a, b) を用いて，電磁界を時空間に対して逐次計算する．

1 次元構造での電磁界の計算アルゴリズムは，次のようになる．
(i) まず，比誘電率の空間分布 $\varepsilon(p) = n^2(p)$ を格子点 p で指定する．
(ii) 次に，電磁界成分に対する初期条件を，電界では $t = 0$ で，磁界では $t = (1/2)\Delta t$ で設定する．
(iii) 式 (6.10a) を数値的に解いて，特定の時間（整数指数）における全空間座標に対する電界を求める．さらに式 (6.10b) を用いて，次の時間（半整数指数）における全空間座標に対する磁界を求める．これらの作業を時空間に対して繰り返す．

実際のプログラミングでは，$p \pm 1/2$ などの半整数の空間座標は指定できないので，これらを整数値で表すように座標を書き換える必要がある．

図 6.5 に，式 (6.10a, b) を用いたときの 1 次元における電磁界の時間発展を求める手順を示す．横軸を x 座標，縦軸を時間軸とする．図で初期条件として，電界 $E_y^0(1)$，$E_y^0(2)$ と磁界 $H_z^{1/2}(1\frac{1}{2})$，$H_z^{1/2}(2\frac{1}{2})$ を設定し，各電磁界成分が順次形成される様子を破線で示す．両端の電界では，後述する Mur の 1 次境界吸収条件 [式 (6.26a)] での計算順序を実線で示している．

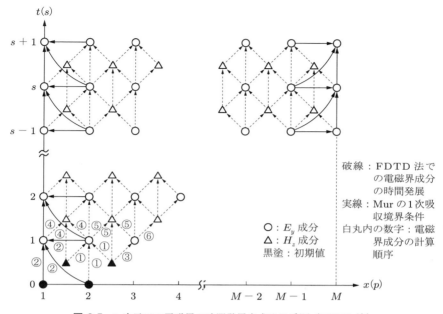

図 6.5 1 次元での電磁界の時間発展を求める手順（FDTD 法）

● 6.5　FDTD 法の基本アルゴリズム：2 次元光導波構造

FDTD 法での計算手順は Yee アルゴリズムとよばれている [6-1]．本節では，光導波路への適用を想定して，2 次元のスラブ光導波路における光波伝搬に対する差分式を導く．3 次元の場合は 6.7 節で示す．

ここでは，スラブ光導波路（3.1 節参照）と同様にして，y 方向に対する均一な導波構造 $(\partial/\partial y = 0)$ を想定して，比透磁率を $\mu = 1$，電気伝導度を $\sigma = 0$ として，x–z 平面内での光波伝搬に限定する．光波の主たる伝搬方向を z 方向にとるが，この方向に対しても構造が変化する場合を扱うので，伝搬定数が存在しないことに注意を要する．以降では，TE・TM モードに分けて，電磁界を求めるための差分式を導く．

6.5.1　2 次元光導波構造での差分式：TE モード

2 次元光導波構造で TE モード（FDTD 法の分野では TM モードとよばれている）を想定すると，3.1 節での議論と同じように，非零成分は E_y，H_x，H_z だけとなる．このとき，式 (6.3a〜f) のうち (a, c, e) 群だけが意味をもつ．TE

モードでは q が半整数の平面内の電磁界を考えればよく（図 6.4 参照），本項の以下では，y 座標に関係する指数 q を省略して示す．

まず，非零の電界成分 E_y に関する式を求めるため，式 (6.3e) を検討する．時間に関する差分中心を $t = (s+1/2)\Delta t$ として，式 (6.8a) を利用すると，

$$E_y^{s+1} = E_y^s + \frac{\Delta t}{\varepsilon(x,z)\varepsilon_0}\left(\frac{\partial H_x^{s+1/2}}{\partial z} - \frac{\partial H_z^{s+1/2}}{\partial x}\right) \tag{6.11}$$

が得られる．式 (6.11) における E_y の空間位置が格子点 (p,r) で与えられるから，右辺における磁界成分の空間偏微分も同じ格子点で与える必要がある．このことから，右辺の差分が次式で表される．

$$\left.\frac{\partial H_x^{s+1/2}}{\partial z}\right|_{z=r\Delta z} \fallingdotseq \frac{1}{\Delta z}\left[H_x^{s+1/2}\left(p,r+\frac{1}{2}\right) - H_x^{s+1/2}\left(p,r-\frac{1}{2}\right)\right] \tag{6.12a}$$

$$\left.\frac{\partial H_z^{s+1/2}}{\partial x}\right|_{x=p\Delta x} \fallingdotseq \frac{1}{\Delta x}\left[H_z^{s+1/2}\left(p+\frac{1}{2},r\right) - H_z^{s+1/2}\left(p-\frac{1}{2},r\right)\right] \tag{6.12b}$$

式 (6.12a, b) を式 (6.11) に代入して整理すると，電界成分 E_y を求める差分式が次式で得られる．

$$\begin{aligned}E_y^{s+1}(p,r) = {}& E_y^s(p,r) \\&+ \frac{\Delta t}{\Delta z\varepsilon_0\varepsilon(p,r)}\left[H_x^{s+1/2}\left(p,r+\frac{1}{2}\right) - H_x^{s+1/2}\left(p,r-\frac{1}{2}\right)\right] \\&- \frac{\Delta t}{\Delta x\varepsilon_0\varepsilon(p,r)}\left[H_z^{s+1/2}\left(p+\frac{1}{2},r\right) - H_z^{s+1/2}\left(p-\frac{1}{2},r\right)\right]\end{aligned} \tag{6.13}$$

ただし，$\varepsilon(p,r)$ は比誘電率の空間分布，Δx と Δz は x，z 方向のセルサイズ，Δt は時間ステップである．式 (6.13) は，2 次元光導波構造における電磁界の空間配置を決める 1 つ目の結果である．

図 6.6 に，2 次元光導波構造での TE モードに対する電磁界の計算手順を図式化したものを示す．図 (a) は式 (6.13) に対応する．これは，1 次元構造と同じように，ある時間における電界 E_y は直前の時間ステップでの E_y 値と，半ステップ前におけるその四方にある半整数離れた空間位置での磁界成分値から求められることを示している．

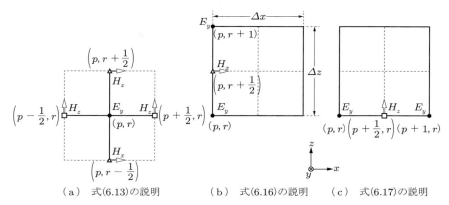

(a) 式(6.13)の説明　　(b) 式(6.16)の説明　　(c) 式(6.17)の説明

実線（破線）は整数（半整数）の空間座標を表す.
y 座標の指数 q は省略.

図 6.6　TE モードにおける電磁界の空間配置（2次元 FDTD 法）

次に，磁界成分 H_x と H_z に関する差分式を求める．各成分の条件で式 (6.3a) および式 (6.3c) を用い，差分中心を $t = s\Delta t$ として，次の2式を得る．

$$H_x^{s+1/2} = H_x^{s-1/2} + \frac{\Delta t}{\mu_0} \frac{\partial E_y^s}{\partial z}, \quad H_z^{s+1/2} = H_z^{s-1/2} - \frac{\Delta t}{\mu_0} \frac{\partial E_y^s}{\partial x} \quad (6.14)$$

式 (6.14) の右辺における電界成分の空間偏微分は，磁界成分と同じ格子点 $(p+1/2, r+1/2)$ で与える必要があり，次式で近似する．

$$\left.\frac{\partial E_y^s}{\partial z}\right|_{z=(r+1/2)\Delta z} \fallingdotseq \frac{E_y^s(p, r+1) - E_y^s(p, r)}{\Delta z} \quad (6.15a)$$

$$\left.\frac{\partial E_y^s}{\partial x}\right|_{x=(p+1/2)\Delta x} \fallingdotseq \frac{E_y^s(p+1, r) - E_y^s(p, r)}{\Delta x} \quad (6.15b)$$

式 (6.15a, b) を式 (6.14) に代入して整理すると，磁界成分 H_x と H_z を求める差分式が次式で表せる．

$$H_x^{s+1/2}\left(p, r+\frac{1}{2}\right) = H_x^{s-1/2}\left(p, r+\frac{1}{2}\right) + \frac{\Delta t}{\Delta z \mu_0}\left[E_y^s(p, r+1) - E_y^s(p, r)\right] \quad (6.16)$$

$$H_z^{s+1/2}\left(p+\frac{1}{2}, r\right) = H_z^{s-1/2}\left(p+\frac{1}{2}, r\right) - \frac{\Delta t}{\Delta x \mu_0}\left[E_y^s(p+1, r) - E_y^s(p, r)\right] \quad (6.17)$$

式 (6.16) と式 (6.17) は，2 次元光導波構造における電磁界の空間配置を決める 2, 3 番目の結果である．式 (6.16), (6.17) を図式化したものを図 6.6(b), (c) に示す．これらでは，磁界成分 H_x と H_z がおのおの直前の時間ステップでの磁界成分値と，半ステップ前でその両隣にある半整数離れた空間位置での電界成分 E_y から求められている．

6.5.2 2次元光導波構造での差分式：TM モード

本項では，2 次元光導波構造における TM モード（FDTD 法の分野では TE モードとよばれている）に対する電磁界の差分式を導く．

TM モードの場合，3.1 節での議論と同じように，非零成分は H_y, E_x, E_z となる．このとき，式 (6.3a〜f) のうち (b, d, f) 群だけが意味をもつ．TM モードでは，$q = 1$ の面内の電磁界を考える（図 6.4 参照）．

式 (6.3b) の左辺は，式 (6.8a) における E_y を H_y に，x 座標を半整数に置換して得られる．右辺は

$$\left.\frac{\partial E_z}{\partial x}\right|_{x=(p+1/2)\Delta x} \fallingdotseq \frac{E_z^s(p+1, r+1/2) - E_z^s(p, r+1/2)}{\Delta x}$$

$$\left.\frac{\partial E_x}{\partial z}\right|_{z=(r+1/2)\Delta z} \fallingdotseq \frac{E_x^s(p+1/2, r+1) - E_x^s(p+1/2, r)}{\Delta z}$$

で近似できる．これらを式 (6.3b) に適用して，差分式が導ける．同様にして，式 (6.3d, f) も差分化できる．

これらの結果をまとめると，2 次元光導波構造における TM モードでの電磁界成分 H_y, E_x, E_z に対する差分式が，次式で得られる．

$$\begin{aligned}
H_y^{s+1/2}\left(p+\frac{1}{2}, r+\frac{1}{2}\right) &= H_y^{s-1/2}\left(p+\frac{1}{2}, r+\frac{1}{2}\right) \\
&\quad + \frac{\Delta t}{\Delta x \mu_0}\left[E_z^s\left(p+1, r+\frac{1}{2}\right) - E_z^s\left(p, r+\frac{1}{2}\right)\right] \\
&\quad - \frac{\Delta t}{\Delta z \mu_0}\left[E_x^s\left(p+\frac{1}{2}, r+1\right) - E_x^s\left(p+\frac{1}{2}, r\right)\right]
\end{aligned}$$

(6.18)

$$E_x^{s+1}\left(p+\frac{1}{2}, r\right) = E_x^s\left(p+\frac{1}{2}, r\right) - \frac{\Delta t}{\Delta z \varepsilon_0 \varepsilon(p+1/2, r)}$$

$$\times \left[H_y^{s+1/2}\left(p+\frac{1}{2}, r+\frac{1}{2}\right) - H_y^{s+1/2}\left(p+\frac{1}{2}, r-\frac{1}{2}\right) \right]$$
(6.19)

$$E_z^{s+1}\left(p, r+\frac{1}{2}\right) = E_z^s\left(p, r+\frac{1}{2}\right) + \frac{\Delta t}{\Delta x \varepsilon_0 \varepsilon(p, r+1/2)}$$
$$\times \left[H_y^{s+1/2}\left(p+\frac{1}{2}, r+\frac{1}{2}\right) - H_y^{s+1/2}\left(p-\frac{1}{2}, r+\frac{1}{2}\right) \right]$$
(6.20)

以上では，導波構造が光波の伝搬方向に対しても変化している場合のFDTD法のうち，構造が y 方向に対して均一な場合を説明した．より一般的な3次元光導波路に対する定式化の結果は6.7節で示す．

6.6 吸収境界条件

電磁界解析にコンピュータを使用する場合，メモリに制約がある．FDTD法を相対的に波長の短い光波領域（おおむね μm 以下）で使用する場合，セルサイズの関係から多くのメモリを必要とする．従来型光導波路や光ファイバは，その電磁界がコアからクラッドに広がっている開放形導波路であるため，さらに多くのメモリを必要とするが，現実には解析領域を有限にせざるをえない．

解析領域を有限にした場合，有限領域に起因する非物理的な反射波が解析領域の境界から発生する．これは解析領域に戻って計算精度の劣化を招く．そのため，境界における反射防止対策が必要となり，電磁界を境界で強制的に吸収させる方法がとられている．このような仮想的な境界を**吸収境界**（absorbing boundary），そのための条件を**吸収境界条件**（ABC: absorbing boundary condition）という．本節では代表的な吸収境界条件として，Mur の吸収境界条件と Berenger の完全整合層（PML）吸収境界条件を紹介する．

6.6.1 Mur の吸収境界条件

Mur の吸収境界条件は，構成が比較的簡単な上，適度の精度が得られるので，よく利用される [6–8]．境界へは垂直・斜め入射があるが，斜め入射時は後述する PML 吸収境界条件のほうが高精度である．

Mur の吸収境界条件では，解析領域の境界を電界の標本点上におくので，電界 E に関する条件だけを考慮する．空間に関しては，y 方向には均一（$\partial/\partial y = 0$）

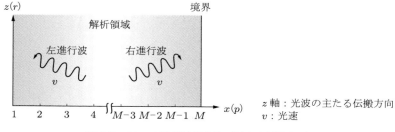

図 6.7 Mur の吸収境界条件（斜め入射模式図）

として 2 次元空間 (x, z) のみを考える．解析領域を $L_0 \leqq x \leqq L_x$ として，吸収境界を $x = L_0 = \Delta x \, (p = 1)$ および $x = L_x = M\Delta x \, (p = M)$ におく（**図 6.7**）．

電界成分 E_α に対する波動方程式は，式 (2.10) より次式で与えられる．

$$\nabla^2 E_\alpha - \frac{1}{v^2}\frac{\partial^2 E_\alpha}{\partial t^2} = 0, \qquad E_\alpha = \begin{cases} E_y & :\text{TE モード} \\ E_z & :\text{TM モード} \end{cases} \quad (6.21)$$

ただし，v は光波の位相速度である．電界成分が x 軸方向に伝搬しているとき，式 (6.21) は形式的に次のように書ける．

$$\left(\frac{\partial}{\partial x} - \frac{1}{v}\frac{\partial}{\partial t}\right)\left(\frac{\partial}{\partial x} + \frac{1}{v}\frac{\partial}{\partial t}\right)E_\alpha = 0 \quad \text{つまり} \quad \left(\frac{\partial}{\partial x} \mp \frac{1}{v}\frac{\partial}{\partial t}\right)E_\alpha = 0 \tag{6.22}$$

上式は複号同順で上（下）側は，垂直入射時に，光波（平面波）が境界の左（右）端方向に向かって伝搬する左（右）進行波を表す．もしも境界で反射がないならば，光波は式 (6.22) の形式を保持するはずなので，吸収境界条件はこれを満たすようにする．

式 (6.22) の電界成分 $E_\alpha^s (\alpha = y, z)$ の偏微分に中心差分近似（付録 A.2(a) 参照）を適用する場合，E_α^s の時間と x の指数がともに整数となるように，偏微分の差分中心を $x = (p+1/2)\Delta x,\ t = (s+1/2)\Delta t$ にとる．このとき，次式が得られる．

$$\left.\frac{\partial E_\alpha}{\partial x}\right|_{x=(p+1/2)\Delta x} \fallingdotseq \frac{1}{\Delta x}\left[E_\alpha^{s+1/2}(p+1, r') - E_\alpha^{s+1/2}(p, r')\right] \tag{6.23a}$$

$$\left.\frac{\partial E_\alpha}{\partial t}\right|_{t=(s+1/2)\Delta t} \fallingdotseq \frac{1}{\Delta t}\left[E_\alpha^{s+1}\left(p+\frac{1}{2}, r'\right) - E_\alpha^s\left(p+\frac{1}{2}, r'\right)\right] \tag{6.23b}$$

6.6 吸収境界条件

z 座標の r' については後述する（式 (6.26c) 参照）．

式 (6.23a) では t の指数が半整数，式 (6.23b) では x の指数が半整数である．これらは指数に関する約束事を満たしていないので，前後の指数で平均化した値

$$E_\alpha^{s+1/2}(p,r') = \frac{1}{2}\left[E_\alpha^{s+1}(p,r') + E_\alpha^s(p,r')\right] \quad (p = p,\ p+1) \quad (6.24\text{a})$$

$$E_\alpha^s\left(p+\frac{1}{2},r'\right) = \frac{1}{2}\left[E_\alpha^s(p+1,r') + E_\alpha^s(p,r')\right] \quad (s = s,\ s+1) \tag{6.24b}$$

を利用する．これらの関係式を式 (6.22) に適用し，s と p の組合せについて整理すると，次式を得る．

$$E_\alpha^{s+1}(p+1,r') = E_\alpha^s(p,r') - \frac{v\Delta t \pm \Delta x}{v\Delta t \mp \Delta x}\left[E_\alpha^{s+1}(p,r') - E_\alpha^s(p+1,r')\right] \tag{6.25}$$

以上の手順を両端の境界に対して整理する．光波が解析領域内の格子点 $p = \eta$ から境界点 $p = \xi$ に向かって垂直入射するとき，電界成分 $E_\alpha(\alpha = y, z)$ に対する無反射条件の差分式が，次式で表せる．

$$E_\alpha^{s+1}(\xi,r') = E_\alpha^s(\eta,r') + \frac{v\Delta t - \Delta x}{v\Delta t + \Delta x}\left[E_\alpha^{s+1}(\eta,r') - E_\alpha^s(\xi,r')\right] \tag{6.26a}$$

$$(\xi, \eta) = \begin{cases} (1, 2) & : \text{左端} \\ (M, M-1) & : \text{右端} \end{cases} \tag{6.26b}$$

$$r' = \begin{cases} r & : E_\alpha = E_y\ (\text{TE モード}) \\ r + 1/2 & : E_\alpha = E_z\ (\text{TM モード}) \end{cases} \tag{6.26c}$$

式 (6.26a) は **Mur の 1 次吸収境界条件**とよばれる [6–8]．

斜め入射に対する無反射条件は，式 (6.21) から次式で得られる．

$$\frac{\partial}{\partial t}\left(\frac{\partial E}{\partial x} \mp \frac{1}{v}\frac{\partial E}{\partial t}\right) \pm \frac{v}{2}\frac{\partial^2 E}{\partial z^2} \fallingdotseq 0 \tag{6.27}$$

複号の意味は式 (6.22) と同じである．上式で差分中心を $x = (p+1/2)\Delta x$, $z = r\Delta z$, $t = s\Delta t$ にとり，垂直入射時と同じ手法を使う．電界成分 $E_\alpha^s(\alpha = y, z)$ の差分式は，垂直入射時と同じ記号を用いて，次式で表せる [6–8]．

$$E_\alpha^{s+1}(\xi,r') = -E_\alpha^{s-1}(\eta,r') + \frac{v\Delta t - \Delta x}{v\Delta t + \Delta x}\left[E_\alpha^{s+1}(\eta,r') + E_\alpha^{s-1}(\xi,r')\right]$$

$$+ \frac{2\Delta x}{v\Delta t + \Delta x}\left[E_\alpha^s(\xi, r') + E_\alpha^s(\eta, r')\right] + \frac{\Delta x(v\Delta t)^2}{2(v\Delta t + \Delta x)(\Delta z)^2}$$
$$\times \left[E_\alpha^s(\xi, r'+1) - 2E_\alpha^s(\xi, r') + E_\alpha^s(\xi, r'-1)\right.$$
$$\left. + E_\alpha^s(\eta, r'+1) - 2E_\alpha^s(\eta, r') + E_\alpha^s(\eta, r'-1)\right] \quad (6.28)$$

ここで，(ξ, η) および r' は式 (6.26b, c) と同じである．式 (6.28) は斜め入射に対するもので，**Mur の 2 次吸収境界条件**とよばれる．2 次吸収境界条件でも，入射角度が 20° 以上では反射が増加することに注意を要する．

6.6.2 Berenger の完全整合層吸収境界条件

斜め入射では，Mur の吸収境界条件は精度的に不十分である．そこで，精度を高めるため，解析領域の周囲に仮想的な媒質をおいて反射を除去する方法が提案された [6-9]．これは，完全整合層 (PML: perfectly matched layer) 吸収境界条件といわれ，現在のところ最も有効な吸収境界条件といわれている．使用に際しては，多くのメモリを余分に使用する必要がある．

PML 吸収境界条件は，FDTD 法だけでなく，近年では有限要素法や有限差分ビーム伝搬法でも，差分近似を適用する局面で使用されている．

(a) 完全整合層吸収境界条件の導出

解析領域の媒質の周囲を仮想媒質（以下 PML 媒質とよぶ）で囲む（**図 6.8**）．解析領域の媒質は等方性・無損失であるとし，y 方向には均一 $(\partial/\partial y = 0)$ であるとする．

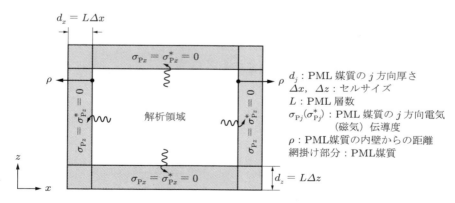

図 6.8 PML 吸収境界条件の設定

6.6 吸収境界条件

2次元空間 (x, z) で，無損失媒質中の TE モード（非零電磁界成分は E_y, H_x, H_z）が PML 媒質に斜め入射する場合を検討する（**図 6.9**）．光波が入射角 θ_{in} で入射し，屈折角 θ で PML 媒質に入るとする．このとき，PML 媒質内での特性インピーダンスを求め，インピーダンス整合条件から，境界での吸収境界条件（無反射）条件を導くことにする．

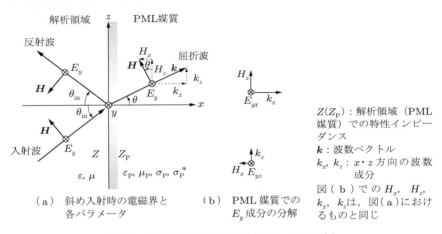

図 6.9 PML 吸収境界条件（TE モードの場合）

PML 媒質では，式 (6.1)，(6.2) に磁気電流 $J_H = \sigma^* H$ を付加して考える．ただし，σ^* は磁気伝導度（導磁率）を表す仮想的なパラメータである．解析領域である無損失媒質の比誘電率を ε，比透磁率を μ とおき，PML 媒質の比誘電率を ε_P，比透磁率を μ_P，電気伝導度を σ_P，磁気伝導度を σ_P^* とおく．

電磁界を成分ごとに考えるため，$E \times H \propto k$ （k：波数ベクトル）に着目して，PML 媒質内での電界成分 E_y を，$x \cdot z$ 方向の波数成分 k_x, k_z に寄与する2成分に分解して，次のように表す（図 6.9(b) 参照）．

$$E_y = E_{yx} + E_{yz} \tag{6.29}$$

式 (6.3e, c, a) を用いて，PML 媒質内で x 方向に伝搬する成分（図 6.9(b) 上側に対応）は，

$$\varepsilon_P \varepsilon_0 \frac{\partial E_{yx}}{\partial t} + \sigma_{Px} E_{yx} = -\frac{\partial H_z}{\partial x} \tag{6.30a}$$

$$\mu_P \mu_0 \frac{\partial H_z}{\partial t} + \sigma_{Px}^* H_z = -\frac{\partial E_{yx}}{\partial x} \tag{6.30b}$$

で，z 方向に伝搬する成分（図 6.9(b) 下側に対応）は次式で表される．

$$\varepsilon_P \varepsilon_0 \frac{\partial E_{yz}}{\partial t} + \sigma_{Pz} E_{yz} = \frac{\partial H_x}{\partial z} \tag{6.31a}$$

$$\mu_P \mu_0 \frac{\partial H_x}{\partial t} + \sigma_{Pz}^* H_x = \frac{\partial E_{yz}}{\partial z} \tag{6.31b}$$

ただし,ε_0 は真空の誘電率,μ_0 は真空の透磁率である.

また,x, z 両方向の PML 媒質が重なる部分では,式 (6.30a) と式 (6.31a) が共通で,式 (6.30b), (6.31b) を次式に変更する必要がある.

$$\mu_P \mu_0 \frac{\partial H_z}{\partial t} + \sigma_{Px}^* H_z = -\frac{\partial}{\partial x}(E_{yx} + E_{yz}) \tag{6.32a}$$

$$\mu_P \mu_0 \frac{\partial H_x}{\partial t} + \sigma_{Pz}^* H_x = \frac{\partial}{\partial z}(E_{yx} + E_{yz}) \tag{6.32b}$$

いま,PML 媒質内で,磁界 $\boldsymbol{H}$ が z 軸に対して角度 θ だけ傾いているから,TE モードでの電磁界成分は,式 (6.3a, c) を用いて,次のように表せる.

$$E_y = E_P \exp\{i[\omega t - (k_x x + k_z z)]\} \tag{6.33a}$$

$$H_x = -H_P \sin\theta \exp\{i[\omega t - (k_x x + k_z z)]\} \tag{6.33b}$$

$$H_z = H_P \cos\theta \exp\{i[\omega t - (k_x x + k_z z)]\} \tag{6.33c}$$

$$E_P \equiv E_{Pyx} + E_{Pyz} \tag{6.33d}$$

ここで,E_P と H_P は PML 媒質での電界と磁界の振幅,ω は角周波数を表す.

以上の準備のもと,PML 媒質での特性インピーダンス Z_P は,

$$Z_P \equiv \frac{E_P}{H_P} = \frac{E_{Pyx} + E_{Pyz}}{H_P} \tag{6.34}$$

で定義される(2.3.1 項参照).このとき,Z_P に対する表現は,

$$Z_P \equiv \sqrt{Z_{Px}^2 \cos^2\theta + Z_{Pz}^2 \sin^2\theta} \tag{6.35a}$$

$$Z_{Pj} \equiv \sqrt{\frac{\mu_P \mu_0 + \sigma_{Pj}^*/i\omega}{\varepsilon_P \varepsilon_0 + \sigma_{Pj}/i\omega}} \quad (j = x, z) \tag{6.35b}$$

で得られる(付録 C.1 参照).ここで,特性インピーダンス Z_{Pj} や σ_{Pj}, σ_{Pj}^* における添え字 j は各方向成分を表す.

一方,解析領域の媒質の特性インピーダンス Z は,式 (2.13b) を用いて,次式で表せる.

$$Z = \sqrt{\frac{\mu}{\varepsilon}} Z_0, \qquad Z_0 = \sqrt{\frac{\mu_0}{\varepsilon_0}} \tag{6.36}$$

ただし，Z_0 は真空中の特性インピーダンスを表す．

一般に，境界で反射を生じないのは，両側の媒質の特性インピーダンスが等しいとき，つまり**インピーダンス整合条件**

$$Z = Z_\mathrm{P} \tag{6.37}$$

が満たされるときである．これが，PML 媒質内での光波の角度 θ と角周波数 ω によらず成立するのは，式 (6.35b)，(6.36) より，

$$\frac{\mu\mu_0}{\varepsilon\varepsilon_0} = \frac{\mu_\mathrm{P}\mu_0 + \sigma^*_{\mathrm{P}j}/i\omega}{\varepsilon_\mathrm{P}\varepsilon_0 + \sigma_{\mathrm{P}j}/i\omega} \quad (j = x, z) \tag{6.38}$$

を満たすときである．式 (6.38) の実部の比較および加比の理の利用により，PML 媒質に対する無反射条件として次式を得る．

$$\frac{\varepsilon_\mathrm{P}}{\varepsilon} = \frac{\mu_\mathrm{P}}{\mu}, \qquad \frac{\sigma_{\mathrm{P}j}}{\varepsilon\varepsilon_0} = \frac{\sigma^*_{\mathrm{P}j}}{\mu\mu_0} \quad (j = x, z) \tag{6.39}$$

式 (6.39) は Berenger の**完全整合層吸収境界条件**または **PML 吸収境界条件**とよばれる [6–9]．この条件下では，光波は PML 媒質内で急激に減衰する．

PML 吸収境界条件では，Mur の吸収境界条件と異なり，磁界に対しても条件を設定する必要がある．式 (6.39) は TM モードに対しても成り立つ．

(b) PML 吸収境界条件の設定法

PML 吸収境界条件を設定するため，解析領域の周囲に PML 媒質を設置する（図 6.8 参照）．式 (6.39) に従って設定しても，PML 媒質厚が有限なので，実際には多少の反射が残る．そこで，PML 媒質を数セル分積層し，損失を内壁側から徐々に増加させる．

解析領域の媒質は光導波路を対象とする場合，非磁性なので $\mu=1$ とおける．そのため，式 (6.39) の第 1 式より，PML 媒質の比透磁率を $\mu_\mathrm{P}=1$，比誘電率を $\varepsilon_\mathrm{P} = \varepsilon = n^2$（$n$：解析領域の屈折率）とおけばよい．また，$j$ 方向の電気伝導度を次のように設定する．

$$\sigma_{\mathrm{P}j} = \begin{cases} \sigma_\mathrm{M}(\rho/d_j)^q & : \text{PML 媒質} \\ 0 & : \text{解析領域} \end{cases} \quad (j = x, z) \tag{6.40}$$

ここで，σ_M は PML 媒質外壁の電気伝導度，d_j は PML 媒質の j 方向厚さ，ρ は PML 媒質の内壁からの距離，q は電磁界の減衰率に関係する定数である．このとき，磁気伝導度 σ^*_P は式 (6.39) の第 2 式から決める．

特に，光波が x 軸（z 軸）に垂直な PML 媒質に入射する場合には，式 (6.39)

で $\sigma_{\mathrm{P}z} = \sigma_{\mathrm{P}z}^* = 0$ ($\sigma_{\mathrm{P}x} = \sigma_{\mathrm{P}x}^* = 0$) とおく．

次に，PML媒質（厚さ d_x）を多く（L 枚）の均質な層状平板（厚さ Δx）の集合体とみなして，解析領域での等価的な反射率を見積もる．解析領域内で，光波が入射角 θ で入射しているとすると（図 6.9 参照），解析領域での振幅反射率 R は，

$$R = -\exp\left(-2ink_0 d_x \cos\theta\right)\exp\left[-2\frac{\cos\theta}{n\varepsilon_0 c}\left(\sum_{m=1}^{L}\sigma_{\mathrm{P}x}^m\right)\Delta x\right] \quad (6.41)$$

で表せる（付録 C.2 参照）．ここで，$\sigma_{\mathrm{P}x}^m$ は PML 媒質の内壁から m 番目の層における電気伝導度，k_0 は真空中の波数，c は真空中の光速である．

式 (6.41) の 2 番目の指数関数内で，セルサイズ Δx を微小と仮定すれば，和を積分に置き換えられる．電気伝導度 $\sigma_{\mathrm{P}x}^m$ が式 (6.40) で設定されているとすると，

$$\Delta x \sum_{m=1}^{L} \sigma_{\mathrm{P}x}^m \fallingdotseq \int_0^{d_x} \sigma_{\mathrm{P}x}^m(x)dx = \frac{\sigma_{\mathrm{M}}d_x}{q+1} \quad (6.42)$$

と書ける．式 (6.42) を式 (6.41) に代入して，PML 媒質に対する振幅反射率 R を次式で得る．

$$R = -\exp(-2ink_0 d_x \cos\theta)\exp\left[-2\frac{\sigma_{\mathrm{M}}d_x}{(q+1)n\varepsilon_0 c}\cos\theta\right] \quad (6.43)$$

式 (6.43) の第 1 項の指数関数は，光波の PML 媒質での往復による位相変化を表す．式 (6.43) の位相項以外で，両辺の自然対数をとり，次式を得る．

$$\sigma_{\mathrm{M}} = \frac{(q+1)n\varepsilon_0 c}{2d_x \cos\theta}\ln\left(\frac{1}{R}\right) \quad (6.44)$$

これは，許容できる振幅反射率 R を設定し，係数 q を決めれば，式 (6.40) で示した外壁における電気伝導度 σ_{M} を式 (6.44) から決定できることを示している．

式 (6.43) は，実用的に十分使える近似であることが確認されている．また，R, q, $d_x = L\Delta x$ について，最適解が存在することが示されている [6–10].

(c) PML 媒質内の電磁界の差分化

PML 媒質内の電磁界の差分化を，式 (6.30a) を例にとって説明する．式 (6.30a) の差分式は，差分中心を $t = (s+1/2)\Delta t$, $x = p\Delta x$ として，次のように書ける．

$$\frac{E_{yx}^{s+1}(p,r) - E_{yx}^s(p,r)}{\Delta t} = -\frac{1}{\varepsilon_0 \varepsilon_{\mathrm{P}}}\frac{H_z^{s+1/2}(p+1/2,r) - H_z^{s+1/2}(p-1/2,r)}{\Delta x}$$

6.6 吸収境界条件 *121*

$$- \frac{\sigma_{\mathrm{P}x}}{\varepsilon_0 \varepsilon_{\mathrm{P}}} E_{yx}^{s+1/2}(p,r) \tag{6.45}$$

右辺第 2 項の電界成分の時間指数を整数で表すため,$E_{yx}^{s+1/2} \fallingdotseq (E_{yx}^{s+1} + E_{yx}^s)/2$ で近似する.これを代入した結果を E_{yx}^{s+1} について整理して,

$$E_{yx}^{s+1}(p,r) = \frac{1 - (\sigma_{\mathrm{P}x}/2\varepsilon_0\varepsilon_{\mathrm{P}})\Delta t}{1 + (\sigma_{\mathrm{P}x}/2\varepsilon_0\varepsilon_{\mathrm{P}})\Delta t} E_{yx}^s(p,r) - \frac{\Delta t}{[1 + (\sigma_{\mathrm{P}x}/2\varepsilon_0\varepsilon_{\mathrm{P}})\Delta t]\varepsilon_0\varepsilon_{\mathrm{P}}\Delta x}$$
$$\times \left[H_z^{s+1/2}\left(p + \frac{1}{2}, r\right) - H_z^{s+1/2}\left(p - \frac{1}{2}, r\right) \right] \tag{6.46}$$

が得られる.ただし,$\varepsilon_{\mathrm{P}} = \varepsilon_{\mathrm{P}}(p,r)$,$\sigma_{\mathrm{P}x} = \sigma_{\mathrm{P}x}(p,r)$ としている.

PML 媒質内の他の式の差分化も同様にして行える.式 (6.31a),(6.32a),(6.32b) に対する結果を以下に順に示す.

$$E_{yz}^{s+1}(p,r) = \frac{1 - (\sigma_{\mathrm{P}z}/2\varepsilon_0\varepsilon_{\mathrm{P}})\Delta t}{1 + (\sigma_{\mathrm{P}z}/2\varepsilon_0\varepsilon_{\mathrm{P}})\Delta t} E_{yz}^s(p,r) + \frac{\Delta t}{[1 + (\sigma_{\mathrm{P}z}/2\varepsilon_0\varepsilon_{\mathrm{P}})\Delta t]\varepsilon_0\varepsilon_{\mathrm{P}}\Delta z}$$
$$\times \left[H_x^{s+1/2}\left(p, r + \frac{1}{2}\right) - H_x^{s+1/2}\left(p, r - \frac{1}{2}\right) \right] \tag{6.47}$$

$$H_z^{s+1/2}\left(p + \frac{1}{2}, r\right) = \frac{1 - (\sigma_{\mathrm{P}x}^*/2\mu_0\mu_{\mathrm{P}})\Delta t}{1 + (\sigma_{\mathrm{P}x}^*/2\mu_0\mu_{\mathrm{P}})\Delta t} H_z^{s-1/2}\left(p + \frac{1}{2}, r\right)$$
$$- \frac{\Delta t}{[1 + (\sigma_{\mathrm{P}x}^*/2\mu_0\mu_{\mathrm{P}})\Delta t]\mu_0\mu_{\mathrm{P}}\Delta x} \left[E_{yx}^s(p+1,r) - E_{yx}^s(p,r) \right]$$
$$- \frac{\Delta t}{[1 + (\sigma_{\mathrm{P}x}^*/2\mu_0\mu_{\mathrm{F}})\Delta t]\mu_0\mu_{\mathrm{P}}\Delta x} \left[E_{yz}^s(p+1,r) - E_{yz}^s(p,r) \right]$$
$$\tag{6.48}$$

$$H_x^{s+1/2}\left(p, r + \frac{1}{2}\right) = \frac{1 - (\sigma_{\mathrm{P}z}^*/2\mu_0\mu_{\mathrm{P}})\Delta t}{1 + (\sigma_{\mathrm{P}z}^*/2\mu_0\mu_{\mathrm{P}})\Delta t} H_x^{s-1/2}\left(p, r + \frac{1}{2}\right)$$
$$+ \frac{\Delta t}{[1 + (\sigma_{\mathrm{P}z}^*/2\mu_0\mu_{\mathrm{P}})\Delta t]\mu_0\mu_{\mathrm{P}}\Delta z} \left[E_{yx}^s(p,r+1) - E_{yx}^s(p,r) \right]$$
$$+ \frac{\Delta t}{[1 + (\sigma_{\mathrm{P}z}^*/2\mu_0\mu_{\mathrm{P}})\Delta t]\mu_0\mu_{\mathrm{P}}\Delta z} \left[E_{yz}^s(p,r+1) - E_{yz}^s(p,r) \right]$$
$$\tag{6.49}$$

ここで,ε_{P},$\sigma_{\mathrm{P}j}$,μ_{P},$\sigma_{\mathrm{P}j}^*$ $(j = x, z)$ の指数は左辺の成分と同じである.式 (6.39) を用いると,μ_{P} と $\sigma_{\mathrm{P}j}^*$ は ε_{P},$\sigma_{\mathrm{P}j}$ で表せる.

6.7 3次元光導波構造における差分式

本節では，より一般的な場合である3次元光導波構造で，解析領域とPML媒質における電磁界の差分式を示す．ここでも，解析領域を非磁性・無損失媒質と想定して，比透磁率を $\mu = 1$，電気伝導度を $\sigma = 0$ とする．構造に対する制約がないので，主たる伝搬方向をどの方向にとってもよい．

6.7.1 解析領域での電磁界の差分式

比誘電率に時間変化がないとして，電磁界および比誘電率を式 (6.5a, b) で表し，中心差分近似（付録 A.2(a) 参照）を用いる．3次元構造の場合，マクスウェル方程式 (6.2a, b) に時間に関する差分を施し，時間指数が半整数の磁界 $\boldsymbol{H}^{s+1/2}$ および整数の電界 $\boldsymbol{E}^{s+1}$ について整理すると，次の2式が得られる．

$$\boldsymbol{H}^{s+1/2} = \boldsymbol{H}^{s-1/2} - \frac{\Delta t}{\mu_0} \nabla \times \boldsymbol{E}^s \tag{6.50a}$$

$$\boldsymbol{E}^{s+1} = \boldsymbol{E}^s + \frac{\Delta t}{\varepsilon_0 \varepsilon(\boldsymbol{r})} \nabla \times \boldsymbol{H}^{s+1/2} \tag{6.50b}$$

ここで，$\varepsilon(\boldsymbol{r})$ は位置のみに依存する媒質の比誘電率を表す．式 (6.50a, b) は有限差分時間領域法の時間配置に関する一般式である．これは，磁界 $\boldsymbol{H}^{s+1/2}$ が $\boldsymbol{E}^s$ と $\boldsymbol{H}^{s-1/2}$ から決まり，また電界 $\boldsymbol{E}^{s+1}$ が $\boldsymbol{E}^s$ と $\boldsymbol{H}^{s+1/2}$ から決定できることを示している（図 6.3 参照）．

式 (6.50a, b) を空間配置も含む差分式に変形するため，デカルト座標系での表示式 (6.3a~f) で $\sigma \boldsymbol{E}$ を省いた式を用い，電界と磁界成分の添え字に対する約束事［式 (6.6a, b)］を利用する．2次元構造と同様の手順を経て，3次元構造に対する解析領域での差分式が求められる．

磁界成分に対する表現は，

$$\begin{aligned}
H_x^{s+1/2}\left(p, q+\frac{1}{2}, r+\frac{1}{2}\right) &= H_x^{s-1/2}\left(p, q+\frac{1}{2}, r+\frac{1}{2}\right) \\
&+ \frac{\Delta t}{\mu_0}\left[\frac{E_y^s(p, q+1/2, r+1) - E_y^s(p, q+1/2, r)}{\Delta z}\right] \\
&- \frac{\Delta t}{\mu_0}\left[\frac{E_z^s(p, q+1, r+1/2) - E_z^s(p, q, r+1/2)}{\Delta y}\right]
\end{aligned} \tag{6.51}$$

$$H_y^{s+1/2}\left(p+\frac{1}{2},q,r+\frac{1}{2}\right) = H_y^{s-1/2}\left(p+\frac{1}{2},q,r+\frac{1}{2}\right)$$
$$+ \frac{\Delta t}{\mu_0}\left[\frac{E_z^s(p+1,q,r+1/2) - E_z^s(p,q,r+1/2)}{\Delta x}\right]$$
$$- \frac{\Delta t}{\mu_0}\left[\frac{E_x^s(p+1/2,q,r+1) - E_x^s(p+1/2,q,r)}{\Delta z}\right]$$
(6.52)

$$H_z^{s+1/2}\left(p+\frac{1}{2},q+\frac{1}{2},r\right) = H_z^{s-1/2}\left(p+\frac{1}{2},q+\frac{1}{2},r\right)$$
$$+ \frac{\Delta t}{\mu_0}\left[\frac{E_x^s(p+1/2,q+1,r) - E_x^s(p+1/2,q,r)}{\Delta y}\right]$$
$$- \frac{\Delta t}{\mu_0}\left[\frac{E_y^s(p+1,q+1/2,r) - E_y^s(p,q+1/2,r)}{\Delta x}\right]$$
(6.53)

で，電界成分に対する表現は次式で得られる．

$$E_x^{s+1}\left(p+\frac{1}{2},q,r\right) = E_x^s\left(p+\frac{1}{2},q,r\right) + \frac{\Delta t}{\varepsilon_0\varepsilon(p+1/2,q,r)}$$
$$\times \left[\frac{H_z^{s+1/2}(p+1/2,q-1/2,r) - H_z^{s+1/2}(p+1/2,q-1/2,r)}{\Delta y}\right.$$
$$\left. - \frac{H_y^{s+1/2}(p+1/2,q,r+1/2) - H_y^{s+1/2}(p+1/2,q,r-1/2)}{\Delta z}\right]$$
(6.54)

$$E_y^{s+1}\left(p,q+\frac{1}{2},r\right) = E_y^s\left(p,q+\frac{1}{2},r\right) + \frac{\Delta t}{\varepsilon_0\varepsilon(p,q+1/2,r)}$$
$$\times \left[\frac{H_x^{s+1/2}(p,q+1/2,r+1/2) - H_x^{s+1/2}(p,q+1/2,r-1/2)}{\Delta z}\right.$$
$$\left. - \frac{H_z^{s+1/2}(p+1/2,q+1/2,r) - H_z^{s+1/2}(p-1/2,q+1/2,r)}{\Delta x}\right]$$
(6.55)

$$E_z^{s+1}\left(p,q,r+\frac{1}{2}\right) = E_z^s\left(p,q,r+\frac{1}{2}\right) + \frac{\Delta t}{\varepsilon_0\varepsilon(p,q,r+1/2)}$$

$$\times \left[\frac{H_y^{s+1/2}(p+1/2,q,r+1/2) - H_y^{s+1/2}(p-1/2,q,r+1/2)}{\Delta x} \right.$$
$$\left. - \frac{H_x^{s+1/2}(p,q+1/2,r+1/2) - H_x^{s+1/2}(p,q-1/2,r+1/2)}{\Delta y} \right]$$
(6.56)

ここで，Δx, Δy, Δz はセルサイズ，Δt は時間ステップ，p, q, r は格子点（整数），s は時間指数（整数）である．

式 (6.51)〜(6.56) は，3次元光導波構造における電界・磁界成分に対する時間発展の差分式である．式 (6.51〜53) と式 (6.54〜56) の各組内は，$x \cdot y \cdot z$ に関する循環式となっている．これらの式を Yee 格子（図 6.4 参照）と比較すると，ある特定の時空間での電界（磁界）成分は，その空間位置における直前の時間ステップでの電界（磁界）成分と，空間的に半整数離れた半整数時間前の磁界（電界）成分から形成されていることがわかる．

6.7.2 PML 媒質内での電磁界の差分式

3次元構造では斜め入射を必然的にともなうので，本項では PML 吸収境界条件を考慮した，PML 媒質内での電磁界に対する差分式を示す．

3次元構造における PML 媒質（図 6.8 参照）内で，磁界の式 (6.3a〜c) では左辺に磁気電流 $\sigma^* \boldsymbol{H}$ を付加し，電界では式 (6.3d〜f) を用いる．これらの式で電磁界成分を，2次元での式 (6.29) と同様に，2つのサブ成分に分解して，

$$E_j = E_{jk} + E_{jl}, \quad H_j = H_{jk} + H_{jl} \quad \begin{pmatrix} j, k, l \text{ は } x, y, z \text{ のいずれか} \\ j \neq k, \ j \neq l, \ k \neq l \end{pmatrix}$$
(6.57)

と書く．このようにおくと，電界と磁界に対する基本式は式 (6.30a, b), (6.31a, b) と類似の形で，それぞれ6つ得られる．これらより，6.6.2項 (c) と同様にして，3次元での電磁界基本式を差分化できる．

ところで，3次元での PML 吸収境界条件は，式 (6.39) と形式的に同じ表現で，添え字を $j = x, y, z$ として得られる．ただし，x 軸に垂直な場合は電気伝導度を $\sigma_{Py} = \sigma_{Pz} = 0$，$y$ 軸に垂直な場合は $\sigma_{Pz} = \sigma_{Px} = 0$，$z$ 軸に垂直な場合は $\sigma_{Px} = \sigma_{Py} = 0$ とする．以下で，磁界成分に対しては式 (6.39) を適用した結果を示す．

6.7 3次元光導波構造における差分式　　*125*

PML媒質内での磁界成分に対する差分式は，次のように書ける．

$$H_{xy}^{s+1/2}\left(p, q+\frac{1}{2}, r+\frac{1}{2}\right) = \frac{1-(\sigma_{\text{P}y}/2\varepsilon_0\varepsilon_{\text{P}})\Delta t}{1+(\sigma_{\text{P}y}/2\varepsilon_0\varepsilon_{\text{P}})\Delta t}H_{xy}^{s-1/2}\left(p, q+\frac{1}{2}, r+\frac{1}{2}\right)$$
$$-\frac{\Delta t}{[1+(\sigma_{\text{P}y}/2\varepsilon_0\varepsilon_{\text{P}})\Delta t]\mu_0\mu_{\text{P}}\Delta y}\left[E_z^s\left(p, q+1, r+\frac{1}{2}\right) - E_z^s\left(p, q, r+\frac{1}{2}\right)\right]$$
$$(6.58)$$

$$H_{xz}^{s+1/2}\left(p, q+\frac{1}{2}, r+\frac{1}{2}\right) = \frac{1-(\sigma_{\text{P}z}/2\varepsilon_0\varepsilon_{\text{P}})\Delta t}{1+(\sigma_{\text{P}z}/2\varepsilon_0\varepsilon_{\text{P}})\Delta t}H_{xz}^{s-1/2}\left(p, q+\frac{1}{2}, r+\frac{1}{2}\right)$$
$$+\frac{\Delta t}{[1+(\sigma_{\text{P}z}/2\varepsilon_0\varepsilon_{\text{P}})\Delta t]\mu_0\mu_{\text{P}}\Delta z}\left[E_y^s\left(p, q+\frac{1}{2}, r+1\right) - E_y^s\left(p, q+\frac{1}{2}, r\right)\right]$$
$$(6.59)$$

$$H_{yz}^{s+1/2}\left(p+\frac{1}{2}, q, r+\frac{1}{2}\right) = \frac{1-(\sigma_{\text{P}z}/2\varepsilon_0\varepsilon_{\text{P}})\Delta t}{1+(\sigma_{\text{P}z}/2\varepsilon_0\varepsilon_{\text{P}})\Delta t}H_{yz}^{s-1/2}\left(p+\frac{1}{2}, q, r+\frac{1}{2}\right)$$
$$-\frac{\Delta t}{[1+(\sigma_{\text{P}z}/2\varepsilon_0\varepsilon_{\text{P}})\Delta t]\mu_0\mu_{\text{P}}\Delta z}\left[E_x^s\left(p+\frac{1}{2}, q, r+1\right) - E_x^s\left(p+\frac{1}{2}, q, r\right)\right]$$
$$(6.60)$$

$$H_{yx}^{s+1/2}\left(p+\frac{1}{2}, q, r+\frac{1}{2}\right) = \frac{1-(\sigma_{\text{P}x}/2\varepsilon_0\varepsilon_{\text{P}})\Delta t}{1+(\sigma_{\text{P}x}/2\varepsilon_0\varepsilon_{\text{P}})\Delta t}H_{yx}^{s-1/2}\left(p+\frac{1}{2}, q, r+\frac{1}{2}\right)$$
$$+\frac{\Delta t}{[1+(\sigma_{\text{P}x}/2\varepsilon_0\varepsilon_{\text{P}})\Delta t]\mu_0\mu_{\text{P}}\Delta x}\left[E_z^s\left(p+1, q, r+\frac{1}{2}\right) - E_z^s\left(p, q, r+\frac{1}{2}\right)\right]$$
$$(6.61)$$

$$H_{zx}^{s+1/2}\left(p+\frac{1}{2}, q+\frac{1}{2}, r\right) = \frac{1-(\sigma_{\text{P}x}/2\varepsilon_0\varepsilon_{\text{P}})\Delta t}{1+(\sigma_{\text{P}x}/2\varepsilon_0\varepsilon_{\text{P}})\Delta t}H_{zx}^{s-1/2}\left(p+\frac{1}{2}, q+\frac{1}{2}, r\right)$$
$$-\frac{\Delta t}{[1+(\sigma_{\text{P}x}/2\varepsilon_0\varepsilon_{\text{P}})\Delta t]\mu_0\mu_{\text{P}}\Delta x}\left[E_y^s\left(p+1, q+\frac{1}{2}, r\right) - E_y^s\left(p, q+\frac{1}{2}, r\right)\right]$$
$$(6.62)$$

$$H_{zy}^{s+1/2}\left(p+\frac{1}{2}, q+\frac{1}{2}, r\right) = \frac{1-(\sigma_{?y}/2\varepsilon_0\varepsilon_{\text{P}})\Delta t}{1+(\sigma_{?y}/2\varepsilon_0\varepsilon_{\text{P}})\Delta t}H_{zy}^{s-1/2}\left(p+\frac{1}{2}, q+\frac{1}{2}, r\right)$$
$$+\frac{\Delta t}{[1+(\sigma_{\text{P}y}/2\varepsilon_0\varepsilon_{\text{P}})\Delta t]\mu_0\mu_{\text{P}}\Delta y}\left[E_x^s\left(p+\frac{1}{2}, q+1, r\right) - E_x^s\left(p+\frac{1}{2}, q, r\right)\right]$$
$$(6.63)$$

一方，電界成分に対する差分式は，次のように書ける．

$$E_{xy}^{s+1}\left(p+\frac{1}{2},q,r\right) = \frac{1-(\sigma_{\mathrm{P}y}/2\varepsilon_0\varepsilon_{\mathrm{P}})\Delta t}{1+(\sigma_{\mathrm{P}y}/2\varepsilon_0\varepsilon_{\mathrm{P}})\Delta t}E_{xy}^s\left(p+\frac{1}{2},q,r\right)$$
$$+\frac{\Delta t}{[1+(\sigma_{\mathrm{P}y}/2\varepsilon_0\varepsilon_{\mathrm{P}})\Delta t]\varepsilon_0\varepsilon_{\mathrm{P}}\Delta y}$$
$$\times\left[H_z^{s+1/2}\left(p+\frac{1}{2},q+\frac{1}{2},r\right)-H_z^{s+1/2}\left(p+\frac{1}{2},q-\frac{1}{2},r\right)\right] \quad (6.64)$$

$$E_{xz}^{s+1}\left(p+\frac{1}{2},q,r\right) = \frac{1-(\sigma_{\mathrm{P}z}/2\varepsilon_0\varepsilon_{\mathrm{P}})\Delta t}{1+(\sigma_{\mathrm{P}z}/2\varepsilon_0\varepsilon_{\mathrm{P}})\Delta t}E_{xz}^s\left(p+\frac{1}{2},q,r\right)$$
$$-\frac{\Delta t}{[1+(\sigma_{\mathrm{P}z}/2\varepsilon_0\varepsilon_{\mathrm{P}})\Delta t]\varepsilon_0\varepsilon_{\mathrm{P}}\Delta z}$$
$$\times\left[H_y^{s+1/2}\left(p+\frac{1}{2},q,r+\frac{1}{2}\right)-H_y^{s+1/2}\left(p+\frac{1}{2},q,r-\frac{1}{2}\right)\right] \quad (6.65)$$

$$E_{yz}^{s+1}\left(p,q+\frac{1}{2},r\right) = \frac{1-(\sigma_{\mathrm{P}z}/2\varepsilon_0\varepsilon_{\mathrm{P}})\Delta t}{1+(\sigma_{\mathrm{P}z}/2\varepsilon_0\varepsilon_{\mathrm{P}})\Delta t}E_{yz}^s\left(p,q+\frac{1}{2},r\right)$$
$$+\frac{\Delta t}{[1+(\sigma_{\mathrm{P}z}/2\varepsilon_0\varepsilon_{\mathrm{P}})\Delta t]\varepsilon_0\varepsilon_{\mathrm{P}}\Delta z}$$
$$\times\left[H_x^{s+1/2}\left(p,q+\frac{1}{2},r+\frac{1}{2}\right)-H_x^{s+1/2}\left(p,q+\frac{1}{2},r-\frac{1}{2}\right)\right] \quad (6.66)$$

$$E_{yx}^{s+1}\left(p,q+\frac{1}{2},r\right) = \frac{1-(\sigma_{\mathrm{P}x}/2\varepsilon_0\varepsilon_{\mathrm{P}})\Delta t}{1+(\sigma_{\mathrm{P}x}/2\varepsilon_0\varepsilon_{\mathrm{P}})\Delta t}E_{yx}^s\left(p,q+\frac{1}{2},r\right)$$
$$-\frac{\Delta t}{[1+(\sigma_{\mathrm{P}x}/2\varepsilon_0\varepsilon_{\mathrm{P}})\Delta t]\varepsilon_0\varepsilon_{\mathrm{P}}\Delta x}$$
$$\times\left[H_z^{s+1/2}\left(p+\frac{1}{2},q+\frac{1}{2},r\right)-H_z^{s+1/2}\left(p-\frac{1}{2},q+\frac{1}{2},r\right)\right] \quad (6.67)$$

$$E_{zx}^{s+1}\left(p,q,r+\frac{1}{2}\right) = \frac{1-(\sigma_{\mathrm{P}x}/2\varepsilon_0\varepsilon_{\mathrm{P}})\Delta t}{1+(\sigma_{\mathrm{P}x}/2\varepsilon_0\varepsilon_{\mathrm{P}})\Delta t}E_{zx}^s\left(p,q,r+\frac{1}{2}\right)$$
$$+\frac{\Delta t}{[1+(\sigma_{\mathrm{P}x}/2\varepsilon_0\varepsilon_{\mathrm{P}})\Delta t]\varepsilon_0\varepsilon_{\mathrm{P}}\Delta x}$$
$$\times\left[H_y^{s+1/2}\left(p+\frac{1}{2},q,r+\frac{1}{2}\right)-H_y^{s+1/2}\left(p-\frac{1}{2},q,r+\frac{1}{2}\right)\right] \quad (6.68)$$

$$E_{zy}^{s+1}\left(p,q,r+\frac{1}{2}\right) = \frac{1-(\sigma_{\mathrm{P}y}/2\varepsilon_0\varepsilon_{\mathrm{P}})\Delta t}{1+(\sigma_{\mathrm{P}y}/2\varepsilon_0\varepsilon_{\mathrm{P}})\Delta t}E_{zy}^s\left(p,q,r+\frac{1}{2}\right)$$

$$-\frac{\Delta t}{[1+(\sigma_{Py}/2\varepsilon_0\varepsilon_P)\Delta t]\varepsilon_0\varepsilon_P\Delta y}$$
$$\times\left[H_x^{s+1/2}\left(p,q+\frac{1}{2},r+\frac{1}{2}\right)-H_x^{s+1/2}\left(p,q-\frac{1}{2},r+\frac{1}{2}\right)\right] \quad (6.69)$$

ここで，式 (6.58)～(6.69) における ε_P と σ_{Pj} $(j=x,y,z)$ の指数は，左辺の電磁界成分の指数と同じである．磁界では式 (6.58, 60, 62)，式 (6.59, 61, 63)，電界では式 (6.64, 66, 68)，式 (6.65, 67, 69) の各組内が，$x\cdot y\cdot z$ に関する循環式となっている．

● 6.8 FDTD 法における付帯事項

本節では，FDTD 法を具体的に運用する上での付帯事項として，解の安定化条件，入射波源，不連続面での境界条件などを説明する．

6.8.1 時空間ステップに対する解の安定化条件
(a) セルサイズ

FDTD 法では，対象とする領域での電磁波の最短波長を λ とすると，標本間隔を $\lambda/2$ 以下に設定する必要がある．実用上は，セルサイズを $\lambda/10$ 以下に設定している．

誘電体（屈折率 n）内部では，波長が λ_0/n となり，自由空間波長 λ_0 よりも短くなる．そのため，特に屈折率の大きな媒質を対象とするときは，セルサイズを自由空間よりも屈折率分だけ短く設定する必要がある．

(b) 時間ステップ

3 次元光導波構造の電磁界解析を FDTD 法で行う場合，解の安定化のためには，時間ステップ Δt の最大値が，必ず次式を満たすように設定する必要がある [6-2]．

$$\Delta t \leq \frac{n_{\min}}{c}\frac{1}{\sqrt{(\Delta x)^{-2}+(\Delta y)^{-2}+(\Delta z)^{-2}}} \quad (6.70)$$

ここで，Δx, Δy, Δz はセルサイズ，$n_{\min}$ は対象とする媒質中の最小屈折率，c は真空中の光速である．式 (6.70) は**クーランの条件**とよばれ，この安定化条件をわずかでもずれると，解が不安定となる．

実際の計算では，波長を基準としてまずセルサイズを決め，次に式 (6.70) を満たすように時間ステップを設定する．2 次元以下の問題では，式 (6.70) でその方向のセルサイズだけを省略する．

6.8.2 入射波源

導波構造内における電磁界の伝搬の様子を求めるには，まず解析対象に初期条件として電磁界を励振する必要がある．これには連続波（通常は平面波）とパルスが用いられ，目的に応じて使い分けられている．

(a) 平面波入射

y 方向に均一な 2 次元媒質（屈折率 n）中を，(x,z) 面内で z 軸と角度 θ をなす平面波が伝搬するものとする．TE モードを想定し，入射波は角周波数 ω で振動しているとすると，平面波の複素振幅は次式で表せる．

$$E_y = A \exp\{i[\omega t - (k_x x + k_z z)]\} \tag{6.71a}$$

$$k_x = nk_0 \sin\theta, \qquad k_z = nk_0 \cos\theta \tag{6.71b}$$

ただし，A は振幅，k_x と k_z は媒質中での x，z 方向の波数成分，$k_0 = \omega/c$ は真空中の波数，c は真空中の光速である．

(b) パルス入射

パルスは光短パルスの伝搬を調べる場合，あるいは多くの周波数成分を含むので，フォトニック結晶などの周波数特性を求める場合に有用である．これらの場合，たとえば，次に示すガウス形パルスを用いることができる．

$$S(s\Delta t) = A \exp\left[-\left(\frac{s\Delta t - \tau_\mathrm{w}}{\tau_\mathrm{w}}\right)^2\right] \tag{6.72}$$

ただし，A は振幅，τ_w はパルス幅に関係したパラメータ，Δt は時間ステップ，s は整数である．

平面波・パルス入射のいずれの場合も，FDTD 用プログラムで波源を設定する際には，波源の位置 $(p, q+1/2, r)$ で電界成分 E_y を，

$$E_y^s\left(p, q+\frac{1}{2}, r\right) = E_y^s\left(p, q+\frac{1}{2}, r\right) + S(s\Delta t) \tag{6.73}$$

のようにおき，電磁界変化と励振源の変化を分離して考える．

6.8.3 不連続面での境界条件

本項では，媒質の比誘電率 ε がある境界面で不連続となっている場合の扱い方を説明する．

誘電体や半導体では，比誘電率の変化に着目することが多い．そこで，微分表示のアンペールの法則［式 (6.2b)］の両辺を面積分した後，右辺にストーク

スの定理を適用すると，積分表示の式

$$\frac{\partial}{\partial t}\int \varepsilon_0 \varepsilon \boldsymbol{E} \cdot d\boldsymbol{S} = \int (\nabla \times \boldsymbol{H}) \cdot d\boldsymbol{S} = \oint \boldsymbol{H} \cdot d\boldsymbol{l} \qquad (6.74)$$

を得る．ここで，$d\boldsymbol{S}$ は面積分，$d\boldsymbol{l}$ は $d\boldsymbol{S}$ が対象とする領域の周辺に関する周回積分を表す．

式 (6.74) を適用する際，媒質の境界面を電界の標本点上にとって，比誘電率が不連続な境界を設定する（図 6.10）．図の比誘電率の値を式 (6.74) の左辺に代入し，1 セルについての積分値を求めると，

$$\Delta x \Delta z \left(\frac{3\varepsilon_1 + \varepsilon_2}{4}\right)\varepsilon_0 E_y \qquad (6.75)$$

を得る．式 (6.75) の ( ) 内に着目すると，不連続な比誘電率 ε を有する境界部分では，セル内の面積比で平均化した比誘電率

$$\varepsilon_{\mathrm{av}} = \frac{3\varepsilon_1 + \varepsilon_2}{4} \qquad (6.76)$$

を使用すればよいことがわかる．

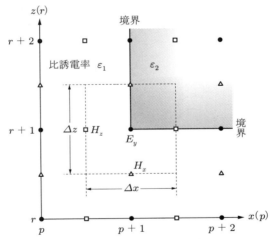

図 6.10 比誘電率 ε が不連続な部分での境界条件

6.9 FDTD 法の周期構造への適用

周期構造をもつフォトニック結晶やフォトニック結晶ファイバでの電磁界解

析は,平面波展開法(8章参照)でも行われているが,FDTD法もよく使用されているので [6–11, 6–12],本節ではその概要を説明する.

周期構造をもつ媒質における電磁界ではブロッホの定理が成り立ち,それは

$$\Psi(r+a_j,t)=\exp(i\boldsymbol{k}\cdot\boldsymbol{a}_j)\Psi(r,t) \quad :\Psi=E,H \quad (6.77)$$

で記述される(付録F.1参照).ただし,$\boldsymbol{a}_j$ ($j=1\sim3$) は周期に関する基本空間格子ベクトル(付録F.2参照),$\boldsymbol{k}$ は第1ブリュアンゾーンでの波数ベクトル,$\boldsymbol{r}$ は3次元位置ベクトルを表す.たとえば,周期構造が x–y 面内だけにあり,$\boldsymbol{a}_1=(\Lambda,0)$,$\boldsymbol{k}=(k_x,k_y)$ とする.電界を $E(x,y,z,t)=E^s(p,q,r)$,単位格子内の x 方向指数が $1\leqq p\leqq M$ にあるとすると,x 方向に l_1 周期分ずれた部分の電界は $E^s(l_1M+p,q,r)=\exp(ik_xl_1\Lambda)E^s(p,q,r)$ で表せる.

周期構造に対するFDTD法では,通常の電磁界の差分化とPML吸収境界条件に加えて,上記ブロッホの定理を適用する.**図6.11**は周期構造をもつ媒質の単位格子の一例を示したものである.z 方向には無限媒質,x–y 面内で周期構造をなすとする.z 方向の上下面で吸収境界条件を使用し,x–y 面内でブロッホの周期境界条件を適用する.

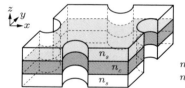

n_c:コア屈折率
n_s:基板屈折率

図は単位格子を表す.網掛け部分は高屈折率のコア領域.四方の半円柱は空孔の一部で,x–y 面内の周期性により円筒形空孔となる.これは,図4.4(b)のスラブ型フォトニック結晶で空孔が正方格子配列の場合に相当する.

図6.11 FDTD法の周期構造への適用(一例)

周期構造での電磁界の計算手順は,次のとおりである.
(i) 比誘電率の空間分布を設定する.
(ii) 電磁界成分に対する初期条件の設定:電界を $t=0$ で,磁界を $t=(1/2)\Delta t$ で設定する(Δt:時間ステップ).
(iii) 時間ステップの設定:クーランの条件式 (6.70) を満たすようにする.
(iv) 各時間ステップ(整数指数)での電界の計算:全空間座標に対する電界成分を,吸収境界条件も考慮して求め,電界分布を記録する.
(v) 電界成分に対する周期境界条件を適用する.

(vi) 各時間ステップ（半整数指数）での磁界の計算：全空間座標に対する磁界成分を，吸収境界条件も考慮して求め，磁界分布を記録する．
(vii) 磁界成分に対する周期境界条件を適用する．

以上の項目の作業を時空間に対して繰り返す．

分散曲線を求める場合には，波数ベクトル k を固定して，まず光短パルス（広い周波数幅をもつ）を強制励振する．各時間ステップで記録した電磁界分布を時間についてフーリエ変換して，スペクトルを求める．そして，各波数ベクトルに対するピーク周波数 ω のデータから，分散曲線を描く．第1ブリュアンゾーンに関する分散曲線の計算では，FDTD法による計算時間のほうが平面波展開法より短いことが報告されている [6–13]．

● 6.10 FDTD 法の応用

FDTD法は，図6.1に示したように，従来型光導波路だけでなく，フォトニック結晶やフォトニック結晶ファイバの電磁界解析にも供されている．

FDTD法は，平行導波路や交差導波路 [6–14]，屈折率差の大きい90°曲がり導波路，T字型導波路（図6.1(b)参照），十字型導波路（図6.1(c)参照）などの光導波路 [6–15] や各種構造の光導波路の電磁界解析に応用されている [6–16]．また，FDTD法で時間領域の電磁界解析が行えることを利用して，光非線形媒質中における超短光パルスの伝搬解析が行われている [6–17]．

FDTD法は，フォトニック結晶のフォトニックバンド構造や透過率の計算によく利用されている．初期には，フォトニックバンドギャップが生じる条件が，面心立方格子やダイヤモンド格子で数値的に求められた [6–11]．これはまた，フォトニック結晶で90°曲がりを形成した場合，放射なく導波されることを明らかにしている [6–18]．

図6.12は，FDTD法で計算した，フォトニック結晶でできた光導波路の直角曲がり部分における光波伝搬の様子を表す．光波が下方から入射し，直角曲がりの右側に伝搬している様子がよくわかる．

FDTD法は，さまざまな断面構造を有するフォトニック結晶ファイバの複素屈折率を求めたり [6–19]，ベクトル的扱いで三角格子配列のホーリーファイバの複素屈折率を求めたりするのにも利用されている [6–20]．

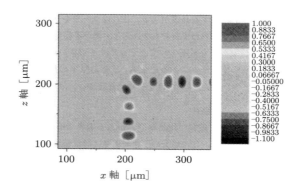

図 6.12 フォトニック結晶の直角曲がりでの光波伝搬の様子
（光波は下側から入射して右上に伝搬）

7章 ビーム伝搬法

本章では，光波の伝搬方向に対して形状や屈折率分布などの導波構造が変化している場合に，電磁界を数値的に求めることができるビーム伝搬法を紹介する．そのうち，近年有用性が増している有限差分ビーム伝搬法を取り上げ，説明する．また，光導波路や光ファイバ中の光短パルスの時間発展にも対応できる，時間領域ビーム伝搬法も扱う．

まず，ビーム伝搬法の基本アルゴリズムを，光軸と比較的近い方向に伝搬する光波に対して計算精度がよいフレネル近似での基本式を用いて説明する．基本アルゴリズムの紹介は2次元光導波路の場合に限定し，3次元光導波路への適用は最終段階で差分式の結果のみを与えることにする．後半では，光軸からずれた幅広い伝搬角度に対しても精度が保証される，パデ近似を用いた広角解析と，時間領域への拡張を紹介する．

● 7.1 ビーム伝搬法の概要

近年，光導波路において，光波伝搬方向の構造変化にも対応できる電磁界解析法の重要性が増している．このような，形状や屈折率分布などの導波路構造が，断面内のみならず，光波の伝搬方向に対しても緩やかに変化している場合に，電磁界を数値的に求めるのに威力を発揮する方法が**ビーム伝搬法**（BPM: beam propagation method）である．

ビーム伝搬法として，①伝搬方向の変化を線形空間伝搬効果と非線形屈折率の効果に分離し，1ステップごとの計算に高速フーリエ変換（FFT: fast Fourier transform）を用いる FFT–BPM [7–1, 7–2]，②微分に対して差分近似を利用する**有限差分ビーム伝搬法**（**FD–BPM**, FD: finite difference）[7–3, 7–4]，③有限要素法を併用した FE–BPM（FE: finite element）[7–5] などが開発されている．これら3つの手法のうち，計算時間，プログラミングの容易さ，適用条

件への制約などの観点から [7–6]，現在では有限差分ビーム伝搬法が主として用いられている．

　非線形光学や光通信など，光短パルスを扱う分野が多くなっているので，ビーム伝搬法が時間領域でも使用できるように工夫されている．その例として，時間領域ビーム伝搬法 [7–7]，あるいは有限要素法を併用したビーム伝搬法（FETD–BPM）などがある．FETD–BPM については，有限要素法の技術的比重が高いので，5.6 節で述べた．

　ビーム伝搬法の特徴を次に示す．

（ⅰ）導波構造が光の伝搬方向に対して緩やかに変化している場合に，電磁界を求めるのに利用でき，コーディングが比較的簡単である．

（ⅱ）解析領域が有限範囲であることにともなって発生する，非物理的な反射波を除去するため，透明境界条件を使用することが不可欠である．

（ⅲ）この方法では反射を反映できないので，屈折率変化の大きい媒質中，あるいは回折格子やフォトニック結晶など，反射を考慮する必要がある場合には使用できない（BPM で反射を考慮する試みもある）．これらを対象とする際は，FDTD 法や転送行列法など，他の数値解析法が利用される．

（ⅳ）開発当初は定常的な場合に対してのみ適用できたが，その後，時間変化がある場合にも拡張されつつある（7.9 節参照）．

　ビーム伝搬法の適用領域を次に示す．

（ⅰ）上記（ⅰ）に対応した各種不均一構造光導波路の伝搬解析ができる（後掲の図 7.1 を参照）．

（ⅱ）光ソリトンのように，高い光パワにより屈折率が伝搬中に変化する光短パルスの解析など，光非線形効果をともなう光パルス伝搬にも適用が可能である．

　図 7.1 に，ビーム伝搬法が適用できる 2 次元不均一光導波路の例を示す．図 (a) に示すように，たとえコア幅が一定であっても，傾斜している傾斜直線導波路は不均一光導波路となる．図 (b) の Y 分岐導波路（branching waveguide）は光波の分岐や合波に用いる．光路変換のためには，一定の曲率で曲がっている曲がり導波路（curved waveguide）が必要となる．曲げ中心に対して曲がり部が 90° あるものを 2 つ利用すると，S 字曲がり導波路（図 (c)）による光路の平行移動や，U 字形の方向変換ができる．径の異なる導波路の結合には，導波路幅が徐々に変化するテーパ導波路（tapered waveguide，図 (d)）を利用する

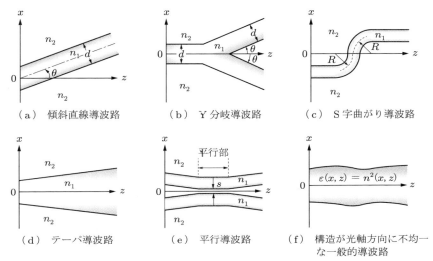

図 7.1　2 次元不均一光導波路の例

(a) 傾斜直線導波路
(b) Y 分岐導波路
(c) S 字曲がり導波路
(d) テーパ導波路
(e) 平行導波路
(f) 構造が光軸方向に不均一な一般的導波路

$n_1(n_2)$：コア（クラッド）屈折率，n：屈折率，ε：比誘電率，z 軸が光波の主たる伝搬方向

が，単一モード条件が両端で異なることに注意を要する．図 (e) は導波路間で相互作用を生じさせるために，複数のコア領域を近接させた平行導波路（parallel waveguides）で，間隔 s は波長オーダの距離である．図 (f) は光非線形導波路を含む，一般的な不均一光導波路を表す．

上記のように，差分近似を利用する有限差分ビーム伝搬法は，内容が理解しやすく，プログラミングが容易である．そのため，市販ソフトウェアの多くがこの手法を採用しているので，本書でも FD–BPM を説明する．FD–BPM は他書でも取り上げられており [7–8, 7–9]，また解説論文 [7–10] もある．

7.2　3 次元での波動方程式の一般形

ここでは，対象媒質を等方性・非磁性（比透磁率 $\mu = 1$），無損失（電流密度 $\boldsymbol{J} = 0$，電荷密度 $\rho = 0$）とする．光導波路の構造が 3 次元で変化しており，比誘電率 ε が空間のみに依存して変化するとして $\varepsilon(\boldsymbol{r}) = n^2(\boldsymbol{r})$ で記述する．ただし，n は屈折率，$\boldsymbol{r}$ は 3 次元空間ベクトルを表す．

マクスウェル方程式に式 (2.4a, b) を適用し，ファラデーの法則 [式 (2.1a)] の両辺の rot，つまり $\nabla \times$ をとり，アンペールの法則 [式 (2.1b)] の両辺を t で微分して，両式から磁界 $\boldsymbol{H}$ を消去すると，電界 $\boldsymbol{E}$ に関する波動方程式

を得る．ただし，c は真空中の光速を表す．ここで，ベクトル公式 $\mathrm{rot\,rot} = \mathrm{grad\,div} - \nabla^2$ を用いて，次式を得る．

$$\frac{1}{\varepsilon(\boldsymbol{r})}\left[\mathrm{grad\ div} - \nabla^2\right]\boldsymbol{E}(\boldsymbol{r},t) + \frac{1}{c^2}\frac{\partial^2 \boldsymbol{E}(\boldsymbol{r},t)}{\partial t^2} = 0 \tag{7.2}$$

$$\nabla^2 = \frac{\partial^2}{\partial x^2} + \frac{\partial^2}{\partial y^2} + \frac{\partial^2}{\partial z^2}$$

いま，角周波数を ω として，電界の時間変動因子を $\exp(i\omega t)$ にとると，式 (7.2) から，次式が導ける．

$$\frac{1}{\varepsilon(\boldsymbol{r})}\left[\mathrm{grad\ div} - \nabla^2\right]\boldsymbol{E}(\boldsymbol{r}) - k_0^2 \boldsymbol{E}(\boldsymbol{r}) = 0 \tag{7.3}$$

ただし，$k_0 = \omega/c$ は真空中の波数である．ここで，grad div をデカルト座標系での成分で表すと，次式で書ける．

$$\mathrm{grad\,div}\,\boldsymbol{E}(\boldsymbol{r}) = \boldsymbol{i}\frac{\partial}{\partial x}\left(\frac{\partial E_x}{\partial x} + \frac{\partial E_y}{\partial y} + \frac{\partial E_z}{\partial z}\right) + \boldsymbol{j}\frac{\partial}{\partial y}\left(\frac{\partial E_x}{\partial x} + \frac{\partial E_y}{\partial y} + \frac{\partial E_z}{\partial z}\right)$$

$$+ \boldsymbol{k}\frac{\partial}{\partial z}\left(\frac{\partial E_x}{\partial x} + \frac{\partial E_y}{\partial y} + \frac{\partial E_z}{\partial z}\right) \tag{7.4}$$

ただし，$\boldsymbol{i}, \boldsymbol{j}, \boldsymbol{k}$ はデカルト座標系での x, y, z 方向の単位ベクトルである．式 (7.4) を式 (7.3) に適用することにより，3次元での波動方程式が得られる．各ベクトル成分から得られる3つの式では各電界成分が混合しているので，式 (7.3) はベクトル波動方程式となっている．

次に，式 (2.1b) の両辺を $\varepsilon(\boldsymbol{r})$ で割った後に rot を作用させた式と，式 (2.1a) の両辺を t で微分した式より電界 $\boldsymbol{E}$ を消去すると，式 (7.2) と式 (7.3) に対応する，磁界 $\boldsymbol{H}$ に関する波動方程式を，

$$\nabla \times \left[\frac{1}{\varepsilon(\boldsymbol{r})}\nabla \times \boldsymbol{H}(\boldsymbol{r},t)\right] + \frac{1}{c^2}\frac{\partial^2 \boldsymbol{H}(\boldsymbol{r},t)}{\partial t^2} = 0 \tag{7.5}$$

$$\nabla \times \left[\frac{1}{\varepsilon(\boldsymbol{r})}\nabla \times \boldsymbol{H}(\boldsymbol{r})\right] - k_0^2 \boldsymbol{H}(\boldsymbol{r}) = 0 \tag{7.6}$$

で得る．これも3次元でのベクトル波動方程式となっている．

式 (7.3), (7.5) は，比誘電率 $\varepsilon(\boldsymbol{r})$ が空間座標のみに依存する，3次元の一般的な場合に適用できる．

7.3 有限差分ビーム伝搬法（FD–BPM）での波動方程式：スラブ光導波路

本節では，誘電体を対象として，わかりやすいスラブ光導波路に対する有限差分ビーム伝搬法での表現を説明する．

7.3.1 FD–BPM における TE・TM モードに対する基本式

3 次元の波動方程式 (7.2), (7.5) は一般的すぎて複雑である．そこで，FD–BPM の手順を理解しやすくするため，もう少し簡単な場合で考える．y 方向の構造変化が他の 2 方向に比べて緩やかである，あるいは構造が y 方向に対して均一である（$\partial/\partial y = 0$）と仮定し，比誘電率分布を $\varepsilon(x,z) = n^2(x,z)$ で表す．この場合，式 (6.3a〜f) で時間因子を $\exp(i\omega t)$, $\sigma = 0$ とした式が成立する．

TE モードの場合，電界の式 (7.3) の y 成分，あるいは式 (6.3e), (7.8) から，E_y 成分に対するスカラー波動方程式が，次式で得られる．

$$\frac{\partial^2 E_y(x,z)}{\partial x^2} + \frac{\partial^2 E_y(x,z)}{\partial z^2} + \varepsilon(x,z)k_0^2 E_y(x,z) = 0 \quad : \text{TE モード} \quad (7.7)$$

ただし，k_0 は真空中の波数である．式 (6.3a, c) より，他の非零電磁界成分は，

$$H_x = -\frac{i}{\omega\mu_0}\frac{\partial E_y}{\partial z}, \qquad H_z = \frac{i}{\omega\mu_0}\frac{\partial E_y}{\partial x} \quad (7.8)$$

のように，電界成分 E_y の関数として表せる．ただし，μ_0 は真空の透磁率である．また，$E_x = E_z = H_y = 0$ となる．

次に，TM モードの場合，磁界の式 (7.6) の y 成分，あるいは式 (6.3b), (7.10) から，H_y 成分に対する波動方程式が次式で得られる．

$$\frac{\partial}{\partial x}\left[\frac{1}{\varepsilon(x,z)}\frac{\partial H_y(x,z)}{\partial x}\right] + \frac{\partial}{\partial z}\left[\frac{1}{\varepsilon(x,z)}\frac{\partial H_y(x,z)}{\partial z}\right] + k_0^2 H_y(x,z) = 0$$
$$: \text{TM モード} \quad (7.9)$$

式 (7.9) では，TE モードと異なり，比誘電率の空間座標に関する偏微分が含まれている．TM モードでの非零電磁界成分は，式 (6.3d, f) を用いて，次式で関係づけられる．

$$E_x = \frac{i}{\omega\varepsilon_0\varepsilon(x,z)}\frac{\partial H_y}{\partial z}, \qquad E_z = -\frac{i}{\omega\varepsilon_0\varepsilon(x,z)}\frac{\partial H_y}{\partial x} \quad (7.10)$$

また，$E_y = H_x = H_z = 0$ である．ただし，ε_0 は真空の誘電率である．

以下では，TE モードの場合について詳しく説明し，TM モードについては

7.8 節で述べる．

7.3.2 ビーム伝搬法での基本式：空間変動のみの場合

光波の主たる伝搬方向を z 軸にとる．z 方向に対しても導波路構造が変化する場合，厳密にはこの方向に伝搬定数が存在しない．しかし，光波の伝搬方向に対する構造変化が緩やかなときには，次に説明するように，電磁界を近似して扱える．

上記の構造中での電磁界 Ψ を考える際，解析対象の平均的な導波構造の振る舞いと，それからの緩やかなずれに分離する（図 7.2）．平均的な導波構造に対する伝搬定数を β_e と設定すると，電磁界 Ψ は次のようにおける．

$$\Psi(x,z) = \phi(x,z)\exp(-i\beta_e z) \quad : \Psi(x,z) = E_y, H_y \tag{7.11}$$
$$\beta_e = n_{\text{eff}} k_0 \tag{7.12}$$

ここで，n_{eff} は**参照屈折率**または**等価屈折率**とよばれ，これは平均的導波構造に対するものである．$\exp(-i\beta_e z)$ は平均的な導波構造の特性で，波長オーダの距離で変動する関数である．一方，$\phi(x,z)$ は z に対して緩やかに変動する関数で，包絡線に相当する．このように，変化の激しい成分を無視して扱う方法を**包絡線近似**という．

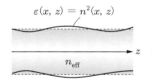
(a) 構造変化のある導波路（実線）と平均的な導波構造（破線，屈折率 n_{eff}）

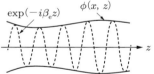
(b) 包絡線近似での波動関数

β_e：平均的な導波構造に対する伝搬定数
$\beta_e = n_{\text{eff}} k_0$
k_0：真空中の波数
$\phi(x,z)$：緩やかな変動関数

図 7.2 包絡線近似（z 方向の構造変化が緩やかな場合）

式 (7.11) を TE モードに対する式 (7.7) に代入すると，緩やかな変動関数 $\phi(x,z)$ に対する波動方程式が次式で得られる．

$$\frac{\partial^2 \phi}{\partial x^2} + \frac{\partial^2 \phi}{\partial z^2} - 2i\beta_e \frac{\partial \phi}{\partial z} + [n^2(x,z) - n_{\text{eff}}^2]k_0^2 \phi = 0 \quad : \text{TE モード} \tag{7.13}$$

この式の左辺第 2, 3 項は，伝搬方向の構造変化を反映したものである．

式 (7.13) で損失項を付加するため，マクスウェル方程式で $\boldsymbol{J} = \sigma \boldsymbol{E}$（$\sigma$：電気伝導度）とすると，緩やかな変動関数 $\phi(x,z)$ に対する微分方程式が，

7.3 有限差分ビーム伝搬法 (FD–BPM) での波動方程式：スラブ光導波路

$$\frac{\partial \phi}{\partial z} \fallingdotseq -i \frac{1}{2n_{\text{eff}}k_0} \left(\frac{\partial^2 \phi}{\partial x^2} + \frac{\partial^2 \phi}{\partial z^2} \right) - \frac{\alpha_{\text{I}}}{2} \phi - i \frac{k_0}{2n_{\text{eff}}} [n^2(x,z) - n_{\text{eff}}^2] \phi$$
$$: \text{TE モード} \quad (7.14)$$

で表せる．ただし，$\alpha_{\text{I}} = \omega\mu_0\sigma/\beta_{\text{e}}$ は単位距離あたりの光強度損失係数を表す．

スラブ光導波路の場合，あるいは 3 次元光導波路に対して等価屈折率法を適用して，3 次元光導波路をそれと等価なスラブ光導波路に置換した場合のいずれでも，式 (7.13) は次式で書ける．

$$\frac{\partial^2 \phi}{\partial x^2} + [n^2(x,z) - n_{\text{eff}}^2]k_0^2\phi = 2i\beta_{\text{e}}\frac{\partial \phi}{\partial z} - \frac{\partial^2 \phi}{\partial z^2} \quad \begin{pmatrix} \text{TE モード} \\ \text{広角解析} \end{pmatrix} \quad (7.15)$$

式 (7.15) をそのまま用いて解析すると，z 軸と傾いた幅広い角度方向への光波伝搬でも計算精度がよいので，これは**広角** (wide angle) **解析**とよばれる．

ここで，式 (7.15) の右辺 2 項の大小関係を調べる．これらを比較すると，

$$4\pi n_{\text{eff}} \left| \frac{i}{\lambda_0} \frac{\partial \phi}{\partial z} \right| \gg \left| \frac{\partial}{\partial z} \left(\frac{\partial \phi}{\partial z} \right) \right|$$

となる．仮定により $\phi(x,z)$ は波長 (λ_0) オーダの距離で緩やかに変動する関数であり，等価屈折率 n_{eff} は 1 のオーダである．よって，式 (7.15) 右辺で $\partial^2\phi/\partial z^2$ のほうが小さい値となり，無視でき得る．

式 (7.15) で右辺第 2 項を無視すると ($\partial^2\phi/\partial z^2 = 0$)，次の近似式が得られる．

$$\frac{\partial^2 \phi}{\partial x^2} + [n^2(x,z) - n_{\text{eff}}^2]k_0^2\phi \fallingdotseq 2i\beta_{\text{e}}\frac{\partial \phi}{\partial z} \quad \begin{pmatrix} \text{TE モード} \\ \text{フレネル近似} \end{pmatrix} \quad (7.16)$$

この近似を**フレネル近似** (Fresnel approximation) または**近軸光線近似** (paraxial ray approximation) という．

フレネル近似を用いると，次の場合に誤差が増加する．
(i) 屈折率 $n(x,z)$ の $x \cdot z$ 方向の変動量が大きい場合．
(ii) 光波が z 軸と大きな角度 θ をなす方向に伝搬する場合（図 7.1(a) 参照）．
このような場合には，広角解析が必要となる．

広角解析（7.7 節参照）では，光波が z 軸と傾いた方向に伝搬する場合でも，計算精度がよくなる反面，後述するように計算が煩雑となる．一方，次に説明するフレネル近似では，z 軸と比較的近い方向に伝搬する光波に対しては，適度な計算量で精度も確保できる．

7.4 FD–BPMにおける基本アルゴリズム：スラブ光導波路でのフレネル近似

有限差分ビーム伝搬法（FD–BPM）における差分化の考え方をわかりやすくするため，本節から 7.6 節にかけて，FD–BPM における差分化に関する一連の議論（基本アルゴリズム，透明境界条件，差分式）を行う．

本節では，スラブ光導波路における TE モードに対するフレネル近似での式 (7.16) を出発式として電磁界の差分化を行い，FD–BPM の基礎を固める．FD–BPM では，光導波路の形状や屈折率を，光軸方向とそれに垂直な方向について微小間隔で分割する．入射電磁界を与えた後は，電磁界を光軸に沿って区切られた微小区間ごとに逐次計算し，これを繰り返して光導波路全体の電磁界特性を求める．

7.4.1 差分近似の基礎

電磁界の基本式を差分近似で定式化するため，光導波路を空間座標 (x,z) の 2 方向について微小な格子間隔 Δx, Δz で離散化する（**図 7.3**）．

$$x = p\Delta x, \qquad z = r\Delta z \quad (p, r：整数) \tag{7.17}$$

整数 p, r で指定された点を**格子点**とよぶことにする．格子点における緩やかな変動関数 $\phi(x,z)$ と比誘電率分布 $\varepsilon(x,z)$ を，次のように略記する．

$$\phi(x,z) = \phi(p\Delta x, r\Delta z) = \phi_p^r \tag{7.18a}$$
$$\varepsilon(x,z) = \varepsilon(p\Delta x, r\Delta z) = \varepsilon_p^r \tag{7.18b}$$

以下の定式化では，計算に必要な関数値はすべて格子点で設定すべきことに注意を要する．

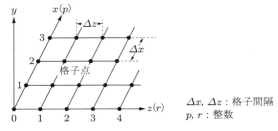

図 7.3 有限差分ビーム伝搬法における格子点（2 次元の場合）

7.4.2 波動方程式の差分化

本章では，関数の微分値を求める際に，中心差分近似（付録 A.2(a) 参照）を採用する．差分式をつくる際の要点は，次のとおりである．
(i) 左右の辺で，差分中心など，差分を定義する設定座標を一致させる．
(ii) すべての $x \cdot z$ 方向の関数値に，値が与えられている格子点でとる．

以下では，スラブ光導波路（構造が y 方向に対して均一と仮定）におけるフレネル近似のもとでの TE モードの波動方程式 (7.16) の差分化を行う．その際，x 方向の解析領域の格子点を $p = 1 \sim M$ とする．式 (7.16) の右辺で，緩やかな変動関数 $\phi(x, z)$ の z 方向偏微分の差分中心を半整数の $r + 1/2$，x 方向の差分中心を整数 p にとる．このとき，

$$2i\beta_\mathrm{e} \left.\frac{\partial \phi}{\partial z}\right|_{\substack{x=p\Delta x \\ z=(r+1/2)\Delta z}} \fallingdotseq 2i\beta_\mathrm{e} \frac{\phi_p^{r+1} - \phi_p^r}{\Delta z} \tag{7.19}$$

のように，変動関数の z 座標を格子点でとることができる．

式 (7.16) の左辺第 1 項でも，差分中心を右辺に一致させると，

$$\left.\frac{\partial^2 \phi}{\partial x^2}\right|_{\substack{x=p\Delta x \\ z=(r+1/2)\Delta z}} = \frac{1}{\Delta x}\left(\left.\frac{\partial \phi}{\partial x}\right|_{\substack{x=(p+1/2)\Delta x \\ z=(r+1/2)\Delta z}} - \left.\frac{\partial \phi}{\partial x}\right|_{\substack{x=(p-1/2)\Delta x \\ z=(r+1/2)\Delta z}}\right)$$

$$= \frac{1}{(\Delta x)^2}\left[\left(\phi_{p+1}^{r+1/2} - \phi_p^{r+1/2}\right) - \left(\phi_p^{r+1/2} - \phi_{p-1}^{r+1/2}\right)\right]$$

$$= \frac{1}{(\Delta x)^2}\left(\phi_{p+1}^{r+1/2} - 2\phi_p^{r+1/2} + \phi_{p-1}^{r+1/2}\right) \tag{7.20}$$

となる．ここで，x 方向の指数は整数であるが，z 方向の指数は半整数 $r + 1/2$ である．関数値 ϕ の値を z 方向でも格子点で表すようにするため，指数を調整するパラメータ α を導入して，両脇の格子点での ϕ_p^{r+1} と ϕ_p^r を $\alpha : (1-\alpha)$ の比で混合することにする．解の安定性評価によれば，$\alpha = 0.5$ とすればよいことがわかっており，

$$\phi_p^{r+1/2} \fallingdotseq \frac{1}{2}\left(\phi_p^{r+1} + \phi_p^r\right) \tag{7.21}$$

と近似する方法は，**クランク・ニコルソン法**（Crank–Nicolson scheme）とよばれている．式 (7.21) を式 (7.20) に適用すると，2 階偏微分が

$$\left.\frac{\partial^2 \phi}{\partial x^2}\right|_{\substack{x=p\Delta x \\ z=(r+1/2)\Delta z}}$$

$$= \frac{1}{2(\Delta x)^2}\left[\left(\phi_{p+1}^{r+1}-2\phi_p^{r+1}+\phi_{p-1}^{r+1}\right)+\left(\phi_{p+1}^r-2\phi_p^r+\phi_{p-1}^r\right)\right] \quad (7.22)$$

と書き表される．

式 (7.16) の左辺第 2 項でも差分中心を右辺に合わせるため，$\phi(x,z)$ に $\phi_p^{r+1/2}$，$\varepsilon(x,z)$ に $\varepsilon_p^{r+1/2}$ を採用した後，調整パラメータを $\alpha = 0.5$ とする．

格子点に関する以上の検討をまとめて，$\alpha = 0.5$ を用いると，波動方程式 (7.16) に対する差分式が，

$$\frac{1}{2}\left[\frac{\phi_{p+1}^r-2\phi_p^r+\phi_{p-1}^r}{(\Delta x)^2}+(\varepsilon_p^r-n_{\text{eff}}^2)k_0^2\phi_p^r\right]$$

$$+\frac{1}{2}\left[\frac{\phi_{p+1}^{r+1}-2\phi_p^{r+1}+\phi_{p-1}^{r+1}}{(\Delta x)^2}+(\varepsilon_p^{r+1}-n_{\text{eff}}^2)k_0^2\phi_p^{r+1}\right]$$

$$=2in_{\text{eff}}k_0\frac{\phi_p^{r+1}-\phi_p^r}{\Delta z} \quad (7.23)$$

で表せる．

式 (7.23) を，次に求めるべき z 方向の格子点 $r+1$ に関する項が左辺にくるように整理し直すと，フレネル近似での差分式が次式で表せる．

$$A(p)\phi_{p-1}^{r+1}+B^{r+1}(p)\phi_p^{r+1}+C(p)\phi_{p+1}^{r+1}=D(p) \quad \begin{pmatrix}\text{TE モード}\\ p=2\sim M-1\end{pmatrix}$$
(7.24a)

$$D(p)\equiv -A(p)\phi_{p-1}^r-B^{r*}(p)\phi_p^r-C(p)\phi_{p+1}^r \quad (7.24\text{b})$$

ここで，$*$ は複素共役を表し，係数 $A(p)$，$B^r(p)$，$C(p)$ を次式で定義している．

$$A(p)=C(p)\equiv -\frac{1}{(\Delta x)^2} \quad (7.25\text{a})$$

$$B^r(p)\equiv \frac{2}{(\Delta x)^2}-(\varepsilon_p^r-n_{\text{eff}}^2)k_0^2+4i\frac{n_{\text{eff}}k_0}{\Delta z} \quad (7.25\text{b})$$

$A(p)\sim D(p)$ は，x 方向格子点 p に依存する，直前の z 方向格子点 r で既知の ϕ^r からなる値である．また，ε_p^r は格子点での比誘電率，$n_{\text{eff}}=\beta_e/k_0$ は参照屈折率，Δx と Δz は $x\cdot z$ 方向の格子間隔，k_0 は真空中の波数である．

式 (7.24a, b) は，光波の伝搬方向に構造変化があるとき，電磁界における緩やかな変動関数 $\phi(x,z)$ を順次求める基本アルゴリズムを表す．このような差分近似を利用する方法を**有限差分ビーム伝搬法**という．

式 (7.24) の基本アルゴリズムの考え方を，図を用いて説明する（**図 7.4**）．参考のため，次節で説明する透明境界条件も同時に示す．まず，$z = r\Delta z$ で，x 方向解析領域内の格子点 p における電界分布 ϕ_p^r $(p = 2 \sim M-1)$ と比誘電率分布 ε_p^r を与えると，式 (7.24a) の右辺が既知となる．そして，左辺で z 方向の次の格子点 $z = (r+1)\Delta z$ における電界分布 ϕ_p^{r+1} を求める式が得られる．このとき，$r+1$ と r での値が，p に関して連続した 3 つの未知数 ϕ_p^r を組とした形で関係づけられている．

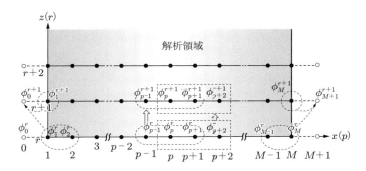

図 7.4　有限差分ビーム伝搬法における計算原理

ところで，解析領域で z 方向格子点 r を固定したとき，ϕ_p^r に関する未知数が $p = 1 \sim M$ の M 個であるのに対して，式 (7.24a, b) で与えられる方程式の数は $M-2$ 個である．つまり，条件式が 2 個不足している．この不足分は，次節で説明する透明境界条件によって補われる．

7.5　透明境界条件

光導波路における電磁界は，コアのみならずクラッドにも広がっている．一方，コンピュータの記憶容量には制限があるため，FD–BPM での解析領域を有限にせざるをえない．このような有限領域で電磁界を計算すると，解析・非解析領域の境界面で発生した，物理的起源をともなわない反射波がコア近傍にまで影響を及ぼし，計算誤差の要因となる．したがって，補うべき 2 条件は，この反射波の除去という要請を満たす必要がある．これらを透明境界条件といい [7–11]，本節で説明する．

7.5.1 解析領域の左端での条件

解析領域の両端で反射波が生じない条件を考えるため，主たる伝搬方向である z 方向格子点 r に固定した断面を考える（図 7.4 参照）．x 方向の解析領域の格子点を $p = 1 \sim M$ とし，$p = 0$, $M + 1$ を解析領域外の格子点とする．

まず，解析領域の左端で左向き進行波を考えると，z に対する緩やかな変動関数 $\phi(x, z)$ が次式で近似できる．

$$\phi(x, z) \fallingdotseq A_{\mathrm{L}}(z) \exp(i k_{x\mathrm{L}} x) \tag{7.26}$$

$$k_{x\mathrm{L}} = \mathrm{Re}(k_{x\mathrm{L}}) + i \mathrm{Im}(k_{x\mathrm{L}}) \tag{7.27}$$

ここで，$k_{x\mathrm{L}}$ は x 方向の波数成分で，Re と Im はそれぞれ実・虚部をとることを表す．振幅は厳密には x と z に依存するが，位相変化に比べると振幅変化が小さいので，左端近傍では振幅 $A_{\mathrm{L}}(z)$ が x によらず近似的に等しいとみなせる．

式 (7.26) が成立するとき，$z = r\Delta z$ の左端近傍で，p に関する隣接する関数値 ϕ_p^r の比が，

$$\frac{\phi_{p+1}^r}{\phi_p^r} = \exp(i k_{x\mathrm{L}} \Delta x) = \exp\bigl[i \mathrm{Re}(k_{x\mathrm{L}}) \Delta x - \mathrm{Im}(k_{x\mathrm{L}}) \Delta x\bigr] \quad (p = 0, 1) \tag{7.28}$$

で表せる．これより，波数成分が次式で表せる．

$$\mathrm{Im}(k_{x\mathrm{L}}) = -\frac{1}{\Delta x} \ln \left| \frac{\phi_2^r}{\phi_1^r} \right|, \quad \mathrm{Re}(k_{x\mathrm{L}}) = -\frac{i}{\Delta x} \ln \left| \frac{\phi_2^r}{\phi_1^r} \exp\bigl[\mathrm{Im}(k_{x\mathrm{L}}) \Delta x\bigr] \right| \tag{7.29}$$

ところで，式 (7.26) は左端近傍で $z = (r+1)\Delta z$ に対する $\phi_{p'}^{r+1}$ にも適用できるから，次式が得られる．

$$\frac{\phi_{p'+1}^{r+1}}{\phi_{p'}^{r+1}} = \exp(i k_{x\mathrm{L}} \Delta x) = \frac{\phi_{p+1}^r}{\phi_p^r} \quad (p' = 0, 1) \tag{7.30}$$

上式で $p' = 0$, $p = 1$ とおいて，次式を得る．

$$\phi_0^{r+1} = \phi_1^{r+1} \eta_{\mathrm{L}}, \quad \eta_{\mathrm{L}} \equiv \frac{\phi_1^r}{\phi_2^r} \tag{7.31}$$

式 (7.31) は，$z = (r+1)\Delta z$ における解析領域外の関数値 ϕ_0^{r+1} が，$z = r\Delta z$ での領域内の関数値 ϕ_1^r と ϕ_2^r で表せることを示している（図 7.4 参照）．

解析領域の左端では左向き進行波なので，式 (7.26) における指数項内で $\mathrm{Re}(k_{x\mathrm{L}}) > 0$ を満たすはずである．式 (7.29) で $\mathrm{Re}(k_{x\mathrm{L}}) < 0$ ならば，これ

は境界で反射波が生じていることを意味するので，$\text{Re}(k_{xL})$ の符号を強制的に反転させる．このように，解析領域の境界で反射波を意図的に除去して，光波があたかも境界がないように伝搬するための条件を**透明境界条件**（TBC: transparent boundary condition）という [7–11]．

7.5.2　解析領域の右端での条件

次に，解析領域の右端で右向き進行波を考えるため，緩やかな変動関数を

$$\phi(x,z) \doteq A_R(z)\exp(-ik_{xR}x) \tag{7.32}$$

$$k_{xR} = \text{Re}(k_{xR}) + i\text{Im}(k_{xR}) \tag{7.33}$$

とおく．左端と同様にして，$z = r\Delta z$ で右端近傍の格子点 p に関する関数値 ϕ_p^r ($p = M - 1, M, M + 1$) を定める．このとき，右端では次式が導ける．

$$\phi_{M+1}^{r+1} = \phi_M^{r+1}\exp(-ik_{xR}\Delta x) = \phi_M^{r+1}\eta_R, \qquad \eta_R \equiv \frac{\phi_M^r}{\phi_{M-1}^r} \tag{7.34}$$

$$\text{Im}(k_{xR}) = \frac{1}{\Delta x}\ln\left|\frac{\phi_M^r}{\phi_{M-1}^r}\right|, \quad \text{Re}(k_{xR}) = \frac{i}{\Delta x}\ln\left|\frac{\phi_M^r}{\phi_{M-1}^r}\exp\bigl[-\text{Im}(k_{xR})\Delta x\bigr]\right| \tag{7.35}$$

式 (7.34) より，領域外の格子点における ϕ_{M+1}^{r+1} が，領域内の格子点における ϕ_{M-1}^r と ϕ_M^r の値から求められる（図 7.4 参照）．

右端では右進行波を考えるから，式 (7.32) での指数項に着目して $\text{Re}(k_{xR}) > 0$ を満たす必要がある．式 (7.35) で $\text{Re}(k_{xR}) < 0$ の場合には，左端同様，$\text{Re}(k_{xR})$ の符号を強制的に反転させる．

式 (7.31) と式 (7.34) が，前節の最後で述べた不足分を補う 2 条件である．これらの 2 式を式 (7.24a, b) に付加して，FD–BPM での差分式が完全に解ける状態となった．

● 7.6　透明境界条件を考慮した差分式：TE モード

式 (7.24a, b) では，解析領域の左・右端における透明境界条件がまだ考慮されていない．本節では，7.4.2 項で得た TE モードに対するフレネル近似での基本アルゴリズムを，7.5 節で求めた透明境界条件を取り入れた形に構成し直す．

解析領域の左端（$p = 1$）では透明境界条件の式 (7.31) が成立している．これにより，式 (7.24) における解析領域外の関数値 ϕ_0^{r+1} が領域内の関数値 ϕ_1^r,

ϕ_2^r を用いて書けるから，ϕ_0^{r+1} は既知の値となる．こうして求めた ϕ_0^{r+1} の値を $B^r(1)$ の項に含めると，左端 ($p=1$) での差分式は次のように書き換えられる．

$$B^{r+1'}(1)\phi_1^{r+1} + C(1)\phi_2^{r+1} = D'(1) \quad \begin{pmatrix} \text{TE モード} \\ p=1 \end{pmatrix} \tag{7.36}$$

ただし，係数は

$$B^{r'}(1) \equiv \frac{2-\eta_\text{L}}{(\Delta x)^2} - (\varepsilon_1^r - n_\text{eff}^2)k_0^2 + 4i\frac{n_\text{eff}k_0}{\Delta z} \tag{7.37a}$$

$$C(1) \equiv -\frac{1}{(\Delta x)^2} \tag{7.37b}$$

$$D'(1) \equiv -[B^{r'}(1)]^*\phi_1^r - C(1)\phi_2^r \tag{7.37c}$$

とおいている．$D'(1)$ の表現では，解析領域の左端に対する透明境界条件の式 (7.31) を用いて $\phi_0^r \simeq \phi_1^r \eta_\text{L}$ で近似した．

解析領域の右端 ($p=M$) では，式 (7.24a, b) で解析領域外の関数値 ϕ_{M+1}^r ($r=r, r+1$) に式 (7.34) を適用して，これらを $B^r(M)$ と $D(M)$ の項に含める．すると，$p=M$ に対する式は次式に修正される．

$$A(M)\phi_{M-1}^{r+1} + B^{r+1'}(M)\phi_M^{r+1} = D'(M) \quad \begin{pmatrix} \text{TE モード} \\ p=M \end{pmatrix} \tag{7.38}$$

ただし，係数を次のようにおいている．

$$A(M) \equiv -\frac{1}{(\Delta x)^2} \tag{7.39a}$$

$$B^{r'}(M) \equiv \frac{2-\eta_\text{R}}{(\Delta x)^2} - (\varepsilon_M^r - n_\text{eff}^2)k_0^2 + 4i\frac{n_\text{eff}k_0}{\Delta z} \tag{7.39b}$$

$$D'(M) \equiv -A(M)\phi_{M-1}^r - [B^{r'}(M)]^*\phi_M^r \tag{7.39c}$$

解析領域の両端での透明境界条件を取り入れた式 (7.36), (7.38) を含めて，ここで式 (7.24a, b) を再度まとめ直す．フレネル近似における TE モードの電界成分 E_y で，緩やかな変動関数 $\phi(x,z)$ に対する有限差分ビーム伝搬法の基本式が，行列形式で次のように表せる．

$$\begin{pmatrix} B^{r+1'}(1) & C(1) & & & & \\ A(2) & B^{r+1}(2) & C(2) & & 0 & \\ & A(3) & B^{r+1}(3) & C(3) & & \\ & & & \vdots & & \\ & 0 & & & A(M-1) & B^{r+1}(M-1) & C(M-1) \\ & & & & & A(M) & B^{r+1'}(M) \end{pmatrix} \begin{pmatrix} \phi_1^{r+1} \\ \phi_2^{r+1} \\ \phi_3^{r+1} \\ \vdots \\ \phi_{M-1}^{r+1} \\ \phi_M^{r+1} \end{pmatrix}$$

$$= \begin{pmatrix} D'(1) \\ D(2) \\ D(3) \\ \vdots \\ D(M-1) \\ D'(M) \end{pmatrix} : \text{TE モード} \tag{7.40}$$

式 (7.40) は M 元連立 1 次方程式である.

式 (7.40) 左辺の行列は，0 成分を多く含むので，疎行列となる．また，これは正方行列であり，かつその対角成分とその隣接部分の 3 成分のみが非零の値をもつので，三重対角行列（付録 A.4(a) 参照）とよばれる．この連立 1 次方程式は，一般にガウスの消去法で解けるが，トーマス法（付録 A.4(b-2) 参照）や循環式に置換する方法 [7-12] を用いて効率よく解くことができる．

TE モードの磁界成分 H_x, H_z は，式 (7.8) で数値微分（付録 A.2 参照）を利用して，電界成分 E_y から求めることができる．

7.7 パデ近似を用いた広角解析：TE モード

前節までに扱ったフレネル近似では，波動方程式 (7.15) 右辺で z 方向 2 階偏微分を無視していたため，z 軸方向の変動が大きい場合や光波伝搬方向の z 軸からの傾きが大きい場合に精度が劣化する．本節では，このような状況でも高精度を保持するため，z 方向 2 階偏微分を考慮する．この手法を**広角解析**とよび [7-13]，パデ近似を用いた広角解析法 [7-14] を TE モードについて説明する．

7.7.1 再帰式とパデ近似

TE モードに対する緩やかな変動関数 $\phi(x,z)$ の波動方程式 (7.15) で，左辺の演算子を P とおくと，次のように書き直せる．

$$-\frac{\partial^2}{\partial z^2} + 2i\beta_\mathrm{e}\frac{\partial}{\partial z} = P \tag{7.41}$$

$$P \equiv \frac{\partial^2}{\partial x^2} + [\varepsilon(x,z) - n_\mathrm{eff}^2]k_0^2 \tag{7.42}$$

ただし，$\beta_\mathrm{e} = n_\mathrm{eff}k_0$, n_eff は参照屈折率，k_0 は真空中の波数である．

式 (7.41) の左辺を $\partial/\partial z$ でくくった後，両辺を形式的に割り算すると，次のような式が得られる．

$$\left.\frac{\partial}{\partial z}\right|_m = \frac{-iP/2\beta_\mathrm{e}}{1 + \dfrac{i}{2\beta_\mathrm{e}}\left.\dfrac{\partial}{\partial z}\right|_{m-1}} \tag{7.43}$$

式 (7.43) は，右辺の分母第 2 項にも $\partial/\partial z$ を含み，連分数形式の微分に関する**再帰式**となっている．つまり，微分結果を右辺の分母第 2 項に繰り返し代入することにより，計算精度をあげることができる．式 (7.43) における m を**広角次数**とよぶ．式 (7.43) で，分母第 2 項の偏微分項を無視すると，これはすでに求めたフレネル近似に一致する．

広角次数 $m = 0$ の項が既述のフレネル近似に該当するように，再帰式の出発式（$m = -1$）として，

$$\partial/\partial z|_{-1} = 0 \tag{7.44}$$

を定義する．式 (7.43) を用いて，$\partial/\partial z|_m$ を $m = 1$ について求めると，

$$\left.\frac{\partial}{\partial z}\right|_1 = -i\frac{P/2\beta_\mathrm{e}}{1 + (P/4\beta_\mathrm{e}^2)} \tag{7.45}$$

と書ける．m について同様な操作を繰り返すと，$\partial/\partial z|_m$ の分母子がともに演算子 P の多項式から成り立つことが確認できる．

以上をまとめると，再帰式 (7.43) は形式的に，

$$\frac{\partial \phi}{\partial z} = -if(P)\phi, \qquad f(P) \doteqdot R[N, N'](P) \tag{7.46}$$

$$R[N, N'](x) = \frac{a_0 + a_1 x + \cdots + a_N x^N}{b_0 + b_1 x + \cdots + b_{N'} x^{N'}} \equiv \frac{N_x}{D_x} \tag{7.47}$$

で書ける．式 (7.46) は，関数 $f(P)$ を有理関数 $R[N, N'](P)$ で近似したもので，**パデ近似**（Padé approximation）とよばれる（付録 D.1 参照）．$R[N, N'](x)$ において，分子 (N_x) と分母 (D_x) に対する x の最大次数 $[N, N']$ を**パデ次数**，a_j と b_j を**パデ係数**とよぶ．式 (7.46) は，$\partial \phi/\partial z$ が演算子 P を含む有理式で表せることを意味している．式 (7.45) は，$\partial/\partial z|_1$ がパデ次数 $[1,1]$ で表せることを示す．いまの場合，パデ係数 a_j, b_j は実数である．

7.7.2 パデ近似式の差分化

式 (7.46) で記述される電磁界を差分化する際，式 (7.18a, b) と同じように，緩やかな変動関数 $\phi(x, z)$ を ϕ_p^r で，比誘電率 $\varepsilon(x, z)$ を ε_p^r で表し（$p : x$ 方向指数，$r : z$ 方向指数），x 方向の解析領域を $p = 1 \sim M$ とする．以下では，z

7.7 パデ近似を用いた広角解析：TE モード

方向，x 方向の順に差分化を行う．

まず，z 方向の差分化を行うため，式 (7.46) 左辺の偏微分を式 (7.19) と同じように，z 方向の差分中心を格子点の中間 $r+1/2$ にとり，右辺ではクランク・ニコルソン法を利用して差分中心を調整する．その結果，式 (7.46) の差分式は次式で表せる．

$$\frac{1}{\Delta z}\left(\phi^{r+1} - \phi^r\right) = -i\frac{N_P}{D_P}\frac{1}{2}\left(\phi^{r+1} + \phi^r\right) \qquad (7.48)$$

式 (7.48) で ϕ^{r+1} を ϕ^r の関数として整理すると，パデ近似のアルゴリズムを表す式が，次のように導ける．

$$\phi^{r+1} = \frac{D_P - i\frac{1}{2}\Delta z N_P}{D_P + i\frac{1}{2}\Delta z N_P}\phi^r = \frac{D_P - i\frac{1}{2}\Delta z N_P}{\left(D_P - i\frac{1}{2}\Delta z N_P\right)^*}\phi^r = \frac{\sum_{j=0} C_j P^j}{\sum_{j=0} C_j^* P^j}\phi^r \qquad (7.49)$$

ここで，$*$ は複素共役を表す．式 (7.49) の表現を導く際には，式 (7.47) における分母 D_P と分子 N_P を代入し，パデ係数 a_j, b_j が実数であることを利用して，最終項における係数を形式的に C_j とおいた．

広角次数 m とパデ次数 $[N, N']$ の関係，および式 (7.49) における係数 C_j に対する表現を**表 7.1** に示す．パデ次数 $[1, 0]$ は既述のフレネル近似に該当する．広角解析ではパデ次数 $[1, 1]$ がよく用いられている．

次に，x 方向の差分式を，式 (7.49) でパデ次数 $[1, 1]$ について求める．x 方向の差分中心を整数 p にとる．フレネル近似での結果と比較しやすいように，分母子に同じ定数 $4i\beta_e^2/\beta_e\Delta z$ をあらかじめ掛けておく．表 7.1 および式 (7.42)

表 7.1 広角解析におけるパデ近似での広角次数および式 (7.49) における係数 C_j

広角次数 (m)	パデ次数 $[N, N']$	C_0	C_1	C_2
WA–0 （フレネル近似）	$[1, 0]$	1	$-i\dfrac{\beta_e\Delta z}{4\beta_e^2}$	—
WA–1	$[1, 1]$	1	$\dfrac{1 - i\beta_e\Delta z}{4\beta_e^2}$	—
WA–2	$[2, 1]$	1	$\dfrac{2 - i\beta_e\Delta z}{4\beta_e^2}$	$-i\dfrac{\beta_e\Delta z}{16\beta_e^4}$
WA–3	$[2, 2]$	1	$\dfrac{3 - i\beta_e\Delta z}{4\beta_e^2}$	$\dfrac{1 - 2i\beta_e\Delta z}{16\beta_e^4}$

を利用して，式 (7.49) の分母を左辺に掛けた結果が，

$$\frac{4i\beta_\text{e}^2}{\beta_\text{e}\Delta z}\sum_{j=0}^{1}C_j^* P^j \phi_p^{r+1}$$

$$= \frac{4i\beta_\text{e}^2}{\beta_\text{e}\Delta z}\left\{1 + \frac{1+i\beta_\text{e}\Delta z}{4\beta_\text{e}^2}\left[\frac{\partial^2}{\partial x^2} + (\varepsilon_p^{r+1} - n_\text{eff}^2)k_0^2\right]\right\}\phi_p^{r+1}$$

で得られる．x 方向の 2 階偏微分の式 (7.20) で，指数を $r+1/2$ から $r+1$ に変更したものを上式に代入し，指数 p について整理して次式を得る．

$$\frac{4i\beta_\text{e}^2}{\beta_\text{e}\Delta z}\sum_{j=0}^{1}C_j^* P^j \phi^{r+1} = A_{11}(p)\phi_{p-1}^{r+1} + B_{11}^{r+1}(p)\phi_p^{r+1} + C_{11}(p)\phi_{p+1}^{r+1}$$

(7.50)

ただし，係数 $A_{11}(p) \sim C_{11}(p)$ を次式で定義している．

$$A_{11}(p) = C_{11}(p) = -\frac{1}{(\Delta x)^2}\left(1 - \frac{i}{\beta_\text{e}\Delta z}\right) \tag{7.51a}$$

$$B_{11}^r(p) = \left[\frac{2}{(\Delta x)^2} - (\varepsilon_p^r - n_\text{eff}^2)k_0^2\right]\left(1 - \frac{i}{\beta_\text{e}\Delta z}\right) + \frac{4i\beta_\text{e}}{\Delta z} \tag{7.51b}$$

式 (7.49) の右辺分子は，式 (7.50) のパデ係数 C_j^* で $*$ をとり，かつ z 方向指数を r に変更して得られる．

これらをまとめて，緩やかな変動関数 $\phi(x,z)$ に対する広角解析の式 (7.49) で，パデ次数 $[1,1]$ に対する差分式を次式で得る．

$$A_{11}(p)\phi_{p-1}^{r+1} + B_{11}^{r+1}(p)\phi_p^{r+1} + C_{11}(p)\phi_{p+1}^{r+1} = D_{11}(p) \tag{7.52a}$$

$$D_{11}(p) \equiv -A_{11}^*(p)\phi_{p-1}^r - B_{11}^{r*}(p)\phi_p^r - C_{11}^*(p)\phi_{p+1}^r \quad (p=1\sim M) \tag{7.52b}$$

式 (7.52a) は，左辺が z 方向指数 $r+1$，右辺が指数 r となっており，いずれも x 方向指数が連続した 3 つの値からなっている．広角解析式 (7.52a) をフレネル近似に対する差分式 (7.24a) と比較すると，式 (7.51a, b) は，式 (7.25a, b) で Δz を含まない項に対して $(1 - i/\beta_\text{e}\Delta z)$ 倍が付加されている．この倍数は，表 7.1 における広角次数 $m=1$ とフレネル近似に対する C_1^* 値の比に対応している．

式 (7.52a) を端点で透明境界条件を考慮した形にするには，7.6 節と同様にして行える．そして，式 (7.40) と類似した M 元連立 1 次方程式が得られ，この三

重対角行列を含む式はトーマス法（付録 A.4(b–2) 参照）などを用いて解ける．

図 7.5 に，フレネル近似とパデ近似による広角解析結果の比較を示す．これは，図 7.1(a) に示した，傾斜直線導波路 ($\theta = 25°$) に対する結果である．フレネル近似では伝搬につれて電界がコアからわずかに漏れているのに対して，パデ近似では光波が傾斜直線導波路に沿って伝搬している様子がよくわかる．

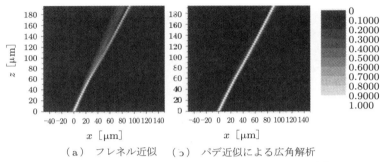

（a）フレネル近似　（b）パデ近似による広角解析

傾斜角 $\theta = 25°$（図 7.1(a)参照），光波が下側から上側に伝搬
パデ近似ではパデ次数 $[N, N'] = [2, 2]$ を用いた．
z 方向に 200 μm 伝搬させている．

図 7.5 傾斜直線導波路における光波伝搬の解析法による比較

参考文献 [7–14] では，伝搬計算にパデ近似を用いた場合，パデ次数 $[1, 1]$ では 25° の傾きまで，パデ次数 $[2, 2]$ では 50° の傾きまで計算可能であると記載されている．高次のパデ次数では，精度が向上する代わりに計算量が増加する．これを軽減する方法としてマルチステップ法が提案されている [7–15]．

7.8　スラブ光導波路でのフレネル近似：TM モード

本節では，TM モードに対する差分式を，透明境界条件を取り入れた形で示す．y 方向に対して均一な ($\partial/\partial y = 0$) スラブ光導波路を想定する．ここでも光波の主たる伝搬方向を z 軸とし，比誘電率を $\varepsilon(x, z)$ で表す．

7.8.1　TM モードに対する波動方程式

TM モードにおける磁界成分 H_y に対する波動方程式を式 (7.9) で示した．緩やかな変動関数 $\phi(x, z)$ を式 (7.11) で定義すると，これに対する波動方程式は，

$$\varepsilon \frac{\partial}{\partial x}\left(\frac{1}{\varepsilon}\frac{\partial \phi}{\partial x}\right) - \frac{1}{\varepsilon}\frac{\partial \varepsilon}{\partial z}\left(\frac{\partial \phi}{\partial z} - i\beta_\mathrm{e}\phi\right) + \left(\frac{\partial^2 \phi}{\partial z^2} - 2i\beta_\mathrm{e}\frac{\partial \phi}{\partial z} - \beta_\mathrm{e}^2\phi\right) + \varepsilon k_0^2\phi$$

$$= 0 \tag{7.53}$$

で得られる．TE モードと同様にして，包絡線近似を用いると，

$$|i\beta_{\mathrm{e}}\phi| = \left|\frac{2i\pi n_{\mathrm{eff}}}{\lambda_0}\phi\right| \gg \left|\frac{\partial\phi}{\partial z}\right|, \qquad \left|2i\beta_{\mathrm{e}}\frac{\partial\phi}{\partial z}\right| = 4\pi n_{\mathrm{eff}}\left|\frac{i}{\lambda_0}\frac{\partial\phi}{\partial z}\right| \gg \left|\frac{\partial}{\partial z}\left(\frac{\partial\phi}{\partial z}\right)\right|$$

が成立するので，式 (7.53) で，第 2 項 ( ) 内の 1 項と第 3 項 ( ) 内の 1 項が無視できる．これらを省略すると，式 (7.53) は，式 (7.12) を用いて，次式で近似できる．

$$\varepsilon\frac{\partial}{\partial x}\left(\frac{1}{\varepsilon}\frac{\partial\phi}{\partial x}\right) + (\varepsilon - n_{\mathrm{eff}}^2)k_0^2\phi \fallingdotseq 2in_{\mathrm{eff}}k_0\frac{\partial\phi}{\partial z} - in_{\mathrm{eff}}k_0\frac{1}{\varepsilon}\frac{\partial\varepsilon}{\partial z}\phi$$

$$: \mathrm{TM} \, \text{モード} \tag{7.54}$$

式 (7.54) は，TM モードにおける磁界成分 H_y に対応する，緩やかな変動関数 $\phi(x,z)$ に対する波動方程式で，フレネル近似に相当する．式 (7.54) は左辺第 1 項と右辺第 2 項に比誘電率 ε の空間偏微分を含んでおり，このような項は TE モードの式 (7.16) ではなかった．

7.8.2 TM モードに対する差分式

式 (7.54) を出発式としてこれを差分化する際，変動関数 $\phi(x,z)$ の z 方向偏微分の差分中心を半整数の $r+1/2$，x 方向の差分中心を整数 p にとる．

式 (7.54) の右辺第 1 項は，TE モードにおける式 (7.16) の右辺と形式的に同じである．式 (7.54) の右辺第 2 項は，次のようにして差分化する．

$$\left.\frac{\phi}{\varepsilon}\frac{\partial\varepsilon}{\partial z}\right|_{\substack{x=p\Delta x \\ z=(r+1/2)\Delta z}} = \frac{\phi_p^{r+1/2}}{\varepsilon_p^{r+1/2}}\frac{1}{\Delta z}\left(\varepsilon_p^{r+1} - \varepsilon_p^r\right)$$

$$= \left(\frac{\phi_p^{r+1} + \phi_p^r}{\varepsilon_p^{r+1} + \varepsilon_p^r}\right)\frac{1}{\Delta z}\left(\varepsilon_p^{r+1} - \varepsilon_p^r\right) \tag{7.55}$$

式 (7.54) の左辺第 2 項でも，ε と ϕ の z 方向指数を $r+1/2$ にした後，r と $r+1$ での平均値を利用し，x 方向の差分中心を p とする．

次に，式 (7.54) の左辺第 1 項を検討する．

$$\left.\varepsilon\frac{\partial}{\partial x}\left(\frac{1}{\varepsilon}\frac{\partial\phi}{\partial x}\right)\right|_{\substack{x=p\Delta x \\ z=(r+1/2)\Delta z}}$$

$$= \varepsilon_p^{r+1/2} \frac{1}{\Delta x} \left(\frac{1}{\varepsilon_{p+1/2}^{r+1/2}} \left. \frac{\partial \phi}{\partial x} \right|_{\substack{x=(p+1/2)\Delta x \\ z=(r+1/2)\Delta z}} - \frac{1}{\varepsilon_{p-1/2}^{r+1/2}} \left. \frac{\partial \phi}{\partial x} \right|_{\substack{x=(p-1/2)\Delta x \\ z=(r+1/2)\Delta z}} \right)$$

微分を差分化した後に平均値をとると，上式は

$$= \frac{\varepsilon_p^{r+1/2}}{(\Delta x)^2} \left[\frac{1}{\varepsilon_{p+1/2}^{r+1/2}} \left(\phi_{p+1}^{r+1/2} - \phi_p^{r+1/2} \right) - \frac{1}{\varepsilon_{p-1/2}^{r+1/2}} \left(\phi_p^{r+1/2} - \phi_{p-1}^{r+1/2} \right) \right]$$

$$= \frac{1}{2(\Delta x)^2} \left[\frac{2(\varepsilon_p^{r+1} + \varepsilon_p^r)}{\varepsilon_{p+1}^{r+1} + \varepsilon_p^{r+1} + \varepsilon_{p+1}^r + \varepsilon_p^r} \left(\phi_{p+1}^{r+1} + \phi_{p+1}^r - \phi_p^{r+1} - \phi_p^r \right) \right]$$

$$- \frac{1}{2(\Delta x)^2} \left[\frac{2(\varepsilon_p^{r+1} - \varepsilon_p^r)}{\varepsilon_p^{r+1} + \varepsilon_{p-1}^{r+1} + \varepsilon_p^r + \varepsilon_{p-1}^r} \left(\phi_p^{r+1} + \phi_p^r - \phi_{p-1}^{r+1} - \phi_{p-1}^r \right) \right] \quad (7.56)$$

で書ける．

以上より，左辺に z 方向の格子点 $r+1$ に関する項を，右辺に格子点 r に関する項をまとめると，フレネル近似での TM モードに対する差分式が，

$$A_{\mathrm{TM}}(p)\phi_{p-1}^{r+1} + B_{\mathrm{TM}}(p)\phi_p^{r+1} + C_{\mathrm{TM}}(p)\phi_{p+1}^{r+1} = D_{\mathrm{TM}}(p) \quad \begin{pmatrix} \text{TM モード} \\ p = 2 \sim M-1 \end{pmatrix}$$

(7.57a)

$$D_{\mathrm{TM}}(p) \equiv \xi_p^{\mathrm{M2}} \phi_{p-1}^r$$

$$+ \left[-\xi_p^{\mathrm{M1}} - \xi_p^{\mathrm{M2}} + \left(\varepsilon_p^r - n_{\mathrm{eff}}^2 \right) k_0^2 + \frac{2in_{\mathrm{eff}} k_0}{\Delta z} \left(2 + \zeta_p^{\mathrm{M}} \right) \right] \phi_p^r$$

$$+ \xi_p^{\mathrm{M1}} \phi_{p+1}^r \quad (7.57\mathrm{b})$$

で書ける．ここで，係数 $A_{\mathrm{TM}}(p) \sim C_{\mathrm{TM}}(p)$ は格子点 p に依存する既知の値であり，次式で定義する．

$$A_{\mathrm{TM}}(p) \equiv -\xi_p^{\mathrm{M2}} \quad (7.58\mathrm{a})$$

$$B_{\mathrm{TM}}(p) \equiv \xi_p^{\mathrm{M1}} + \xi_p^{\mathrm{M2}} - \left(\varepsilon_p^{r+1} - n_{\mathrm{eff}}^2 \right) k_0^2 + \frac{2in_{\mathrm{eff}} k_0}{\Delta z} \left(2 - \zeta_p^{\mathrm{M}} \right)$$

(7.58b)

$$C_{\mathrm{TM}}(p) \equiv -\xi_p^{\mathrm{M1}} \quad (7.58\mathrm{c})$$

また，

$$\xi_p^{\mathrm{M1}} \equiv \frac{1}{(\Delta x)^2} \frac{2(\varepsilon_p^{r+1} + \varepsilon_p^r)}{(\varepsilon_{p+1}^{r+1} + \varepsilon_p^{r+1} + \varepsilon_{p+1}^r + \varepsilon_p^r)} \tag{7.59a}$$

$$\xi_p^{\mathrm{M2}} \equiv \frac{1}{(\Delta x)^2} \frac{2(\varepsilon_p^{r+1} + \varepsilon_p^r)}{(\varepsilon_p^{r+1} + \varepsilon_{p-1}^{r+1} + \varepsilon_p^r + \varepsilon_{p-1}^r)} \tag{7.59b}$$

$$\zeta_p^{\mathrm{M}} \equiv \frac{\varepsilon_p^{r+1} - \varepsilon_p^r}{\varepsilon_p^{r+1} + \varepsilon_p^r} \tag{7.59c}$$

とおいている.

式 (7.59a, b) は比誘電率の x 方向に対する変化を表し,式 (7.59c) の ζ_p^{M} は z 方向の比誘電率差を反映している.式 (7.57a, b) を TE モードに対する式 (7.24a, b) と比較すると,TM モードでの ξ_p^{M1} と ξ_p^{M2} が TE モードでの $1/(\Delta x)^2$ に対応していることがわかる.また,ζ_p^{M} を無視すれば,式 (7.57a) は TE モードの結果と形式的に一致する.

式 (7.57a, b) を,解析領域の両端で透明境界条件の効果を含むようにする.TE モードと同様にして,解析領域の左端($p=1$)では差分式が次のように書ける.

$$B'_{\mathrm{TM}}(1)\phi_1^{r+1} + C_{\mathrm{TM}}(1)\phi_2^{r+1} = D'_{\mathrm{TM}}(1) \quad \begin{pmatrix} \text{TM モード} \\ p=1 \end{pmatrix} \tag{7.60}$$

ただし,

$$B'_{\mathrm{TM}}(1) \equiv (1-\eta_{\mathrm{L}})\xi_1^{\mathrm{M2}} + \xi_1^{\mathrm{M1}} - \left(\varepsilon_1^{r+1} - n_{\mathrm{eff}}^2\right)k_0^2 + \frac{2in_{\mathrm{eff}}k_0}{\Delta z}\left(2 - \zeta_1^{\mathrm{M}}\right) \tag{7.61a}$$

$$C_{\mathrm{TM}}(1) \equiv -\xi_1^{\mathrm{M1}} \tag{7.61b}$$

$$D'_{\mathrm{TM}}(1) \equiv \left[(\eta_{\mathrm{L}}-1)\xi_1^{\mathrm{M2}} - \xi_1^{\mathrm{M1}} + \left(\varepsilon_1^r - n_{\mathrm{eff}}^2\right)k_0^2 + \frac{2in_{\mathrm{eff}}k_0}{\Delta z}\left(2 + \zeta_1^{\mathrm{M}}\right)\right]\phi_1^r$$
$$+ \xi_1^{\mathrm{M1}}\phi_2^r \tag{7.61c}$$

とおいている.η_{L} の定義は透明境界条件での式 (7.31) と同じである.また,ξ_p^{M1},ξ_p^{M2},ζ_p^{M} の定義は,それぞれ式 (7.59a〜c) に示した.

解析領域の右端 ($p=M$) では,次式が得られる.

$$A_{\mathrm{TM}}(M)\phi_{M-1}^{r+1} + B'_{\mathrm{TM}}(M)\phi_M^{r+1} = D'_{\mathrm{TM}}(M) \quad \begin{pmatrix} \text{TM モード} \\ p=M \end{pmatrix} \tag{7.62}$$

ただし,
$$A_{\mathrm{TM}}(M) \equiv -\xi_M^{\mathrm{M}2} \tag{7.63a}$$

$$B'_{\mathrm{TM}}(M) \equiv (1-\eta_{\mathrm{R}})\xi_M^{\mathrm{M}1} + \xi_M^{\mathrm{M}2} - \left(\varepsilon_M^{r+1} - n_{\mathrm{eff}}^2\right)k_0^2 + \frac{2in_{\mathrm{eff}}k_0}{\Delta z}\left(2 - \zeta_M^{\mathrm{M}}\right) \tag{7.63b}$$

$$D'_{\mathrm{TM}}(M) \equiv \xi_M^{\mathrm{M}2}\phi_{M-1}^r \\ + \left[(\eta_{\mathrm{R}}-1)\xi_M^{\mathrm{M}1} - \xi_M^{\mathrm{M}2} + \left(\varepsilon_M^r - n_{\mathrm{eff}}^2\right)k_0^2 + \frac{2in_{\mathrm{eff}}k_0}{\Delta z}\left(2 + \zeta_M^{\mathrm{M}}\right)\right]\phi_M^r \tag{7.63c}$$

である.η_{R} の定義は式 (7.34) と同じである.

TM モードの磁界成分 H_y は,式 (7.57a),(7.60),(7.62) から得られる三重対角行列を含む式を解いて求められる.TM モードの電界成分 E_x, E_z は,式 (7.10) を用いて,H_y 成分を数値微分して求めることができる.

● 7.9 時間領域ビーム伝搬法(TD–BPM)

光短パルスを媒質に入射させると,光強度が強いとき光非線形効果が生じ,屈折率が変化する(この現象を光カー効果という [7–16]).このようなとき,もとが均一光導波路であったとしても,伝搬途中で屈折率が光強度に応じて変化するので,光波の伝搬方向に対する不均一光導波路となる.

ビーム伝搬法で光パルスを扱えるようにするため,解析法を時間領域まで拡張する.こうすると,適用できる光パルス幅には限定条件がつくが,演算時間が FDTD 法よりも短縮できる.本節では,光波が不均一媒質中を伝搬するときの振る舞いを時間領域まで含めて解析する**時間領域ビーム伝搬法**(TD–BPM: time–domain BPM)と PML 吸収境界条件の導入方法を説明する.

7.9.1 時間領域を含む電磁界の基本式

等方性・非磁性・無損失媒質で,構造が y 方向に対して均一な $(\partial/\partial y = 0)$ スラブ光導波路とする.光波の主たる伝搬方向を z 軸として,比誘電率分布を $\varepsilon(x,z) = n^2(x,z)$ で表す.この場合,三層対称スラブ導波路の場合と同じように,TE・TM モードが得られる.

TE モードの場合,電界の式 (7.2) の y 成分から,E_y 成分に対する波動方程式が得られる.TM モードの場合,磁界の式 (7.5) の y 成分から,H_y 成分に対

する波動方程式が得られる．両モードのスカラー波動方程式は次式で表せる．

$$\frac{\partial}{\partial x}\left(\zeta_{s1}\frac{\partial \Psi}{\partial x}\right) + \frac{\partial}{\partial z}\left(\zeta_{s1}\frac{\partial \Psi}{\partial z}\right) = \zeta_{s2}\frac{1}{c^2}\frac{\partial^2 \Psi}{\partial t^2} \tag{7.64}$$

ただし，c は真空中の光速，

$$\Psi(x,z,t) = \begin{cases} E_y & : \text{TE モード} \\ H_y & : \text{TM モード} \end{cases} \tag{7.65a}$$

$$\zeta_{s1} = \begin{cases} 1 & : \text{TE モード} \\ 1/\varepsilon(x,z) & : \text{TM モード} \end{cases}, \quad \zeta_{s2} = \begin{cases} \varepsilon(x,z) & : \text{TE モード} \\ 1 & : \text{TM モード} \end{cases} \tag{7.65b}$$

である．式 (7.64) は，式 (7.7) と式 (7.9) の時間領域への拡張形である．

ここでは，光波領域で光パルスの帯域幅が搬送波周波数に比べて十分小さい場合を考える．このように，キャリアの搬送周波数 ω よりも緩やかな光波の時間変化を記述するため，電磁界に対して式 (7.11) と類似の包絡線近似を行う．

$$\Psi(x,z,t) = \phi(x,z,t)\exp[i(\omega t - \beta_e z)] \tag{7.66}$$

ここで，時空変動因子 $\exp[i(\omega t - \beta_e z)]$ は時空間における速い変動を，$\phi(x,z,t)$ は相対的に緩やかな変動を表す．$\beta_e = n_{\text{eff}} k_0$ は式 (7.12) で定義した平均的導波路に対する値であり，n_{eff} は参照屈折率である．式 (7.66) を式 (7.64) に代入すると，時空変動を含む項は次式で得られる．

$$\zeta_{s1}\left(\frac{\partial^2 \phi}{\partial z^2} - 2i\beta_e\frac{\partial \phi}{\partial z}\right) + \frac{\partial}{\partial x}\left(\zeta_{s1}\frac{\partial \phi}{\partial x}\right) + \left(\zeta_{s2} - \zeta_{s1}n_{\text{eff}}^2\right)k_0^2\phi$$
$$- \zeta_{s2}\left(2i\frac{1}{c}k_0\frac{\partial \phi}{\partial t} + \frac{1}{c^2}\frac{\partial^2 \phi}{\partial t^2}\right) = 0 \quad : \text{広角解析} \tag{7.67}$$

この式を導く際，式 (7.12) および波数 $k_0 = \omega/c$ を用いた．

式 (7.67) は，電磁界の時間変化を考慮した，2次元に対する広角解析の結果である．これは，式 (7.15) に比べて，最後の 2 項で時間変化を考慮した拡張形になっている．式 (7.67) は TE モードに対してはつねに成立する．しかし，TM モードでは，比誘電率の z 方向変化が x 方向変化に比べて小さいときにのみ成立する．

電磁界の時間変化を考える場合，式 (7.67) を電磁界の包絡線の速度である群速度 v_g で移動する座標系で考え，次式で置換する（図 7.6）．

7.9 時間領域ビーム伝搬法（TD-BPM）

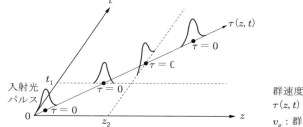

中央の 2 つの光パルスは，時間を $t = t_1$ に固定した場合と z 座標を $z = z_2$ に固定した場合の波形

図 7.6 時間領域ビーム伝搬法での座標系と光パルス波形の概略

$$\phi(x,z,t) = \varphi(x,z,\tau), \qquad \tau(z,t) = t - \frac{z}{v_g} \tag{7.68}$$

相対時間 $\tau(z,t)$ は伝搬途中でも t や z によらず，つねに近い値をとるので，波形の変化が見やすくなる．このとき，連鎖定理を用いて次式を得る．

$$\frac{\partial \phi}{\partial t} = \frac{\partial \varphi}{\partial \tau}\frac{\partial \tau}{\partial t} = \frac{\partial \varphi}{\partial \tau}, \qquad \frac{\partial^2 \phi}{\partial t^2} = \frac{\partial}{\partial t}\left(\frac{\partial \phi}{\partial t}\right) = \frac{\partial \tau}{\partial t}\frac{\partial}{\partial \tau}\left(\frac{\partial \varphi}{\partial \tau}\right) = \frac{\partial^2 \varphi}{\partial \tau^2},$$

$$\frac{\partial \phi}{\partial z} = \frac{\partial \varphi}{\partial \tau}\frac{\partial \tau}{\partial z} + \frac{\partial \varphi}{\partial z} = -\frac{1}{v_g}\frac{\partial \varphi}{\partial \tau} + \frac{\partial \varphi}{\partial z},$$

$$\frac{\partial^2 \phi}{\partial z^2} = \frac{\partial}{\partial z}\left(\frac{\partial \phi}{\partial z}\right) = \frac{1}{v_g^2}\frac{\partial^2 \varphi}{\partial \tau^2} - 2\frac{1}{v_g}\frac{\partial^2 \varphi}{\partial z \partial \tau} + \frac{\partial^2 \varphi}{\partial z^2}$$

これらを式 (7.67) に代入して，移動座標系で緩やかな変動関数 $\varphi(x,z,\tau)$ に対する波動方程式を次式で得る．

$$\zeta_{s1}\left(\frac{\partial^2 \varphi}{\partial z^2} - 2i\beta_e\frac{\partial \varphi}{\partial z}\right) + \frac{\partial}{\partial x}\left(\zeta_{s1}\frac{\partial \varphi}{\partial x}\right) + (\zeta_{s2} - \zeta_{s1}n_{\text{eff}}^2)k_0^2\varphi$$

$$+ 2i\left(\zeta_{s1}\frac{n_{\text{eff}}}{v_g} - \zeta_{s2}\frac{1}{c}\right)k_0\frac{\partial \varphi}{\partial \tau} + \left(\zeta_{s1}\frac{1}{v_g^2} - \zeta_{s2}\frac{1}{c^2}\right)\frac{\partial^2 \varphi}{\partial \tau^2} - \zeta_{s1}\frac{2}{v_g}\frac{\partial^2 \varphi}{\partial \tau \partial z} = 0$$

$$:広角解析 \tag{7.69}$$

式 (7.69) で第 4・5 項は群速度での移動座標系 τ に関する微分項であり，その ( ) 内は群速度から位相速度分を引いた寄与を表す．

7.9.2 パデ近似による解法

移動座標系での緩やかな変動関数 $\varphi(x,z,\tau)$ に関する微分方程式 (7.69) で，z

座標と相対時間 τ の交差項を省略する．そして，この式を第1項にある z 方向偏微分を主体とした形式で表し直す．

$$\zeta_{\mathrm{s}1}\left(-\frac{\partial^2}{\partial z^2}+2i\beta_{\mathrm{e}}\frac{\partial}{\partial z}\right)=P_{x\tau} \tag{7.70a}$$

$$P_{x\tau} \equiv \frac{\partial}{\partial x}\left(\zeta_{\mathrm{s}1}\frac{\partial}{\partial x}\right)+\left(\zeta_{\mathrm{s}2}-\zeta_{\mathrm{s}1}n_{\mathrm{eff}}^2\right)k_0^2$$
$$+2i\left(\zeta_{\mathrm{s}1}\frac{n_{\mathrm{eff}}}{v_{\mathrm{g}}}-\frac{\zeta_{\mathrm{s}2}}{c}\right)k_0\frac{\partial}{\partial \tau}+\left(\frac{\zeta_{\mathrm{s}1}}{v_{\mathrm{g}}^2}-\frac{\zeta_{\mathrm{s}2}}{c^2}\right)\frac{\partial^2}{\partial \tau^2} \tag{7.70b}$$

式 (7.70a) は，式 (7.41) と形式的にほぼ同じであるが，TE・TM モードを包含し，演算子 $P_{x\tau}$ が x と τ に関する偏微分をともに含んでいる点が異なる．式 (7.70a) は，7.7.1 項のように連分数を利用して解けるが，ここでは別のアプローチをとる．

いま，式 (7.70a) の右辺の演算子を

$$P_{x\tau} \equiv -\zeta_{\mathrm{s}1}\beta_{\mathrm{e}}^2(1-L^2) \tag{7.71}$$

とおくと，式 (7.70a) は次のように書き直せる．

$$\zeta_{\mathrm{s}1}\left[\frac{\partial^2}{\partial z^2}-2i\beta_{\mathrm{e}}\frac{\partial}{\partial z}-\beta_{\mathrm{e}}^2(1-L^2)\right]$$
$$=\zeta_{\mathrm{s}1}\left\{\frac{\partial}{\partial z}-i\beta_{\mathrm{e}}[1-L(X)]\right\}\left\{\frac{\partial}{\partial z}-i\beta_{\mathrm{e}}[1+L(X)]\right\}=0 \tag{7.72}$$

式 (7.70a, b) と式 (7.72) の比較により，演算子 $L(X)$ は

$$L(X)=\sqrt{1+X} \tag{7.73}$$

$$X \equiv \frac{1}{\zeta_{\mathrm{s}1}\beta_{\mathrm{e}}^2}\left[\frac{\partial}{\partial x}\left(\zeta_{\mathrm{s}1}\frac{\partial}{\partial x}\right)+\left(\zeta_{\mathrm{s}2}-\zeta_{\mathrm{s}1}n_{\mathrm{eff}}^2\right)k_0^2\right.$$
$$\left.+2i\left(\zeta_{\mathrm{s}1}\frac{n_{\mathrm{eff}}}{v_{\mathrm{g}}}-\frac{\zeta_{\mathrm{s}2}}{c}\right)k_0\frac{\partial}{\partial \tau}+\left(\frac{\zeta_{\mathrm{s}1}}{v_{\mathrm{g}}^2}-\frac{\zeta_{\mathrm{s}2}}{c^2}\right)\frac{\partial^2}{\partial \tau^2}\right] \tag{7.74}$$

で書ける [7–17]．演算子 $L(X)$ には，関数に対する $x \cdot \tau$ 偏微分が含まれている．式 (7.72) で第 1 (2) 項は前進（後進）波に対応する．

演算子 $L(X)$ の近似として，比較的少ない項数で高精度が得られるパデ近似を利用する（付録 D.1 参照）．パデ近似の式 $R[N, N'](X)$ は次式で表せる．

$$L(X)=\sqrt{1+X}\simeq R[N,N'](X)=\frac{a_0+a_1X+\cdots+a_NX^N}{b_0+b_1X+\cdots+b_{N'}X^{N'}}\equiv \frac{N_X}{D_X} \tag{7.75}$$

7.9 時間領域ビーム伝搬法（TD–BPM）

ただし，$[N, N']$ はパデ次数，a_j, b_j はパデ係数である．式 (7.75) に対する 1・2 次のパデ近似の具体的な表現は次のとおりである（付録 D.2 参照）．

$$R[1,1](X) = \frac{1+(3/4)X}{1+(1/4)X} \tag{7.76a}$$

$$R[2,1](X) = \frac{1+X+(1/8)X^2}{1+(1/2)X} \tag{7.76b}$$

$$R[2,2](X) = \frac{1+(5/4)X+(5/16)X^2}{1+(3/4)X+(1/16)X^2} \tag{7.76c}$$

ここで，パデ近似の精度を例示するため，関数 $\sqrt{1+x}$ に対するパデ近似とテイラー展開の数値比較を**図 7.7** に示す．パデ近似は上記 $R[1,1](x)$, $R[2,1](x)$, $R[2,2](x)$ であり，テイラー展開は 2 次の微小量まで近似したものである．これより，パデ近似のほうがテイラー展開よりも広い範囲で近似精度がよく，また，パデ次数が上がるほど精度が向上していることがわかる．相対誤差は，$R[1,1](x)$ の場合 $x=2$ で 3.8%，$x=3$ で 7.1%，$x=4$ で 10.6%であり，$R[2,1](x)$ の場合 $x=2$ で 1.0%，$x=3$ で 2.5%，$x=4$ で 4.4%である．これらに対して，$R[2,2](x)$ の場合 $x=2$ で 0.28%，$x=3$ で 0.82%，$x=4$ で 1.6%であり，$R[2,2](x)$ での誤差の減少が際立つ．

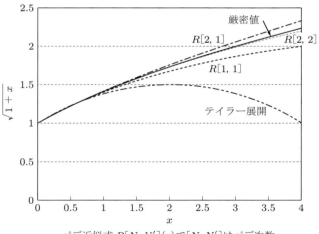

パデ近似式 $R[N, N'](x)$ で $[N, N']$ はパデ次数．
$R[N, N'](x)$ の具体形は式(7.76a～c)．

図 7.7 パデ近似とテイラー展開の数値比較

7.9.3 パデ近似に対する差分式

本項の前半で z に関する偏微分の差分式を示し，後半で式 (7.74) の X 内の関数の $x \cdot \tau$ 偏微分も含めた差分式を示す．差分化するにあたって，空間座標を $x = p\Delta x$, $z = r\Delta z$, 移動座標系での相対時間を $\tau = s\Delta \tau$ にとり（$\Delta \tau$：時間ステップ，p, r, s：整数），x 方向の解析領域を $p = 1 \sim M$ とする．ここでは，電磁界における緩やかな変動関数 $\varphi(x,z,\tau)$ の空間座標・時間項を $\varphi_{p,r}^s$ で表し，比誘電率 $\varepsilon(x,z)$ は時間変化がないとして，いままでと同じように ε_p^r で表す．いずれでも中心差分近似（付録 A.2(a) 参照）を利用する．

(a) z 偏微分に関する差分式

式 (7.72) 第 1 式の演算子 $L(X)$ にパデ近似式 (7.75) を形式的に代入して，次式を得る．

$$\frac{\partial \varphi}{\partial z} = i\beta_e \left(1 - \frac{N_X}{D_X}\right)\varphi \tag{7.77}$$

ただし，N_X と D_X は，それぞれパデ近似式 $R[N, N'](X)$ の分子と分母である．式 (7.77) の差分化では，7.7.2 項と同じく，z 方向の差分中心を $r + 1/2$ にとる．右辺ではクランク・ニコルソン法を利用すると，差分式

$$\frac{1}{\Delta z}(\varphi_{p,r+1}^s - \varphi_{p,r}^s) = i\beta_e \left(1 - \frac{N_X}{D_X}\right)\frac{1}{2}(\varphi_{p,r+1}^s + \varphi_{p,r}^s) \tag{7.78}$$

が得られる．

これを $\varphi_{p,r+1}^s$ について解くと，D_X と N_X は多項式であり，演算子 X は複素数を含むことから，次のように書ける．

$$\varphi_{p,r+1}^s = \frac{1 + \left(1 - \dfrac{N_X}{D_X}\right)\dfrac{i\beta_e \Delta z}{2}}{1 - \left(1 - \dfrac{N_X}{D_X}\right)\dfrac{i\beta_e \Delta z}{2}} \varphi_{p,r}^s = \frac{\sum_{j=0} C_{Nj} X^j}{\sum_{j=0} C_{Dj} X^j} \varphi_{p,r}^s \tag{7.79}$$

ここで，C_{Nj} と C_{Dj} は展開係数である．

表 7.2 にパデ近似式 $R[1,1](X)$, $R[2,1](X)$, $R[2,2](X)$ から求めた，式 (7.79) における係数 C_{Nj} と C_{Dj} の結果を示す．表 7.2 を表 7.1 と比較すると，似通った値であることに気付く．これは，式 (7.71) と式 (7.73) より $P_{x\tau} = \zeta_{s1}\beta_e^2 X$ が得られ，式 (7.41) における P と，式 (7.70a) における $P_{x\tau} = \zeta_{s1}\beta_e^2 X$ の係数分の違いだけが反映されているためである．

(b) 空間・時間の偏微分に関する差分式

式 (7.79) から時空間の偏微分に関する差分式を導く．TE モードに対してパ

7.9 時間領域ビーム伝搬法 (TD–BPM)

表 7.2 時間領域におけるパデ近似での式 (7.79) における係数 C_{Nj} と C_{Dj}

パデ次数 $[N, N']$	$C_{N0} = C_{D0}$	$C_{N1} = C_{D1}^*$	$C_{N2} = C_{D2}^*$
$[1,1]$	1	$\dfrac{1 - i\beta_e \Delta z}{4}$	—
$[2,1]$	1	$\dfrac{2 - i\beta_e \Delta z}{4}$	$-i\dfrac{\beta_e \Delta z}{16}$
$[2,2]$	1	$\dfrac{3 - i\beta_e \Delta z}{4}$	$\dfrac{1 - 2i\beta_e \Delta z}{16}$

デ次数 $[1,1]$ で求める．$x \cdot \tau$ 方向の差分中心をそれぞれ整数指数 p, s にとる．

まず，z 方向の指数 $r+1$ に対する表現を求める．式 (7.79) の右辺分母を左辺に掛けた表現で，以前の結果との対応をわかりやすくするため，分母子に同じ値 $4i\beta_e^2/\beta_e \Delta z$ を掛けておく．表 7.2 の結果を代入して，これは

$$\frac{4i\beta_e^2}{\beta_e \Delta z} \sum_{j=0}^{1} C_{Dj} X^j \varphi_{p,r+1}^s = \frac{4i\beta_e^2}{\beta_e \Delta z} \left[1 + \frac{1}{4}(1 + i\beta_e \Delta z) X \right] \varphi_{p,r+1}^s \tag{7.80}$$

で書ける．これに式 (7.74) を適用する．1 階微分の差分化では時間指数に関して半整数がでるので，クランク・ニコルソン法を用いて整数に変更する．

$$\left. \frac{\partial \varphi(p,r)}{\partial \tau} \right|_{\substack{x=p\Delta x \\ \tau=s\Delta \tau}} = \frac{\varphi_{p,r}^{s+1/2} - \varphi_{p,r}^{s-1/2}}{\Delta \tau}$$

$$= \frac{1}{2\Delta \tau}(\varphi_{p,r}^{s+1} - \varphi_{p,r}^{s-1}) \quad (r = r, \ r+1) \tag{7.81}$$

2 階微分など他の表現はいままでと同様に差分化できる．これらを式 (7.80) に代入し，7.7.2 項と同様な手順を経て，式 (7.79) の右辺分母（指数 $r+1$）の結果を得る．式 (7.79) の右辺分子（指数 r）も，分母と同様にして求められる．

式 (7.79) の右辺分母子を指数 p と s について整理する．これらをまとめて，移動座標系における緩やかな変動関数 $\varphi(x, z, \tau)$ に対する差分式は，パデ次数 $[1,1]$ について次式で表される．

$$A_s(p)\varphi_{p-1,r+1}^s + B_s^{r+1}(p)\varphi_{p,r+1}^s + C_s(p)\varphi_{p+1,r+1}^s$$
$$+ T_{s-1}^{r+1}(p)\varphi_{p,r+1}^{s-1} + T_{s+1}^{r+1}(p)\varphi_{p,r+1}^{s+1} = D_s(p) \quad (p = 1 \sim M) \tag{7.82a}$$

$$D_s(p) \equiv -A_s^*(p)\varphi_{p-1,r}^s - B_s^{r*}(p)\varphi_{p,r}^s - C_s^*(p)\varphi_{p+1,r}^s$$
$$+ T_{s-1}^r(p)\varphi_{p,r}^{s-1} + T_{s+1}^r(p)\varphi_{p,r}^{s+1} \tag{7.82b}$$

ただし，各係数を次のようにおく．

$$A_s(p) = C_s(p) \equiv -\frac{1}{(\Delta x)^2}\left(1 - \frac{i}{\beta_e \Delta z}\right) \tag{7.83a}$$

$$B_s^r(p) \equiv \left[\frac{2}{(\Delta x)^2} - (\varepsilon_p^r - n_{\text{eff}}^2)k_0^2\right]\left(1 - \frac{i}{\beta_e \Delta z}\right) + \frac{4i\beta_e}{\Delta z}$$
$$+ \frac{2}{(\Delta \tau)^2}\left(\frac{1}{v_g^2} - \frac{\varepsilon_p^r}{c^2}\right)\left(1 - \frac{i}{\beta_e \Delta z}\right) \tag{7.83b}$$

$$T_{s-1}^{r+1}(p) \equiv T_{\tau 1}^{r+1}(p) - T_{\tau 2}^{r+1}(p),\ T_{s+1}^{r+1}(p) \equiv -T_{\tau 1}^{r+1}(p) - T_{\tau 2}^{r+1}(p) \tag{7.83c}$$

$$T_{s-1}^r(p) \equiv T_{\tau 1}^{r*}(p) + T_{\tau 2}^{r*}(p),\quad T_{s+1}^r(p) \equiv -T_{\tau 1}^{r*}(p) + T_{\tau 2}^{r*}(p) \tag{7.83d}$$

$$T_{\tau 1}^r(p) \equiv i\left(\frac{n_{\text{eff}}}{v_g} - \frac{\varepsilon_p^r}{c}\right)\frac{k_0}{\Delta \tau}\left(1 - \frac{i}{\beta_e \Delta z}\right) \tag{7.83e}$$

$$T_{\tau 2}^r(p) \equiv \left(\frac{1}{v_g^2} - \frac{\varepsilon_p^r}{c^2}\right)\frac{1}{(\Delta \tau)^2}\left(1 - \frac{i}{\beta_e \Delta z}\right) \tag{7.83f}$$

式 (7.82a) は，TD–BPM でのアルゴリズムを示している．その左辺は指数 $r+1$，右辺は指数 r に関する項である．x 方向の指数 p の項が，隣接した3つの相対時間項に分かれ，式 (7.83b〜d) となっている．式 (7.82a, b) を，時間項を含まない広角式 (7.52a) と比較すると，式 (7.83a) での係数 $A_s(p) = C_s(p)$ は，式 (7.51a) での $A_{11}(p) = C_{11}(p)$ と一致している．式 (7.83b) の $B_s^r(p)$ は，式 (7.51b) での $B_{11}^r(p)$ に相対時間項が付加されている．式 (7.83c, d) に含まれる $T_{\tau 1}^r(p)$ と $T_{\tau 2}^r(p)$ は，時間領域の解析で新たに加わった項である．

7.9.4　TD–BPM での数値解析方法

式 (7.82a) で計算に関係する各指数を**図 7.8** に示す．図 7.4 と異なり，いまの場合は $r+1$ と r で，$x \cdot \tau$ の指数 (p, s) およびその前後の指数の組み合わせの5つの格子点での値が関係している．相対時間 τ は，光パルスの中心の前後でパルス幅より少し広くとる必要があり，負の値もとる．τ 方向の s の値を L 個とると，x 方向の解析領域を $p = 1 \sim M$ に設定しているから，式 (7.82a) は未知数が $M \times L$ 個の多元連立1次方程式となる．

光パルスの入射では初期条件を $\tau = 0$ で設定する（図 7.6 参照）．この方法で

7.9 時間領域ビーム伝搬法（TD–BPM）

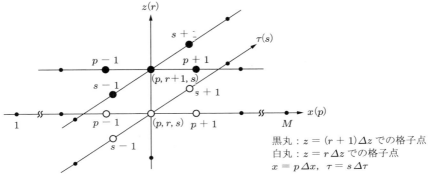

5つの黒丸での電磁界が5つの白丸での電磁界と関係している．
x 方向の解析領域は $1 \leqq p \leqq M$

図 7.8 時間領域ビーム伝搬法での計算上必要な格子点

は，相対時間ステップ $\Delta\tau$ をパルス幅より十分小さく設定する必要がある．時間領域の電磁界数値解析による精度が，理論計算が可能なガウス形関数で評価されたところ，波長 1 μm のとき，パルス幅が 10 fs 程度までは高精度であったが，それ以下の幅では精度が急激に劣化している [7–17]．なお計算に際しては，次項で説明する PML 吸収境界条件の式 (7.85) で，$q = 2$ とおいた S が使用された．

時間領域の電磁界数値解析の適用範囲を，次のようにして見積もる．光短パルスが波長 1 μm（周波数 300 THz），パルス幅 1 fs の場合，その帯域を逆数で見積もると 1×10^{12} Hz で，比帯域が $(1 \times 10^{12})/(3 \times 10^{14}) = 3.3 \times 10^{-3}$ となる．よって，光波領域では 100 ps のパルス幅程度までは，光短パルスの帯域幅は搬送波周波数に比べて十分小さいとみなせる．

7.9.5　TD–BPM での PML 吸収境界条件

PML 吸収境界条件（6.6.2 項参照）が，TD–BPM にも導入できる．図 6.8 のように，解析領域の周囲に PML 吸収境界を設ける．境界でインピーダンス整合条件の式 (6.37) が満たされているとして，解析領域内で許容される振幅反射率 R を設定する（6.6.2 項 (b) 参照）．このとき，波動方程式 (7.64) にパラメータ S を導入すると，これは

$$\frac{\partial}{\partial x}\left(\zeta_{s1}\frac{\partial \Psi}{\partial x}\right) + \frac{\partial}{\partial z}\left(\zeta_{s1}\frac{\partial \Psi}{\partial z}\right) = \zeta_{s2}\frac{S}{c^2}\frac{\partial^2 \Psi}{\partial t^2} \tag{7.84}$$

$$S = \begin{cases} 1 - i\dfrac{(q+1)c}{2\omega n d}\left(\dfrac{\rho}{d}\right)^q \ln\left(\dfrac{1}{R}\right) & : \text{PML 媒質内} \\ 1 & : \text{解析領域内} \end{cases} \quad (7.85)$$

のように書き換えることができる（付録 E.1 参照）．ただし，n は解析領域の屈折率，d は PML 媒質の厚さ，ρ は PML 媒質の内壁からの距離である．q は電磁界の減衰率に関係する定数で，$q = 2$ とおかれることが多い．

7.10 ビーム伝搬法の応用

ビーム伝搬法は，図 7.1 に示した従来型の各種導波構造の電磁界解析に利用されている [7–10]．これらの光導波路は，光スイッチ，光変調器，光フィルタ，光カップラなどの光回路素子を作製する場合に，構成要素として必要になる．

図 7.9 にリブ形導波路の電磁界分布をビーム伝搬法で求めた結果を示す [7–18]．リブ層と上方の空気層の間の屈折率差が大きいので，電界が空気層にあまり侵入していない．一方，基板側へは屈折率差が小さいので，電界の漏れが大きい．また，異なる厚さ d に対する伝搬定数がスカラー BPM，半ベクトル・全ベクトル BPM について調べられたところ，これらでの差異が小さいことが確認されている．

3 次元光導波路にビーム伝搬法を適用する場合，光波の伝搬方向を z 軸にとれ

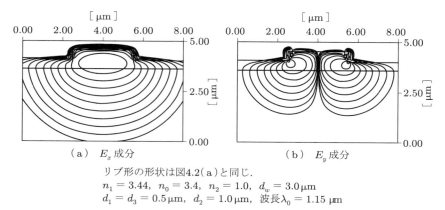

（a） E_x 成分　　　　　　　　　　（b） E_y 成分

リブ形の形状は図4.2(a)と同じ．
$n_1 = 3.44$, $n_0 = 3.4$, $n_2 = 1.0$, $d_w = 3.0\,\mu\text{m}$,
$d_1 = d_3 = 0.5\,\mu\text{m}$, $d_2 = 1.0\,\mu\text{m}$, 波長 $\lambda_0 = 1.15\,\mu\text{m}$

図 7.9　ビーム伝搬法によるリブ形導波路の電磁界分布等高線（準 TE モード）[7–18]
©1993 IEEE, Reprinted, with permission, from W. P. Huang and C. L. Xu: "Simulation of three–dimensional optical waveguides by a full–vector beam propagation method," IEEE J. Quantum Electron. **29** (1993) 2639–2649.

ば，電磁界の $x \cdot y$ 成分の混合したベクトル波動方程式を解く必要がある [7–18]．混合成分を分離させる近似解法として交互方向陰的 (ADI: alternating direction implicit) 差分法などがある [7–19〜7–21]．

　ビーム伝搬法は，円筒座標系 [7–22] や時間領域 [7–23, 7–24] への拡張も進んでいる．

8章 平面波展開法

　平面波展開法は，フォトニック結晶やフォトニック結晶ファイバなどの，周期構造をもつ媒質における電磁界特性を求める標準的計算手法であり，これらの媒質における分散関係，つまりフォトニックバンド構造を求めるのに使用されている．

　本章では，平面波展開法の定式化だけでなく，周期構造に関係した，ブラッグ回折などの物理的側面も説明する．まず，1次元周期構造での取り扱いを紹介して，平面波展開法の扱いに慣れる．その後，より一般的な2・3次元周期構造に対する説明を行う．

8.1 平面波展開法の概要

　平面波展開法は，フォトニック結晶などにおけるフォトニックバンド構造を調べるための手段となっているが，その発端となったのは，1987年に発表されたフォトニックバンドギャップの概念にある [8–1, 8–2]．その後，3次元における光波の伝搬方向によらない完全なフォトニックバンドギャップが，ダイヤモンド構造で実現できることが平面波展開法で示された [8–3]．

　このような経緯のもと，**平面波展開法**（plane–wave expansion method）は，周期構造を含む，フォトニック結晶やフォトニック結晶ファイバなどの媒質に固有の，フォトニックバンド構造や電磁界を求める標準的数値解析手法として利用されている．これは，電磁界と比誘電率をフーリエ級数展開して，多くの平面波の重ね合わせで特性を求めるので，この名称が冠されている．平面波展開法は，最終的には多次元の固有値問題になるので，コンピュータを利用して解くことになる．

　平面波展開法は，次のような特徴をもつ．
（i）3次元を含めてどの次元の周期構造を含む場合にも適用できる，分散関係

を求める標準的な数値解析法である．
(ii) 解析する際に先験的な知識が不要であり，どのような構造にも適用が可能で，汎用性に富む．
(iii) 多くの平面波の重ね合わせで求めるので，数値計算時の収束が比較的遅く，多くの計算時間を要する．

周期構造の例を**図 8.1** に示す．図 (a), (b) は 1 次元周期構造であり，(a) は屈折率が光波の伝搬方向に対して周期的に変化するタイプ，図 (b) は形状変化によるタイプである．これらの**周期構造導波路**（periodic waveguide）は波長選択性（周期に依存した特定の波長範囲の光波のみを反射させる性質）をもつのが特徴である．図 (c) は 2 次元周期構造，図 (d) は 3 次元周期構造の概念図である．2 次元周期構造として三角格子・正方格子・六方格子配列などがあり，3 次元周期構造としては面心立方格子やダイヤモンド格子などがある．媒質として誘電体だけでなく，人工的に屈折率の周期構造を作製した半導体でも使用されている．

平面波展開法はその重要性により，ソフトウェアが市販されている．また，平面波展開法はフォトニック結晶やフォトニック結晶ファイバに関する書物の一部で紹介されている [8-4〜8-7]．フォトニックバンド構造の計算には，FDTD

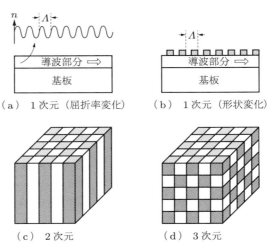

(a) 1 次元（屈折率変化）　　(b) 1 次元（形状変化）

(c) 2 次元　　(d) 3 次元

(b)〜(d) で網掛け部分と白い部分は比誘電率，すなわち屈折率が異なる媒質を表す．Λ：周期

図 8.1 周期構造の例

8.2 平面波展開法における3次元波動方程式

ここでは，等方性・非磁性・無損失の媒質を対象とするので，比透磁率を $\mu = 1$，電流密度を $\boldsymbol{J} = 0$，電荷密度を $\rho = 0$ とおく．比誘電率は3次元の位置ベクトル $\boldsymbol{r}$ のみに依存するとして $\varepsilon(\boldsymbol{r})$ とおく．厳密には誘電体が対象となるが，半導体でも損失が微小なので実質的に適用できる．

このとき，マクスウェル方程式に式 (2.4a, b) を適用し，ファラデーの法則を表す式 (2.1a) の両辺に rot，つまり $\nabla\times$ を作用させ，アンペールの法則を表す式 (2.1b) の両辺を t で微分して，両式から磁界 $\boldsymbol{H}$ を消去すると，次式を得る．

$$\frac{1}{\varepsilon(\boldsymbol{r})}\nabla \times [\nabla \times \boldsymbol{E}(\boldsymbol{r},t)] = -\frac{1}{c^2}\frac{\partial^2 \boldsymbol{E}(\boldsymbol{r},t)}{\partial t^2} \tag{8.1}$$

ここで，c は真空中の光速を表す．また，式 (2.1b) を $\varepsilon(\boldsymbol{r})$ で割った後に rot を作用させた式と，式 (2.1a) の両辺を t で微分した式より，電界 $\boldsymbol{E}$ を消去すると，

$$\nabla \times \left[\frac{1}{\varepsilon(\boldsymbol{r})}\nabla \times \boldsymbol{H}(\boldsymbol{r},t)\right] = -\frac{1}{c^2}\frac{\partial^2 \boldsymbol{H}(\boldsymbol{r},t)}{\partial t^2} \tag{8.2}$$

を得る．式 (8.1) と式 (8.2) は，3次元媒質中における電界 $\boldsymbol{E}$ と磁界 $\boldsymbol{H}$ に対する波動方程式である．

電磁界の時間変動因子として $\exp(i\omega t)$ をとる．ただし，ω は角周波数である．この因子を式 (8.1)，(8.2) に代入すると，次式を得る．

$$\Theta_{\mathrm{E}}\boldsymbol{E}(\boldsymbol{r}) \equiv \frac{1}{\varepsilon(\boldsymbol{r})}\nabla \times [\nabla \times \boldsymbol{E}(\boldsymbol{r})] = \left(\frac{\omega}{c}\right)^2 \boldsymbol{E}(\boldsymbol{r}) \tag{8.3}$$

$$\Theta_{\mathrm{H}}\boldsymbol{H}(\boldsymbol{r}) \equiv \nabla \times \left[\frac{1}{\varepsilon(\boldsymbol{r})}\nabla \times \boldsymbol{H}(\boldsymbol{r})\right] = \left(\frac{\omega}{c}\right)^2 \boldsymbol{H}(\boldsymbol{r}) \tag{8.4}$$

式 (8.3)，(8.4) は，それぞれ電界 $\boldsymbol{E}(\boldsymbol{r})$ と磁界 $\boldsymbol{H}(\boldsymbol{r})$ に関する波動方程式であり，また Θ_{E} と Θ_{H} は，それぞれ $\boldsymbol{E}(\boldsymbol{r})$ と $\boldsymbol{H}(\boldsymbol{r})$ に作用する演算子を表す．

平面波展開法の定式化をする場合，出発式として式 (8.3)，(8.4) のいずれもが使える．ただし，磁界に対する波動方程式 (8.4) を用いると，Θ_{H} がエルミート演算子となって [8-4]，これの固有値が実数となるので，式 (8.4) を出発式とするほうが計算をする上で便利である．

電界と磁界を相互に変換する関係式は，式 (2.1a, b) より次式で得られる．

$$\boldsymbol{E}(\boldsymbol{r}) = -\frac{i}{\omega\varepsilon_0\varepsilon(\boldsymbol{r})}\nabla \times \boldsymbol{H}(\boldsymbol{r}) \tag{8.5}$$

$$\boldsymbol{H}(\boldsymbol{r}) = \frac{i}{\omega\mu_0} \nabla \times \boldsymbol{E}(\boldsymbol{r}) \tag{8.6}$$

式 (8.5) [式 (8.6)] は，式 (8.4) [式 (8.3)] から求めた磁界 [電界] を式 (8.5) [式 (8.6)] に代入すると，式 (8.3) [式 (8.4)] を用いることなく，電界 [磁界] が求められることを示している．

マクスウェル方程式 (2.1d) より，$\mu = 1$ なので，次式が得られる．

$$\mathrm{div}\, \boldsymbol{H}(\boldsymbol{r}) = \nabla \cdot \boldsymbol{H}(\boldsymbol{r}) = 0 \tag{8.7}$$

式 (2.1c) で $\rho = 0$ であっても，周期構造では比誘電率 ε に空間変化があるので，電界では式 (8.7) のような関係が得られない．

● 8.3　1次元周期構造における平面波展開法

平面波展開法は，3次元の扱いでは数式的展開が複雑なので，本手法のイメージをつかみやすくするため，まず1次元周期構造で考える．

8.3.1　平面波展開法での基本式と準備

周期構造（周期 Λ）が x 軸方向のみにあり（$\partial/\partial y = \partial/\partial z = 0$），比誘電率が $\varepsilon(x)$ で表されているとして，光波が x 方向に伝搬するとする．TE モードを想定する場合，3.1.2 項の議論により，非零電磁界成分は H_z と E_y である．このとき，式 (3.2a～f) で $\beta = 0$ とおき，式 (3.2e) を $\varepsilon(x)$ で割った後，その両辺を x で微分した式を式 (3.2c) に代入する．こうして，1次元での磁界 H_z に対する波動方程式が，

$$-\frac{d}{dx}\left[\frac{1}{\varepsilon(x)}\frac{dH_z}{dx}\right] = \left(\frac{\omega}{c}\right)^2 H_z \tag{8.8}$$

で表せる．この式は，式 (8.4) の z 成分からも導ける．

比誘電率 ε が周期 Λ をもっている場合，次のように書ける．

$$\varepsilon(x + \Lambda) = \varepsilon(x) \tag{8.9}$$

このとき，式 (8.8) の [ ] 内に含まれる比誘電率の逆数をフーリエ級数展開すると，形式的に次のように書ける．

$$\frac{1}{\varepsilon(x)} = \sum_{m=-\infty}^{\infty} \xi_m \exp(iG_m x) \quad (m : 0 \text{ を含む正負の整数}) \tag{8.10}$$

$$G_m = \frac{2\pi m}{\Lambda} \tag{8.11}$$

ただし，G_m は周期性に起因した**ブロッホ波数**である．また，ξ_m はフーリエ係数であり，その表式を後に求める（式 (8.14) 参照）．式 (8.10) に関して，一般に $\exp(iG_m\Lambda) = 1$ が成立するから（付録の式 (F.2.5) 参照），

$$\frac{1}{\varepsilon(x+\Lambda)} = \sum_{m=-\infty}^{\infty} \xi_m \exp[iG_m(x+\Lambda)] = \sum_{m=-\infty}^{\infty} \xi_m \exp(iG_m x) = \frac{1}{\varepsilon(x)} \tag{8.12}$$

が導ける．つまり，比誘電率の逆数もまた，比誘電率と同じ周期 Λ をもつことが確認できる．

式 (8.10) に含まれる，フーリエ係数 ξ_m に対する表現を得るため，式 (8.10) の両辺に $\exp(-iG_m x)$ を掛け，1周期分について積分する．このとき，その右辺は，付録の式 (F.2.6) を用いて，

$$\sum_{m'=-\infty}^{\infty} \xi_{m'} \int \exp[i(G_{m'} - G_m)x] dx = \sum_{m'=-\infty}^{\infty} \xi_{m'} \Lambda \delta_{m,m'} = \Lambda \xi_m \tag{8.13}$$

と変形できる．これを利用して，フーリエ係数 ξ_m が次式で得られる．

$$\xi_m = \frac{1}{\Lambda} \int \frac{1}{\varepsilon(x)} \exp(-iG_m x) dx \tag{8.14}$$

このようにして，周期構造の情報がフーリエ係数 ξ_m に反映される．

比誘電率が周期性をもつ場合，電磁界にはブロッホの定理（付録 F.1 参照）が適用できる．付録での式 (F.1.3) を用いて，磁界成分 H_z が次式で表せる．

$$H_z(x) = \sum_{m=-\infty}^{\infty} h_m \exp[i(k_x + G_m)x] \tag{8.15}$$

ただし，h_m は磁界展開係数，k_x は第1ブリュアンゾーン内における光波の波数，指数関数は周期構造中を x 方向に伝搬する平面波を表す．

8.3.2 1次元周期構造での固有値方程式の導出

波動方程式 (8.8) に，比誘電率の逆数のフーリエ級数展開の式 (8.10) と磁界成分の式 (8.15) を代入して整理すると，次式が得られる．

$$\sum_{m'=-\infty}^{\infty} \sum_{m''=-\infty}^{\infty} \xi_{m''}(k_x + G_{m'} + G_{m''})(k_x + G_{m'})h_{m'}$$

$$\times \exp[i(k_x + G_{m'} + G_{m''})x]$$
$$= \left(\frac{\omega}{c}\right)^2 \sum_m h_m \exp[i(k_x + G_m)x] \tag{8.16}$$

上式の左辺で $k_x + G_{m'} (\equiv k_{\mathrm{in}})$ は周期構造内での入射波の波数，$G_{m''}$ は周期性で生じるブロッホ波数である．したがって，左辺最後の指数関数は，入射波が周期構造で回折された光波を表し，m'' の値によってさまざまな回折成分を生じる．右辺の指数関数は，波数 $k_z + G_m (\equiv k_{\mathrm{dif}})$ の回折波を表す．

周期構造で回折されたさまざまな光波のうち，位置 x によらず位相が揃って成長し，周期構造中で安定して存在するのは，式 (8.16) の右辺と同じ因子 $\exp[i(k_x + G_m)x]$ をもつ回折波のみである．この条件を満たすのは，ブロッホ波数が

$$G_{m''} = G_m - G_{m'} \tag{8.17}$$

を満たす場合である．式 (8.17) は，ブラッグの回折条件を表しており，その物理的内容を後に検討する (8.3.3 項参照)．

式 (8.17) が成立するとき，式 (8.16) において m'' に関する和を m に関する和に置き換えると，次式が得られる．

$$\sum_{m=-\infty}^{\infty} \sum_{m'=-\infty}^{\infty} \xi_{m-m'}(k_x + G_m)(k_x + G_{m'}) h_{m'} \exp[i(k_x + G_m)x]$$
$$= \left(\frac{\omega}{c}\right)^2 \sum_{m=-\infty}^{\infty} h_m \exp[i(k_x + G_m)x] \tag{8.18}$$

この式が x や m の値によらず成立するためには，各 m について指数関数以外の部分が等しくなる必要がある．このことを整理すると，次式が導ける．

$$\sum_{m'=-\infty}^{\infty} f_{m,m'} h_{m'} = \left(\frac{\omega}{c}\right)^2 h_m \tag{8.19a}$$

$$f_{m,m'} \equiv \xi_{m-m'}(k_x + G_m)(k_x + G_{m'}) \tag{8.19b}$$

式 (8.19a) は 1 次元周期構造における TE モードに対する固有値方程式である．再度パラメータの説明を行うと，h_m は式 (8.15) における磁界展開係数，ξ_m は式 (8.14) で定義された比誘電率の逆数のフーリエ係数，G_m は式 (8.11) で示されたブロッホ波数，k_x は第 1 ブリュアンゾーン内における光波の波数，ω は角周波数，c は真空中の光速である．

固有値方程式 (8.19a) をわかりやすいように行列形式で表すと，次のように書ける．

$$\begin{pmatrix} \ddots & & \vdots & & \iddots \\ & f_{1,1} & f_{1,0} & f_{1,-1} & \\ \cdots & f_{0,1} & f_{0,0} & f_{0,-1} & \cdots \\ & f_{-1,1} & f_{-1,0} & f_{-1,-1} & \\ \iddots & & \vdots & & \ddots \end{pmatrix} \begin{pmatrix} \vdots \\ h_1 \\ h_0 \\ h_{-1} \\ \vdots \end{pmatrix} = \left(\frac{\omega}{c}\right)^2 \begin{pmatrix} \vdots \\ h_1 \\ h_0 \\ h_{-1} \\ \vdots \end{pmatrix} \quad (8.20)$$

この手法は，式 (8.15) に示したような平面波を用いて展開して固有値方程式を求めるので，**平面波展開法**とよばれる．

固有値方程式 (8.20) に関連した内容は，次のようにまとめられる．

(i) これは，無限個の磁界展開係数 h_m を有する列ベクトルと，無限個の成分 $f_{m,m'}$ を有する行列からなる固有値方程式である．現実的には，無限個の連立方程式を解くことができないので，実用的な精度を満たす範囲内の有限個で打ち切ることになるが，大規模行列になる．

(ii) これを数値的に解いて，分散関係（ω–k 曲線），つまりフォトニックバンド構造が求められる．

(iii) 比誘電率の逆数に対するフーリエ係数 ξ_m は，具体的な周期構造を反映した値をとる．

(iv) 式 (8.19b) で定義された行列成分 $f_{m,m'}$ の性質を調べる．これに含まれるフーリエ係数 ξ_m で，比誘電率 $\varepsilon(x)$ が実数（つまり，損失のない媒質）であれば，

$$\xi_{-m}^* = \frac{1}{\Lambda}\int \frac{1}{\varepsilon^*(x)}\exp(-iG_m x)dx = \xi_m \quad (8.21)$$

が得られる．よって，行列成分で添え字の順序を入れ替えると，

$$f_{m',m} = \xi_{m'-m}(k_x + G_{m'})(k_x + G_m)$$

$$= \xi_{m-m'}^*(k_x + G_{m'})(k_x + G_m) = f_{m,m'}^* \quad (8.22)$$

が導ける．つまり，式 (8.20) における左辺の行列がエルミート行列であることが示せた．したがって，これの固有値は実数であり，相異なる固有値に属する固有ベクトル（固有関数の組）は互いに直交する．

(v) 式 (8.20) における左辺の行列成分である $f_{m,m'}$ で，添え字 m と m' が近い値のとき，フーリエ係数 $\xi_{m'-m}$ の次数 $m'-m$ は 0 を中心として 0 近傍

の値をとる．一般に，$\xi_{m'-m}$ の絶対値はその次数が 0 近傍ほど大きく，次数が大きくなるほど急激に減衰する．したがって，式 (8.20) の左辺の行列は，対角成分とその近傍の成分が大きな値を示すこと，つまり近似的に帯行列（付録 A.4(a) 参照）となることが予測できる．

(vi) 電界成分 E_y に対する表現は，式 (3.2e) で $\beta = 0$ とおいた式，または式 (8.5) で得られる．これに，フーリエ級数展開の式 (8.10) と求められた磁界の式 (8.15) を代入して，E_y が

$$E_y = \frac{i}{\omega \varepsilon_0 \varepsilon(x)} \frac{dH_z}{dx}$$
$$= -\frac{1}{\omega \varepsilon_0} \sum_{m''} \sum_{m'} (k_x + G_{m'}) h_{m'} \xi_{m''} \exp[i(k_x + G_{m'} + G_{m''})x] \tag{8.23}$$

で求められる．

(vii) 現実の計算では，上述のように有限個で打ち切られる．一般に，エネルギーに関係する角周波数 ω に対する精度は，有限個で打ち切られても，実用的に差し支えない精度が得られる．しかし，電磁界分布に対する精度は低下するので，電磁界に対しては，FDTD 法など他の手法で求められることが多い．

8.3.3 1 次元周期構造でのブラッグ回折

ここでは，1 次元周期構造における式 (8.17) のもつ物理的意味を考察する．周期構造中では，入射波と回折波は同一媒質内にあり，それらの波数 $k_\mathrm{in} (= k_x + G_{m'})$ と $k_\mathrm{dif} (= k_x + G_m)$ の大きさが等しいので，$|k_x + G_m| = |k_x + G_{m'}|$ と書ける．これに式 (8.17) を用いて，

$$k_x + G_{m'} = \pm(k_x + G_m) = \pm(k_x + G_{m'} + G_{m''}) \tag{8.24a}$$
$$k_x + G_m = \pm(k_x + G_{m'}) = \mp(k_x + G_m - G_{m''}) \tag{8.24b}$$

を得る．

式 (8.24a, b) の複号のうち上側の符号をとる場合は，$G_{m''} = m'' = 0$ となる．このとき，$G_m = G_{m'}$ で $k_\mathrm{dif} = k_\mathrm{in}$ となる．これは，入射波が回折されることなく，周期構造を素通りすることを意味し，0 次回折光とよばれる．

次に，式 (8.24a, b) の複号のうち下側の符号をとる場合，ブロッホ波数は

$$G_{m''} = \frac{2\pi}{\Lambda}m'' = -2k_{\text{in}} = -2(k_x + G_{m'})$$
$$= 2k_{\text{dif}} = 2(k_x + G_m) \quad (m'' : 整数) \tag{8.25}$$

と書ける．式 (8.25) は 1 次元周期構造における**ブラッグ回折** (Bragg diffraction) を表しており，次のことがいえる（**図 8.2**）．

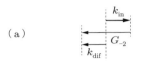

(a)

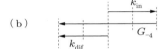

(b)

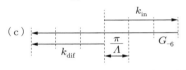

(c)

図 (a)～(c) はそれぞれ $m'' = -1, -2, -3$ の場合．入射光の波数 k_{in}，回折光の波数 k_{dif}，逆格子の大きさ $G_{m''}$ は，いずれも π/Λ の整数倍となっている．矢印の右（左）向きは正（負）であることを表す．Λ：周期

図 8.2 1 次元周期構造におけるブラッグ回折の例

(i) 入射光と回折光の波数の大きさは等しく，π/Λ の整数倍となる．つまり，ブラッグ回折は，周期 Λ と密接に関係した特定の波長でのみ生じる．これは周期構造が**波長選択性**をもつことを意味しており，さまざまな応用がなされている．

(ii) 回折波が入射波と逆方向に伝搬する ($k_{\text{dif}} = -k_{\text{in}}$)，つまり両波が周期構造に対して鏡面反射している．

(iii) 逆格子の大きさは入射光の波数の大きさの 2 倍であり，その符号が入射光と異符号となる．

(iv) 式 (8.25) は，後述する一般的なブラッグの回折条件式 (8.73) で，入射光と逆格子のなす角度が $\theta = 0$ の場合に相当している．

● 8.4　1 次元周期構造でのフォトニックバンド構造の近似計算

本節では，平面波展開法の概略を知るため，前節で示した固有値方程式 (8.20) で有限個の成分を用いて，フォトニックバンド構造を近似的に求める．

8.4.1　比誘電率の逆数のフーリエ係数

屈折率が n_a と n_b で繰り返される 1 次元周期構造（周期 Λ）の屈折率分布は，

8.4 １次元周期構造でのフォトニックバンド構造の近似計算　　*175*

$$n(x) = \begin{cases} n_a & : (l-1)\Lambda - \dfrac{a}{2} \leq x \leq (l-1)\Lambda + \dfrac{a}{2} \\ n_b & : (l-1)\Lambda + \dfrac{a}{2} \leq x \leq l\Lambda - \dfrac{a}{2} \end{cases}$$

$$(l：整数,\ a < \Lambda) \quad (8.26)$$

で表せる．これは，全領域が n_b で覆われ，$(l-1)\Lambda - a/2 \leq x \leq (l-1)\Lambda + a/2$ では，正負を含めてその差分が分布していると考えても差し支えない．

式 (8.19b) における $f_{m,m'}$ の計算に必要な，比誘電率の逆数のフーリエ係数 ξ_m は，式 (8.14) を用いて，次式で得られる．

$$\xi_m = \begin{cases} \dfrac{1}{n_a^2} f_a + \dfrac{1}{n_b^2}(1 - f_a) & : m = 0 \\ \left(\dfrac{1}{n_a^2} - \dfrac{1}{n_b^2}\right) f_a \dfrac{\sin(\pi m f_a)}{\pi m f_a} = \left(\dfrac{1}{n_a^2} - \dfrac{1}{n_b^2}\right) f_a \dfrac{\sin(G_m a/2)}{G_m a/2} & : m \neq 0 \end{cases}$$

$$(8.27)$$

ただし，$G_m = 2\pi m/\Lambda$ はブロッホ波数，$f_a \equiv a/\Lambda$ は屈折率 n_a の層が１周期に占める割合で $0 < f_a < 1$，m は整数である．$m \neq 0$ の場合に含まれる $\sin x/x$ は sinc 関数とよばれる．これは $x = 0$ で最大値 1 をとり，$|x|$ の増加に対して減衰振動特性を示す．sinc 関数は，回折現象を記述する際にしばしば現れる関数である．

式 (8.27) は，0 次フーリエ係数 ξ_0 が比誘電率の逆数の線分比 f_a で決まることを示している．また，非零次フーリエ係数は，比誘電率の逆数の差，および G_m または f_a に関する sinc 関数に比例することを示している．

8.4.2　フォトニックバンド構造の近似解

一般に，フーリエ係数 ξ_m は $|m|$ の増加とともに，その絶対値が急激に小さくなる．そのため，式 (8.20) で $m = 0$ 近傍の中央 3 項だけを考慮しても，ある程度の精度が確保できる．そこで次に，このような考え方で分散曲線の近似解を求め，周期構造におけるフォトニックバンドギャップの存在を確認する．

固有値方程式 (8.20) における $m = 0$ 近傍の中央 3 項のみを取り出すと，

$$f_{1,1} h_1 + f_{1,0} h_0 + f_{1,-1} h_{-1} = \left(\dfrac{\omega}{c}\right)^2 h_1 \quad (8.28\text{a})$$

$$f_{1,0}^* h_1 + f_{0,0} h_0 + f_{0,-1} h_{-1} = \left(\dfrac{\omega}{c}\right)^2 h_0 \quad (8.28\text{b})$$

$$f_{1,-1}^* h_1 + f_{0,-1}^* h_0 + f_{-1,-1} h_{-1} = \left(\frac{\omega}{c}\right)^2 h_{-1} \tag{8.28c}$$

が得られる．ただし，ω は角周波数，c は真空中の光速である．上式を導くにあたり，式 (8.22) の性質を利用した．

式 (8.28a〜c) に式 (8.19b) の行列成分を適用し，ブロッホ波数 G_m の表現を代入する．比誘電率の逆数のフーリエ係数では，一般に $|\xi_2| \ll |\xi_1|$ が成り立つので，ξ_2 を含む項を無視すると，次式を得る．

$$\left[\xi_0 \left(k_x + \frac{2\pi}{\Lambda}\right)^2 - \left(\frac{\omega}{c}\right)^2\right] h_1 + \left[\xi_1 k_x \left(k_x + \frac{2\pi}{\Lambda}\right)\right] h_0 = 0 \tag{8.29a}$$

$$\left[\xi_1^* k_x \left(k_x + \frac{2\pi}{\Lambda}\right)\right] h_1 + \left[\xi_0 k_x^2 - \left(\frac{\omega}{c}\right)^2\right] h_0 + \left[\xi_1 k_x \left(k_x - \frac{2\pi}{\Lambda}\right)\right] h_{-1}$$
$$= 0 \tag{8.29b}$$

$$\left[\xi_1^* k_x \left(k_x - \frac{2\pi}{\Lambda}\right)\right] h_0 + \left[\xi_0 \left(k_x - \frac{2\pi}{\Lambda}\right)^2 - \left(\frac{\omega}{c}\right)^2\right] h_{-1} = 0 \tag{8.29c}$$

ただし，k_x は光波の x 方向の波数である．

ここで，フォトニックバンドギャップ近傍を想定して，$k_x \fallingdotseq \pi/\Lambda$, $(\omega/c)^2 \fallingdotseq \xi_0 k_x^2 = \xi_0 (\pi/\Lambda)^2$ のときに大きく寄与する項のみを取り出すと，h_1 の項が無視できる．その結果は，次のように行列形式で表せる．

$$\begin{pmatrix} \left(\frac{\omega}{c}\right)^2 - \xi_0 k_x^2 & -\xi_1 k_x \left(k_x - \frac{2\pi}{\Lambda}\right) \\ -\xi_1^* k_x \left(k_x - \frac{2\pi}{\Lambda}\right) & \left(\frac{\omega}{c}\right)^2 - \xi_0 \left(k_x - \frac{2\pi}{\Lambda}\right)^2 \end{pmatrix} \begin{pmatrix} h_0 \\ h_{-1} \end{pmatrix} \fallingdotseq \begin{pmatrix} 0 \\ 0 \end{pmatrix}$$
$$\tag{8.30}$$

式 (8.30) が自明解以外の解をもつためには，左辺の 2 行 2 列の行列に関する行列式の値が 0 となればよい．

$k_x \fallingdotseq \pi/\Lambda$ 近傍の近似解を求めるため，$\delta \equiv k_x - \pi/\Lambda$ とおくと，$|\delta| \ll \pi/\Lambda$ が成立する．$\Omega \equiv (\omega/c)^2 \, (>0)$ とおくと，前記行列式 $= 0$ から，Ω に関する 2 次方程式

$$\Omega^2 - 2\xi_0 \left[\left(\frac{\pi}{\Lambda}\right)^2 + \delta^2\right] \Omega + (\xi_0^2 - |\xi_1|^2) \left[\left(\frac{\pi}{\Lambda}\right)^2 - \delta^2\right]^2 = 0 \tag{8.31}$$

を得る．δ^2 の微小量まで考慮すると，次の結果を得る．

$$\Omega_\pm \fallingdotseq \xi_0 \left[\left(\frac{\pi}{\Lambda}\right)^2 + \delta^2 \right] \pm 2\xi_0 \left(\frac{\pi}{\Lambda}\right)^2 \sqrt{\left|\frac{\xi_1}{2\xi_0}\right|^2 + \delta^2 \left(\frac{\Lambda}{\pi}\right)^2} \quad \text{(複号同順)}$$
(8.32)

これをさらに解いて,次の近似式を得る.

$$\frac{\omega_\pm}{c} \fallingdotseq \frac{\pi}{\Lambda} \sqrt{\xi_0} \left[1 + \frac{\delta^2}{2}\left(\frac{\Lambda}{\pi}\right)^2 \pm \sqrt{\left|\frac{\xi_1}{2\xi_0}\right|^2 + \delta^2\left(\frac{\Lambda}{\pi}\right)^2} \right] \quad \text{(複号同順)}$$
(8.33)

式 (8.33) は,フォトニックバンド端 ($k_x = \pi/\Lambda, \delta = 0$) 近傍での分散曲線の近似式であり,分散曲線がほぼ放物線で記述できることを示している (**図 8.3**).根号内の 2 項の大小関係は,比誘電率の逆数のフーリエ係数の大きさの比 $|\xi_1/2\xi_0|$ とバンド端からのずれ量 δ に依存する.

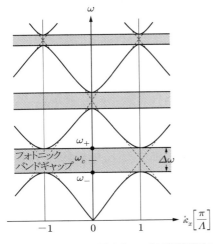

図 8.3 1 次元周期構造による分散曲線の概略

式 (8.33) は,フォトニックバンド端 ($k_x = \pi/\Lambda$) では,

$$\frac{\pi c}{\Lambda}\sqrt{\xi_0 - |\xi_1|} < \omega < \frac{\pi c}{\Lambda}\sqrt{\xi_0 + |\xi_1|}$$
(8.34)

で表される角周波数領域には電磁界が存在しないことを表す.これは,式 (8.34) を満たす角周波数の光波が周期構造中では存在できないことを意味し,この領域を**フォトニックバンドギャップ** (photonic band gap) とよぶ [8–1, 8–2]. これは,半導体におけるバンドギャップと類似の概念である.フォトニックバン

ド端 ($k_x = \pi/\Lambda$) は，式 (8.25) より，ブラッグ回折が生じる条件に一致している．

フォトニックバンドの中心角周波数 ω_c およびフォトニックバンドギャップ幅 $\Delta\omega$ と ω_c の比は，$|\xi_1| \ll \xi_0$ として，式 (8.27) を用いて次式で表せる．

$$\omega_c = \frac{\omega_+ + \omega_-}{2} = \frac{\pi c}{\Lambda}\sqrt{\xi_0} = \frac{\pi c}{\Lambda}\sqrt{\frac{1}{n_a^2}f_a + \frac{1}{n_b^2}(1-f_a)} \quad (8.35\text{a})$$

$$\frac{\Delta\omega}{\omega_c} \equiv \frac{\omega_+ - \omega_-}{(\omega_+ + \omega_-)/2} \fallingdotseq \frac{|\xi_1|}{\xi_0} = \frac{\left|1/n_a^2 - 1/n_b^2\right|\sin(\pi f_a)}{\pi[(1/n_b^2) + (1/n_a^2 - 1/n_b^2)f_a]} \quad (8.35\text{b})$$

ただし，$f_a \equiv a/\Lambda$ は屈折率 n_a の層が 1 周期に占める割合である．

式 (8.34)，(8.35) から次のことがわかる．

(ⅰ) 固有値方程式 (8.20) で中央 3 項の行列成分を考慮しただけでも，フォトニックバンドギャップの存在が予測できる．

(ⅱ) 周期構造でフォトニックバンドギャップが生じるためには，屈折率差の存在が不可欠である．1 次元でフォトニックバンドギャップを生じる条件は比較的簡単である．しかし，2・3 次元では光波の伝搬方向がより一般的になるので条件が厳しくなり，$n_a > n_b$ とした場合，$n_a/n_b > \eta \, (>1)$ を満たす必要がある．η の値は結晶構造に依存するが，3 次元のダイヤモンド構造の場合 $\eta \approx 2.04$ である [8-3]．

(ⅲ) 相対的なフォトニックバンドギャップ幅 $\Delta\omega/\omega_c$ は，屈折率差が増加するほど大きくなるが，式 (8.35b) で分母・子に同じ差の項が含まれているので，その値は飽和する．この結果は，$\Delta\omega/\omega_c$ を大きくするには，n_b 層として屈折率が最も低い空孔を用いることが有効であることを示している．

ここで，中心角周波数 ω_c と $\Delta\omega/\omega_c$ の数値例を示す．角周波数は通常，規格化周波数 $\Omega_N \equiv (\omega/c)(\Lambda/2\pi) = \omega\Lambda/2\pi c$ の形でよく用いられる．$n_b = 1.5$，$n_a = 4.5$，$f_a = 0.5$ の場合，ω_c の規格化周波数は $\Omega_N = 0.248$ となる．$n_a = 4.5$，$f_a = 0.5$ の場合，$\Delta\omega/\omega_c$ の値は $n_b = 1.0$ で 0.577，$n_b = 1.5$ で 0.509，$n_b = 3.0$ で 0.245 となる．

以上の結果より，固有値方程式 (8.20) で対象とする行列の成分数を増加させれば，分散曲線の精度が向上することが予測できる．構造が複雑な場合には，精度を保持するため，行列の成分数を増やして計算する必要がある．

8.5 2次元周期構造における平面波展開法

2次元周期構造としてフォトニック結晶がある.また,フォトニック結晶ファイバでは断面内で周期構造を有しているので,2次元周期構造で扱える.2次元周期構造では,正方格子や三角格子配列など,格子配列に依存した特性も反映できる.本節では,2次元周期構造での平面波展開法を説明する.

8.5.1 2次元周期構造での固有値方程式の導出

フォトニック結晶ファイバの場合には,導波構造は z 方向には均一で,(x,y) 平面内で周期構造をもつとする.光波が z 軸方向に伝搬するとして,z 軸方向の伝搬定数を β で表す.光波の角周波数を ω として,電磁界の時空変動因子を $\exp[i(\omega t - \beta z)]$ で表す.(x,y) 平面内の2次元位置ベクトルを $\boldsymbol{r}_\mathrm{t} = (x,y)$,比誘電率を $\varepsilon(\boldsymbol{r}_\mathrm{t})$ で表し,下付き添え字 t は横方向成分であることを意味する.比誘電率が2次元で並進ベクトル $\boldsymbol{\Lambda}_\mathrm{t}$ をもつとすると,次式が成立する.

$$\varepsilon(\boldsymbol{r}_\mathrm{t} + \boldsymbol{\Lambda}_\mathrm{t}) = \varepsilon(\boldsymbol{r}_\mathrm{t}) \tag{8.36}$$

並進ベクトル $\boldsymbol{\Lambda}_\mathrm{t}$ の大きさは,フォトニック結晶の分野では格子定数 a を単位として表されることが多い.これに対応する,2次元での逆格子ベクトルを $\boldsymbol{G}_\mathrm{t} = (G_x, G_y)$ で表す.

2次元フォトニック結晶では,円筒形ロッドなどで周期構造が形成されており,ロッドの軸方向を z 軸にとる(**図 8.4**).この分野では,ロッドの軸に対して横方向の電界(磁界)成分をもつものを TE(TM)モードとよんでいる.い

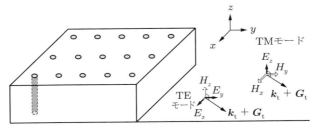

円筒形ロッドの軸方向が z 軸.正方格子配列の場合の図.
TE(TM)モードの電界(磁界)成分は (z,y) 面内.
光波伝搬方向 $\boldsymbol{k}_\mathrm{t} + \boldsymbol{G}_\mathrm{t}$ は,TE(TM)モードでは $H_z(E_z)$ 成分に直交する.

図 8.4 2次元フォトニック結晶における光波伝搬

まの場合 $\partial/\partial z = 0$ であり，マクスウェル方程式 (2.24a〜f) で $\beta = 0$ とおくと，非零の電磁界成分の組合せが，H_z, E_x, E_y の組と E_z, H_x, H_y の組に分離でき，前者（後者）が TE（TM）モードとなる．各モードに対する定義が，従来型光導波路の場合と異なることに注意する必要がある．

(a) TE モード

非零電磁界成分が H_z, E_x, E_y の組で，$H_z(\bm{r}_\mathrm{t})$ を考える．このとき，式 (2.24a〜f) で $\beta = 0$ とおき，式 (2.24d) と式 (2.24e) を $\varepsilon(x)$ で割った結果を式 (2.24c) に代入すると，磁界成分 H_z に対する波動方程式が次式で得られる．

$$-\left\{ \frac{\partial}{\partial x}\left[\frac{1}{\varepsilon(\bm{r}_\mathrm{t})} \frac{\partial H_z(\bm{r}_\mathrm{t})}{\partial x} \right] + \frac{\partial}{\partial y}\left[\frac{1}{\varepsilon(\bm{r}_\mathrm{t})} \frac{\partial H_z(\bm{r}_\mathrm{t})}{\partial y} \right] \right\} = \left(\frac{\omega}{c}\right)^2 H_z(\bm{r}_\mathrm{t}) \tag{8.37}$$

これは，ビーム伝搬法における式 (7.5) での z 成分をとっても得られる．

比誘電率が並進ベクトル $\bm{\Lambda}_\mathrm{t}$ をもつとき，比誘電率の逆数もまた同じ並進ベクトル $\bm{\Lambda}_\mathrm{t}$ をもつ．このフーリエ級数展開を次のように書く．

$$\frac{1}{\varepsilon(\bm{r}_\mathrm{t})} = \sum_{\bm{G}_\mathrm{t}} \xi(\bm{G}_\mathrm{t}) \exp(i\bm{G}_\mathrm{t} \cdot \bm{r}_\mathrm{t}) \tag{8.38}$$

式 (8.38) での和は，形式的には 2 次元での逆格子ベクトルすべてをとるものとする（後にわかるように，現実の計算で有意な寄与をするのは一部である）．このとき，フーリエ係数は次式で与えられる．

$$\xi(\bm{G}_\mathrm{t}) = \frac{1}{V_\mathrm{uc}} \int \frac{1}{\varepsilon(\bm{r}_\mathrm{t})} \exp(-i\bm{G}_\mathrm{t} \cdot \bm{r}_\mathrm{t}) dS \tag{8.39}$$

ただし，規格化因子 V_uc は単位格子の面積を表し，積分は単位格子内で行う．

周期構造中の磁界は，ブロッホの定理を利用して，次式で表す．

$$H_z(\bm{r}_\mathrm{t}) = \sum_{\bm{G}_\mathrm{t}} h(\bm{G}_\mathrm{t}) \exp[i(\bm{k}_\mathrm{t} + \bm{G}_\mathrm{t}) \cdot \bm{r}_\mathrm{t}] \tag{8.40}$$

ここで，$h(\bm{G}_\mathrm{t})$ は磁界展開係数，$\bm{k}_\mathrm{t} = (k_x, k_y)$ は第 1 ブリュアンゾーン内における光波の 2 次元波数ベクトルである．

式 (8.37) に式 (8.38)，(8.40) を代入して整理すると，次式を得る．

$$\sum_{\bm{G}'_\mathrm{t}} \sum_{\bm{G}''_\mathrm{t}} \xi(\bm{G}''_\mathrm{t})(\bm{k}_\mathrm{t} + \bm{G}'_\mathrm{t}) \cdot (\bm{k}_\mathrm{t} + \bm{G}'_\mathrm{t} + \bm{G}''_\mathrm{t}) h(\bm{G}'_\mathrm{t})$$

$$\times \exp[i(\bm{k}_\mathrm{t} + \bm{G}'_\mathrm{t} + \bm{G}''_\mathrm{t}) \cdot \bm{r}_\mathrm{t}]$$

$$= \sum_{G_t} \left(\frac{\omega}{c}\right)^2 h(G_t) \exp[i(k_t + G_t) \cdot r_t] \tag{8.41}$$

1次元周期構造のときの式 (8.17) と同様にして，ブラッグの回折条件 $G''_t = G_t - G'_t$ を使い，共通の指数関数項を省いて，次式を得る．

$$\sum_{G'_t} f_{m,m',n,n'} h(G'_t) = \left(\frac{\omega}{c}\right)^2 h(G_t) \quad (m, m', n, n' : \text{整数}) \tag{8.42a}$$

$$f_{m,m',n,n'} \equiv \xi(G_t - G'_t)(k_t + G_t) \cdot (k_t + G'_t)$$

$$= \xi_{m-m',n-n'}(k_t + G_{m,n}) \cdot (k_t + G_{m',n'}) \tag{8.42b}$$

式 (8.42a, b) は，2次元周期構造での TE モードに対する固有値方程式である．2次元では自由度が2つあるので，逆格子ベクトルを $G_t = G_{m,n}$, $G'_t = G_{m',n'}$, 比誘電率の逆数のフーリエ係数を $\xi(G_t) \equiv \xi_{m,n}$ とおき，行列成分ではあらかじめ4つの指数を付した．この場合の係数行列はエルミート行列となる（後述する 8.5.2 項参照）．他の電界成分は式 (8.5) より求められる．

(b) TM モード

非零電磁界成分が E_z, H_x, H_y の組で，$E_z(r_t)$ に着目する．このとき，式 (2.24a〜f) で $\beta = 0$ とおき，式 (2.24a) と式 (2.24b) から得た H_x と H_y を式 (2.24f) に代入すると，電界成分 E_z に対する波動方程式が次式で得られる．

$$-\frac{1}{\varepsilon(r_t)}\left(\frac{\partial^2}{\partial x^2} + \frac{\partial^2}{\partial y^2}\right) E_z(r_t) = \left(\frac{\omega}{c}\right)^2 E_z(r_t) \tag{8.43}$$

上式は，式 (8.3) が前章の式 (7.1) で時間因子を $\exp(i\omega t)$ とおいたものと同じなので，式 (7.3), (7.4) に $\partial/\partial z = 0$ を適用して，これらの z 成分からも導ける．

周期構造中の電界を，ブロッホの定理を利用して，

$$E_z(r_t) = \sum_{G_t} e(G_t) \exp[i(k_t + G_t) \cdot r_t] \tag{8.44}$$

とおく．ただし，$e(G_t)$ は電界展開係数である．比誘電率の逆数のフーリエ級数展開を式 (8.38) と同じにとる．

式 (8.43) に式 (8.38) と式 (8.44) を代入して，

$$\sum_{G'_t}\sum_{G''_t} \xi(G''_t)|k_t + G'_t|^2 e(G'_t) \exp[i(k_t + G'_t + G''_t) \cdot r_t]$$

$$= \left(\frac{\omega}{c}\right)^2 \sum_{G_t} e(G_t) \exp[i(k_t + G_t) \cdot r_t] \tag{8.45}$$

を得る．1次元と同様にして，ここでブラッグの回折条件 $\bm{G}_\mathrm{t}'' = \bm{G}_\mathrm{t} - \bm{G}_\mathrm{t}'$ を適用し，共通の指数関数項を省くと，次式を得る．

$$\sum_{\bm{G}_\mathrm{t}'} f_{m,m',n,n'} e(\bm{G}_\mathrm{t}') = \left(\frac{\omega}{c}\right)^2 e(\bm{G}_\mathrm{t}) \quad (m, m', n, n' : 整数) \quad (8.46\mathrm{a})$$

$$f_{m,m',n,n'} \equiv \xi(\bm{G}_\mathrm{t} - \bm{G}_\mathrm{t}')|\bm{k}_\mathrm{t} + \bm{G}_\mathrm{t}'|^2 = \xi_{m-m',n-n'}|\bm{k}_\mathrm{t} + \bm{G}_{m',n'}|^2 \quad (8.46\mathrm{b})$$

式 (8.46a, b) は，2次元周期構造での TM モードに対する固有値方程式である．この場合の係数行列はエルミート行列とはならない（8.5.2項参照）．他の磁界成分は式 (8.6) より求められる．

TE・TM モードに対する固有値方程式は，無限個の展開係数をもつ多元連立方程式であるが，実際には有限次元の固有値方程式を解くことになる．1次元周期構造で説明したさまざまな性質（8.3.2項 (ⅰ)〜(ⅶ) 参照）は，2次元周期構造でもあてはまる．

8.5.2 電磁界における性質

まず，固有値方程式 (8.42a, b) や (8.46a, b) における係数行列のエルミート性を調べる．式 (8.39) で定義されたフーリエ係数 $\xi(\bm{G}_\mathrm{t}) \equiv \xi_{m,n}$ で，比誘電率 $\varepsilon(\bm{r}_\mathrm{t})$ が実数であれば，

$$\xi_{-m,-n}^* = \frac{1}{V_\mathrm{uc}} \int \frac{1}{\varepsilon^*(\bm{r}_\mathrm{t})} \exp(-i\bm{G}_{m,n} \cdot \bm{r}_\mathrm{t}) dS = \xi_{m,n} \quad (8.47)$$

を得る．

TE モードの場合，式 (8.42a, b) の行列成分で添え字の順序を入れ替えると，内積では順序の変更に対して値が不変であることを利用して，

$$f_{m',m,n',n} = \xi_{m'-m,n'-n}(\bm{k}_\mathrm{t} + \bm{G}_{m'}) \cdot (\bm{k}_\mathrm{t} + \bm{G}_m)$$
$$= \xi_{m-m',n-n'}^*(\bm{k}_\mathrm{t} + \bm{G}_m) \cdot (\bm{k}_\mathrm{t} + \bm{G}_{m'}) = f_{m,m',n,n'}^* \quad (8.48)$$

が導ける．つまり，式 (8.42a) における左辺の行列がエルミート行列であることが示せた．

一方，TM モードに対する式 (8.46a, b) における行列成分では，絶対値内にある逆格子ベクトルが同じ添え字の値のみを含むから，上記導出過程から明らかなように，この場合の行列はエルミート行列とはならない．

8.5.3 逆格子ベクトルとフーリエ係数の計算

固有値方程式 (8.42a, b), (8.46a, b) を解くには，具体的な周期構造に対する逆格子ベクトルおよび比誘電率の逆数のフーリエ係数を求める必要がある．本項では周期構造の例として，屈折率 n_b の背景媒質の中に円形媒質（屈折率 n_a，直径 d）が正方格子（格子間隔 Λ）と三角格子（格子間隔 Λ）で配列されている場合を扱う（図 8.5）．

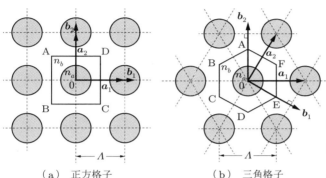

（a）正方格子　　　（b）三角格子

正方形 ABCD および正六角形 ABCDEF は単位格子．
三角格子の場合，3 つの円の中心を結ぶ正三角形も単位格子となる（図 2.3 参照）．

a_1, a_2：基本空間格子ベクトル
b_1, b_2：基本逆格子ベクトル
Λ：格子間隔
d：円形媒質の直径
n_a：円形媒質の屈折率
n_b：背景媒質の屈折率
a_i と b_j $(i \neq j)$ は直交

図 8.5 円形媒質の正方・三角格子配列

周期構造から決まる逆格子ベクトルは，2 次元の場合，2 つの指数で表示されるから，一般性をもたせるため $\bm{G}_t = \bm{G}_{m,n} = (G_x, G_y)$ とおく．また，式 (8.39) における比誘電率の逆数のフーリエ係数を $\xi(\bm{G}_t) = \xi_{m,n}$ とおく．

正方格子配列の場合，基本空間格子ベクトルを $\bm{a}_1 = (1,0)\Lambda$, $\bm{a}_2 = (0,1)\Lambda$ として，基本逆格子ベクトルを $\bm{b}_1 = (2\pi/\Lambda)(1,0)$, $\bm{b}_2 = (2\pi/\Lambda)(0,1)$ で得る（付録 F.2 参照）．これより，2 次元での逆格子ベクトルが，

$$\bm{G}_t = \bm{G}_{m,n} = m\bm{b}_1 + n\bm{b}_2 = \frac{2\pi}{\Lambda}(m, n) \quad (m, n：整数) \tag{8.49}$$

と書ける．三角格子配列の場合，基本空間格子ベクトルを $\bm{a}_1 = (1,0)\Lambda$, $\bm{a}_2 = (1/2, \sqrt{3}/2)\Lambda$ として，基本逆格子ベクトルが $\bm{b}_1 = (2\pi/\Lambda)(1, -1/\sqrt{3})$, $\bm{b}_2 = (2\pi/\Lambda)(0, 2/\sqrt{3})$ となり，逆格子ベクトルを次式で得る．

$$\bm{G}_t = \bm{G}_{m,n} = m\bm{b}_1 + n\bm{b}_2 = \frac{2\pi}{\Lambda}\left(m, \frac{-m+2n}{\sqrt{3}}\right) \quad (m, n：整数) \tag{8.50}$$

式 (8.39) で定義した，2次元周期構造に対する比誘電率の逆数のフーリエ係数は，円形媒質の正方格子・三角格子配列のいずれの場合も形式的に同じ，

$$\xi_{m,n} = \begin{cases} \dfrac{1}{n_a^2} f_a + \dfrac{1}{n_b^2}(1-f_a) & : \boldsymbol{G}_{00} = 0 \\ \left(\dfrac{1}{n_a^2} - \dfrac{1}{n_b^2}\right) f_a \dfrac{2J_1(|\boldsymbol{G}_{m,n}|d/2)}{|\boldsymbol{G}_{m,n}|d/2} & : \boldsymbol{G}_{m,n} \neq 0 \end{cases} \quad (8.51\mathrm{a})$$

$$f_a = \begin{cases} \dfrac{\pi}{4}\left(\dfrac{d}{\varLambda}\right)^2 & : 正方格子 \\ \dfrac{\pi}{2\sqrt{3}}\left(\dfrac{d}{\varLambda}\right)^2 & : 三角格子 \end{cases} \quad (8.51\mathrm{b})$$

で得られる [8-8, 8-6]．ここで，n_a と n_b は円形・背景媒質の屈折率，f_a は単位格子内で屈折率 n_a の領域が占める面積比率であり，J_1 は1次のベッセル関数を表す．逆格子ベクトル $\boldsymbol{G}_{m,n}$ と f_a は具体的な格子配列により異なる値をとる．

式 (8.51a) より，0次フーリエ係数 ξ_{00} は，各領域の $1/n_i^2$ を面積比で平均化して得られることがわかる．フーリエ係数 $\xi_{m,n}$ に含まれる $2J_1(x)/x$ は，$x=0$ で最大値1をとり，$x\,(>0)$ の増加に対して減衰振動特性をもつ．この関数形は，円形が関係した回折現象で現れるもので，1次元周期構造で現れた sinc 関数［$\sin x/x$，式 (8.27) 参照］と似た振る舞いをする．フーリエ係数 $\xi_{m,n}$ は，$|\boldsymbol{G}_{m,n}|d/2 \ll j_{1,1}$（$j_{1,1} = 3.8317$ は $J_1(x)$ の最初の零点）のとき有意な値をとる．

固有値方程式 (8.42a, b), (8.46a, b) に含まれる，比誘電率の逆数のフーリエ係数は，円形媒質の正方格子・三角格子配列に対して，

$$\xi(\boldsymbol{G}_\mathrm{t} - \boldsymbol{G}_\mathrm{t}')$$

$$= \xi_{m-m',n-n'}$$

$$= \begin{cases} \dfrac{1}{n_a^2} f_a + \dfrac{1}{n_b^2}(1-f_a) & : m-m'=0,\ n-n'=0 \\ \left(\dfrac{1}{n_a^2} - \dfrac{1}{n_b^2}\right) f_a \dfrac{2J_1(|\boldsymbol{G}_{m-m',n-n'}|d/2)}{|\boldsymbol{G}_{m-m',n-n'}|d/2} & : m-m'\neq 0,\ n-n'\neq 0 \end{cases}$$

$$(8.52)$$

で得られる．式 (8.52) より，一般に $m-m'$ と $n-n'$ が0に近いほど $\xi_{m-m',n-n'}$ は大きい値を示す．これは1次元の 8.3.2 項 (v) で述べたものと同じ性質である．

8.6 周期構造を一部くずすことによる光の局在

前節の議論で，周期構造がある場合，特定の周波数帯に光波が存在できないこと，すなわちフォトニックバンドギャップが存在することがわかった．ここで，意図的に周期構造の一部で周期をくずすことを考える．周期の乱れを結晶工学の用語では**欠陥**（defect）という．

1次元における欠陥の例として，1層の屈折率のみを変化させる場合や，1層の厚さのみを変更したりする場合がある（**図 8.6**(a)）．周期構造の一部に欠陥がある場合，フォトニックバンドギャップ中の周波数帯でも，欠陥部分には光波が存在できるようになる．このことを**光の局在**という．この現象は，半導体における不純物準位と似たものである．

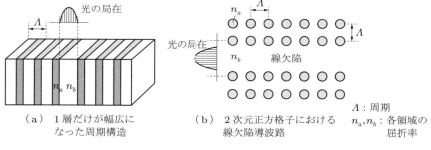

(a) 1層だけが幅広になった周期構造　　(b) 2次元正方格子における線欠陥導波路　　Λ：周期　n_a, n_b：各領域の屈折率

図 8.6　欠陥による光の局在

2・3次元の周期構造で**線欠陥**を導入すると，ここに光波が局在し，この部分がちょうど導波路の役目をするようになる（図 (b)，[8-9]）．これを利用すると，全反射を利用した従来型の光導波路とは別の導波原理が使えることになり，フォトニック結晶導波路やフォトニック結晶ファイバが使用されるようになっている．また，**点欠陥**を導入すると，この部分に光波が閉じ込められ，微小共振器ができ，低しきい値レーザが可能となる [8-10]．

周期構造が一部だけくずれた場合，もはや周期構造とはいえないため平面波展開法が使用できず，この場合の電磁界解析には FDTD 法が利用される（6.9 節参照）．

8.7　3次元周期構造での電磁界表現と固有値方程式

本節では，3次元周期構造での電磁界の定式化が，磁界に関する波動方程式 (8.4) を出発式として，1次元周期構造の場合と同様にして行えることを示す

[8–3]. 後半では 3 次元周期構造におけるブラッグ回折を説明する.

8.7.1 3 次元周期構造での基本式

3 次元周期媒質（周期の並進ベクトル Λ）では，屈折率 n つまり比誘電率 ε の周期性が成立する．基本空間格子ベクトル $\boldsymbol{a}_j$ ($j = 1, 2, 3$) を用いて，周期性が

$$\varepsilon(\boldsymbol{r} + \boldsymbol{a}_j) = \varepsilon(\boldsymbol{r}), \qquad n(\boldsymbol{r} + \boldsymbol{a}_j) = n(\boldsymbol{r}) \tag{8.53a}$$

$$\Lambda = l_1 \boldsymbol{a}_1 + l_2 \boldsymbol{a}_2 + l_3 \boldsymbol{a}_3 \quad (l_j: 整数) \tag{8.53b}$$

で表せる．ただし，$\boldsymbol{r}$ は 3 次元位置ベクトルである．このとき，式 (8.4) に含まれる，比誘電率の逆数をフーリエ級数展開すると，次のように書ける．

$$\frac{1}{\varepsilon(\boldsymbol{r})} = \sum_{\boldsymbol{G}} \xi(\boldsymbol{G}) \exp(i\boldsymbol{G} \cdot \boldsymbol{r}) \tag{8.54}$$

ここで，$\boldsymbol{G}$ は逆格子ベクトルであり，付録の式 (F.2.5) より $\exp(i\boldsymbol{G}\cdot\Lambda) = 1$ が成立している．よって，1 次元の場合の式 (8.12) と同様にして，$1/\varepsilon(\boldsymbol{r}+\Lambda) = 1/\varepsilon(\boldsymbol{r})$ が導け，比誘電率の逆数もまた $\varepsilon(\boldsymbol{r})$ と同じ周期をもつ．

式 (8.54) におけるフーリエ係数 $\xi(\boldsymbol{G})$ も，1 次元の場合とほぼ同様にして，

$$\xi(\boldsymbol{G}) = \frac{1}{V_{\text{uc}}} \int \frac{1}{\varepsilon(\boldsymbol{r})} \exp(-i\boldsymbol{G} \cdot \boldsymbol{r}) dV \tag{8.55}$$

で表せる．ここで，V_{uc} は規格化因子（付録 F.2 参照）であり，3 次元では単位格子の体積を表し，積分範囲は単位格子全体である．フーリエ係数 $\xi(\boldsymbol{G})$ には周期構造の情報が含まれている．

次に，式 (8.4) における磁界を 3 次元の平面波 $\exp(i\boldsymbol{k}\cdot\boldsymbol{r})$ ($\boldsymbol{k}$：第 1 ブリュアンゾーン内の波数ベクトル）の重ね合わせで表す．1 次元でのブロッホの定理の式 (F.1.5) を 3 次元に拡張すると，周期構造中の磁界が，

$$\boldsymbol{H}(\boldsymbol{r}) = \sum_{\boldsymbol{G}} \boldsymbol{h}(\boldsymbol{G}) \exp[i(\boldsymbol{k} + \boldsymbol{G}) \cdot \boldsymbol{r}] \tag{8.56}$$

で表せる．ただし，$\boldsymbol{h}(\boldsymbol{G})$ は磁界の展開係数であり，逆格子ベクトル $\boldsymbol{G}$ に依存する．式 (8.56) で示された磁界は，

$$\boldsymbol{H}(\boldsymbol{r} + \Lambda) = \exp[i(\boldsymbol{k} + \boldsymbol{G}) \cdot \Lambda]\boldsymbol{H}(\boldsymbol{r}) = \exp(i\boldsymbol{k} \cdot \Lambda)\boldsymbol{H}(\boldsymbol{r}) \tag{8.57}$$

を満たし，式 (8.56) が 3 次元に拡張した**ブロッホの定理**であることが確認できる．式 (8.57) を導く際には付録の式 (F.2.5) を利用した．式 (8.57) の右の 2 項での等号は，周期構造内で波数ベクトル $\boldsymbol{k}$ が逆格子ベクトル分 $\boldsymbol{G}$ ずれても，第

1 ブリュアンゾーン内の波数のみを考慮すればよいことを意味している.

8.7.2 3次元周期構造での固有値方程式の導出
(a) 磁界に関する固有値方程式

磁界に関する波動方程式 (8.4) に, 比誘電率の逆数のフーリエ級数展開の式 (8.54) と磁界の表現式 (8.56) を代入すると, 次式を得る.

$$\sum_{G'}\sum_{G''} \nabla \times \{\xi(G'')\exp(iG'' \cdot r)\nabla \times h(G')\exp[i(k+G')\cdot r]\}$$
$$= \sum_{G}\left(\frac{\omega}{c}\right)^2 h(G)\exp[i(k+G)\cdot r] \tag{8.58}$$

上式左辺 { } 内で $\nabla \times h(G')\exp[i(k+G')\cdot r] = i(k+G')\times h(G')\exp[i(k+G')\cdot r]$ を利用すると, 上式は次のように書き直せる.

$$\sum_{G'}\sum_{G''} \nabla \times \{\xi(G'')i(k+G')\times h(G')\exp[i(k+G'+G'')\cdot r]\}$$
$$= \sum_{G}\left(\frac{\omega}{c}\right)^2 h(G)\exp[i(k+G)\cdot r] \tag{8.59}$$

式 (8.59) の左辺で, $k+G'$ は入射波の周期構造内での波数ベクトル, G'' は周期性で生じた逆格子ベクトルを表す. つまり, 左辺最後の指数関数部分は, 周期構造に依存する逆格子ベクトルから発生したさまざまな回折成分 (平面波) を表す. この回折成分が, 3次元位置ベクトル r によらずに, 周期構造中で位相が揃って成長するためには, 式 (8.59) の右辺の指数関数と同じ因子が, 左辺からも生じる必要がある. このことは, 1次元での式 (8.17) と同じように, 逆格子ベクトルが

$$G'' = G - G' \tag{8.60}$$

を満たせばよいことを示している. 式 (8.60) はブラッグの回折条件を意味しており, その物理的意味を 8.7.4 項で検討する.

式 (8.60) が成立するとき, これを式 (8.59) に代入して, 次式を得る.

$$\sum_{G}\sum_{G'} \nabla \times \{\xi(G-G')i(k-G')\times h(G')\exp[i(k+G)\cdot r]\}$$
$$= \sum_{G}\left(\frac{\omega}{c}\right)^2 h(G)\exp[i(k+G)\cdot r] \tag{8.61}$$

式 (8.58) と同様に，上式左辺 { } 外で $\nabla \times$ の演算を再度行うと，

$$-\sum_{G}\sum_{G'}\xi(G-G')(k+G)\times[(k+G')\times h(G')]\exp[i(k+G)\cdot r]$$
$$=\sum_{G}\left(\frac{\omega}{c}\right)^2 h(G)\exp[i(k+G)\cdot r] \tag{8.62}$$

が得られる．両辺の和で G を固定して，共通項 $\exp[i(k+G)\cdot r]$ を省略すると，次式を得る [8-3, 8-11]．

$$-(k+G)\sum_{G'}\xi(G-G')\times[(k+G')\times h(G')]=\left(\frac{\omega}{c}\right)^2 h(G) \tag{8.63}$$

ここで，h は磁界展開係数，ω は固有角周波数，c は真空中の光速である．

式 (8.63) は，3次元周期構造に対する**固有値方程式**であり，1次元における式 (8.19a)，および2次元における式 (8.42a, b) を3次元に拡張した結果である．式 (8.63) は，無限個の磁界展開係数 h に関する多元連立方程式であり，式 (8.20) に関連して説明した性質 (i)〜(vii) が，3次元周期構造でもあてはまる．

式 (8.63) は，磁界に関する波動方程式 (8.4) を出発式として求めたものである．1・2次元周期媒質での TE モードの結果から予測できるように，式 (8.4) での Θ_H はエルミート演算子であり，エルミート行列の各種性質が利用できる．また，エルミート行列の固有値問題は，ライブラリが用意されているので容易に求めることができる（付録 A.4(c) 参照）．

(b) 電界に関する固有値方程式

3次元での電界に関する固有値方程式は，波動方程式 (8.3) を出発式として導ける．周期構造中の電界を

$$E(r)=\sum_{G}e(G)\exp[i(k+G)\cdot r] \tag{8.64}$$

で表し，$e(G)$ を電界の展開係数とする．また，比誘電率の逆数 $1/\varepsilon(r)$ をフーリエ級数展開したときのフーリエ係数を，

$$\xi_E(G)=\frac{1}{V_{uc}}\int\frac{1}{\varepsilon(r)}\exp(-iG\cdot r)dV \tag{8.65}$$

で表す．ただし，G は逆格子ベクトル，V_{uc} は規格化因子である．このとき，磁界の場合と同様にして，電界に関する固有値方程式が，

$$-\sum_{\boldsymbol{G}'} \xi_{\mathrm{E}}(\boldsymbol{G}-\boldsymbol{G}')(\boldsymbol{k}+\boldsymbol{G}')\times[(\boldsymbol{k}+\boldsymbol{G}')\times \boldsymbol{e}(\boldsymbol{G}')] = \left(\frac{\omega}{c}\right)^2 \boldsymbol{e}(\boldsymbol{G}) \quad (8.66)$$

で得られる．8.5.2 項の議論から予測できるように，この場合には，式 (8.3) での Θ_{E} がエルミート演算子とはならないので [8–4]，取り扱いが面倒となる．

8.7.3　固有値方程式に関する補足

　磁界に関する固有値方程式 (8.63) で，逆格子ベクトル $\boldsymbol{G}$ を N 個までとれば，解くべき行列の次元は $3N$ となる．ところで，式 (8.56) を式 (8.7) に代入して整理すると，

$$(\boldsymbol{k}+\boldsymbol{G}) \cdot \boldsymbol{h}(\boldsymbol{G}) = 0 \quad (8.67)$$

が得られる．$\boldsymbol{k}+\boldsymbol{G}$ は周期媒質中の光波の伝搬方向を表すから，この式は，光波の伝搬方向と磁界の向きが直交することを表している（図 8.4 の TE モード参照）．式 (8.67) は，$\boldsymbol{h}(\boldsymbol{G})$ の 3 成分のうち，独立な成分が 2 つであることを意味する [8–3]．よって，式 (8.63) では $2N$ 元の連立方程式を解くことになる．
　一方，電界に関する固有値方程式 (8.66) の場合，式 (2.1c) で $\rho=0$ でも，比誘電率 ε の空間変化のため，磁界のときのような簡潔な関係が得られないので，$3N$ 元の連立方程式を解く必要がある．
　平面波展開法での固有値をコンピュータで求める際，一般には大規模行列となるので，計算時間やメモリへの配慮が重要となる．そのため，解が収束する範囲内で，展開に用いる平面波の数をできる限り少なくするほうがよい．考慮すべき逆格子ベクトルの個数は問題に応じて変わり，比誘電率の変化が激しいなどの理由により，固有値の収束が遅い場合には，多くの個数をとる必要がある．計算手順や比誘電率の計算方法の工夫により，計算時間と記憶容量が大幅に改善できることが示されている [8–12]．
　フォトニックバンド構造の計算精度をあげるには，ベクトル的扱いをする必要があり，このような方法を**ベクトル平面波展開法**という [8–13〜8–15]．

8.7.4　3 次元周期構造におけるブラッグ回折

　式 (8.60) がブラッグの回折条件であることを，以下で説明する（**図 8.7**）．式 (8.59) で，$\boldsymbol{k}_{\mathrm{in}} \equiv \boldsymbol{k}+\boldsymbol{G}'$ を入射波（厳密には媒質内で回折前の波）の周期構造内での波数ベクトル，$\boldsymbol{k}_{\mathrm{dif}} \equiv \boldsymbol{k}+\boldsymbol{G}$ を入射波が周期構造で回折された後の回折

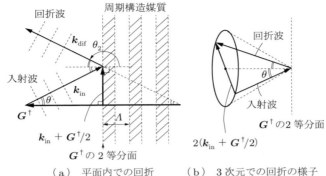

図 8.7 ブラッグの回折条件（一般形）

波の波数ベクトルと考える．周期構造での逆格子ベクトルは正負の符号をとりえるので，他の式との整合性をとるため，$\bm{G}^\dagger = -\bm{G}''$ とおくことにする．入射（回折）波の波数ベクトルと逆格子ベクトルのなす角度を $\theta(\theta_2)$ とおく．

式 (8.60) から直ちに，

$$\bm{k}_{\mathrm{dif}} = \bm{k}_{\mathrm{in}} - \bm{G}^\dagger \tag{8.68}$$

が導ける．これは，回折波の波数ベクトルが入射波の波数ベクトルと逆格子ベクトルの和（差）で与えられることを表しており，これらが同一平面上にあることを示している．

式 (8.68) の辺々どうしの内積をとり，同一媒質内では入射・回折波の波数ベクトルの大きさが等しいこと（$|\bm{k}_{\mathrm{dif}}| = |\bm{k}_{\mathrm{in}}|$）を利用すると，

$$2(\bm{k}_{\mathrm{in}} \cdot \bm{G}^\dagger) = |\bm{G}^\dagger|^2, \qquad |\bm{k}_{\mathrm{in}}| \cos\theta = \frac{|\bm{G}^\dagger|}{2} \tag{8.69}$$

を得る．また，回折波と逆格子ベクトルの内積は，式 (8.68) を用いて，

$$\bm{k}_{\mathrm{dif}} \cdot \bm{G}^\dagger = (\bm{k}_{\mathrm{in}} - \bm{G}^\dagger) \cdot \bm{G}^\dagger = (\bm{k}_{\mathrm{in}} \cdot \bm{G}^\dagger) - |\bm{G}^\dagger|^2 \tag{8.70}$$

となる．式 (8.69)，(8.70) より $\bm{k}_{\mathrm{in}}$ に関する項を消去すると，次式を得る．

$$2(\bm{k}_{\mathrm{dif}} \cdot \bm{G}^\dagger) = -|\bm{G}^\dagger|^2, \qquad |\bm{k}_{\mathrm{dif}}| \cos\theta_2 = -\frac{|\bm{G}^\dagger|}{2} \tag{8.71}$$

式 (8.69), (8.71) より, 次の関係を得る.

$$\theta_2 = \pi - \theta \tag{8.72}$$

これらの式で特徴づけられる現象を**ブラッグ回折**とよび, 式 (8.69), (8.71) を**ブラッグの回折条件**という.

ブラッグ回折の特徴をまとめると, 次のようになる (図 8.7 参照).

(ⅰ) 式 (8.68) より, 回折波の波数ベクトルが入射波の波数ベクトルと逆格子ベクトルの和で与えられる. よって, 入射・回折波の波数ベクトルと逆格子ベクトルが同一平面上にある.

(ⅱ) 式 (8.69), (8.71) は, 入射・回折波の波数ベクトルの逆格子ベクトルへの射影の長さが等しいことを示している.

(ⅲ) 式 (8.69), (8.71) はまた, 入射波の波数ベクトル $\boldsymbol{k}_{\mathrm{in}}$ と回折波の波数ベクトル $\boldsymbol{k}_{\mathrm{dif}}$ が, 逆格子ベクトル $\boldsymbol{G}^\dagger$ の垂直 2 等分面上に位置すべきことを表す.

(ⅳ) 式 (8.72) は, $\boldsymbol{G}^\dagger$ の 2 等分面上へ入射した光波が, あたかも鏡面反射したかのように回折されて伝搬することを示している.

式 (8.69) の第 2 式を, 1 次元周期構造 (周期 Λ) に適用して $|\boldsymbol{G}^\dagger| = 2\pi m/\Lambda$ を用いると, 入射光波の波数ベクトルの大きさとして,

$$|\boldsymbol{k}_{\mathrm{in}}| = |\boldsymbol{k} + \boldsymbol{G}'| = \frac{\pi m}{\Lambda \cos\theta} \quad (m : 0 \text{ 以外の整数}) \tag{8.73}$$

を得る. 特に, 光波が周期構造に垂直入射する ($\theta = 0$) 場合, $|\boldsymbol{k}_{\mathrm{in}}| = |\boldsymbol{k} + \boldsymbol{G}'| = \pi m/\Lambda$ を得る. これは, 1 次元周期構造で得た性質 (8.3.3 項 (ⅰ) 参照) に一致している. 1 次元周期構造に対して示した図 8.2 は, 3 次元周期構造 (図 8.7 参照) で $\theta = 0$ とおいた特別な場合に相当する.

式 (8.73) は, 以下のような意味をもつ. 垂直入射時にブラッグの回折条件を満たすためには, 入射波の媒質内の波数が $\pi m/\Lambda$ でなければならない. これは, フォトニックバンドギャップがちょうど生じる波数に相当する (8.4.2 項参照). すなわち, 周期構造への垂直入射で, ブラッグの回折条件とフォトニックバンドギャップが現れる条件とが一致する. 言い換えれば, 対向する 2 光波による定在波が安定に存在するため, フォトニックバンドギャップが生じていると解釈することができる.

8.8 平面波展開法の応用

平面波展開法は，主としてフォトニック結晶やフォトニック結晶ファイバの分散関係の計算に使用されている．その他，レーザの効率やQ値，フォトニック結晶ファイバの伝搬特性の計算にも使われている．

フォトニック結晶でフォトニックバンドギャップがつねに得られるわけではない．特に3次元周期構造では，光波の伝搬方向によってフォトニックバンドギャップが生じる周波数帯が異なる．そこで研究の初期には，フォトニックバンドギャップと結晶構造の関係が検討された．その結果，面心立方格子ではフォトニックバンドギャップは部分的にしか得られないが，ダイヤモンド構造では光波の伝搬方向によらない，完全なフォトニックバンドギャップが得られることが，次で説明するように示された．

図 8.8 に，誘電体球が空気中にダイヤモンド格子配列された場合のフォトニックバンド構造を示す [8-3]．これは平面波展開法による計算結果であり，格子定数は a，球体の屈折率は $n_a = 3.6$，球体の半径 R は $R/a = \sqrt{3}/8$，背景媒質の屈折率は $n_b = 1.0$，誘電体球占有率 $f_a = 0.34$ である．縦軸は規格化周波数 $\Omega_N = \omega a/2\pi c$ （c：真空中の光速）で，無次元である．横軸は第1ブリュアンゾーン内での波数ベクトルで，光波の伝搬方向を示している．対称性の高い位置は特別な記号で表され，Γ は原点，X は x 方向の点を表している．図から，規格化周波数 $\Omega_N = 0.5$ 近傍で，光波がどの方向に伝搬しても，フォトニックバンドギャップが生じていることがわかる．

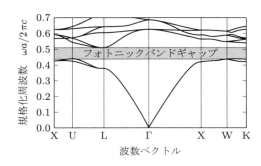

図 8.8 誘電体球がダイヤモンド格子配列されたときのフォトニックバンド構造 [8-3]
Reprinted figure with permission from K. M. Ho, C. T. Chan, and C. M. Soukoulis, Phys. Rev. Lett. **65**, 3152–3155, 1990. Copyright 1990 by the American Physical Society. http://journals.aps.org/prl/abstract/10.1103/PhysRevLett.65.3152

8.8 平面波展開法の応用

　平面波展開法は，半導体を利用したフォトニック結晶では，低しきい値レーザの解析に利用されている [8–9, 8–16]．また，フォトニック結晶ファイバでは，構造設計に用いられている [8–17]．

9章 転送行列法

　転送行列法は，屈折率分布が形式的に1次元で階段関数状に変化しているときに，電磁界を数値的に求める解法であり，比較的簡単な構造では厳密解が求められる場合がある．

　本章では，概要を説明した後，まず1次元の問題で転送行列法の取り扱いに慣れる．次に，多層スラブ導波路を扱った後，円筒対称屈折率分布でも，導波構造が光の伝搬方向に対して均一であれば，理論的扱いが1次元構造での電磁界解析問題に帰着することを示す．最後に，複雑な構造でも限定条件を課すことにより，簡潔な表現の近似解が得られる例を示す．

● 9.1　転送行列法の概要

　導波構造にはさまざまなものがあり，構造が複雑なほど電磁界の数値解析に多くの計算時間を要する．構造がもつ特徴を活かすことにより，理論計算できる部分を増やし，適度な計算時間で実用上十分な精度を得ることが可能となる．

　上記構造がもつ特徴を活かした手法の1つが，**転送行列法**（transfer matrix method）である[9–1]．これは，古くは散乱問題で使用され，反射率や透過率の計算に用いられていた．これが光領域で用いられる場合には，屈折率分布が実質的に1次元において階段関数状に変化しているときに適用できる電磁界の数値解析法である．転送行列法では，まず屈折率が異なる各層間で成立する電磁界成分の関係を行列で表示する．そして，両端の層における問題固有の物理的要請を満たすように，電磁界と伝搬定数を決定する．

　屈折率の変化が緩やかなとき，屈折率分布を階段関数で近似する方法を多層分割法といい[9–2]，形式的には転送行列法と同じである．この手法は，屈折率分布が厳密に階段関数で表示できるときには，転送行列法と同じになる．

　転送行列法の特徴は，以下のとおりである．

（ⅰ）各層内の両端の座標と屈折率の関係を与えるだけで，行列演算を機械的に行うことにより，伝搬定数 β と電磁界を求めることができる．また，屈折率が複素屈折率で与えられ，β が複素数となる場合にも適用できる．

（ⅱ）屈折率変化の大きさに対する制限がないので，屈折率が各層で大きく変化する場合にも適用できる．当然，弱導波近似の場合にも適用できる．

（ⅲ）適用範囲に制約があるが，解析的計算を一部に含んでいるため，数値計算に要する時間が短くてすむ．

（ⅳ）転送行列法では，構造が比較的簡単なときや規則性があるときには，手計算により厳密解や近似解が導けることがある（9.4 節，9.6 節参照）．ここでの知見は，より複雑な構造での特性を理解する上で役立つ．

転送行列法の適用領域は，以下のとおりである．

（ⅰ）屈折率と厚さが異なる多層構造からなる媒質，たとえば，多層薄膜を用いた光フィルタの透過・反射特性や反射防止膜の設計に用いられる（図 9.1(a)）．

（ⅱ）特定の要求を満たすために，コア内の屈折率を複雑に変化させた多層スラブ導波路（図 (b)）や円筒対称多層構造光ファイバ（図 (c)）での電磁界解析に用いられる．

（ⅲ）良好な光の閉じ込めを実現するために，多くの周期層から形成され，かつ屈折率が各層で大きく変化する，フォトニック結晶（図 (d)）の解析に使用されている [9-3]．

（ⅳ）フォトニック結晶ファイバにおいてフォトニックバンドギャップが発現することをはじめて示したのは，転送行列法と有限要素法の併用によるものであった [9-4]．また，転送行列法はフォトニック結晶ファイバの一種であるブラッグファイバの解析に使用された [9-5]．

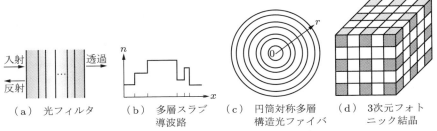

(a) 光フィルタ　　(b) 多層スラブ導波路　　(c) 円筒対称多層構造光ファイバ　　(d) 3次元フォトニック結晶

図 (b), (c) で光波は紙面に垂直な方向に伝搬する．

図 9.1　屈折率が階段状に変化する構造

転送行列法は,層状媒質での光学的性質を記述する書物で扱われている [9–1]. 転送行列法は,円筒対称構造光ファイバに対して弱導波近似のもとでも定式化できるが [9–6],ここでは割愛する.

9.2　1次元階段状屈折率分布での転送行列法

本節では,1次元で屈折率が階段状に変化している媒質における光波の電磁界解析を,転送行列法で扱う方法を説明する.スラブ光導波路でも,屈折率が1次元で階段状に変化している場合には,形式的に1次元構造と同一に扱える.

本節を含め,本章で対象とする媒質はすべて,等方性・非磁性(比透磁率 $\mu = 1$),無損失(電流密度 $\boldsymbol{J} = 0$,電荷密度 $\rho = 0$)の誘電体からなるとする.

9.2.1　1次元階段状屈折率分布での電磁界の表示

まず,屈折率が1次元(x軸)方向で階段状に変化し,y方向には構造変化がない ($\partial/\partial y = 0$) 多層構造を考える.図9.2 は z 方向でも構造がない場合であり,光波は x 軸方向に伝搬するとする.図9.3 は z 方向に均一構造が続くスラブ光導波路であり,光波は z 軸方向に伝搬するものとする.図9.2,9.3 で示す場合は共通の扱いが多いので,以下では同時に説明することにする.

j 番目の層の屈折率を n_j,層厚を d_j として,層が全部で $N+2$ 個あるとすると,各層の屈折率分布と厚さは,次式で表せる.

$$n(x) = \begin{cases} n_0 & : x \leqq x_0 \\ n_j & : x_{j-1} \leqq x \leqq x_j \quad (j = 1 \sim N) \\ n_{N+1} & : x \geqq x_N \end{cases} \tag{9.1}$$

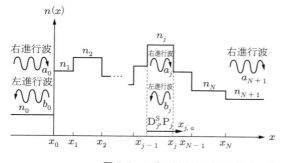

図9.2　1次元階段状屈折率分布における光波伝搬

9.2 1次元階段状屈折率分布での転送行列法　　**197**

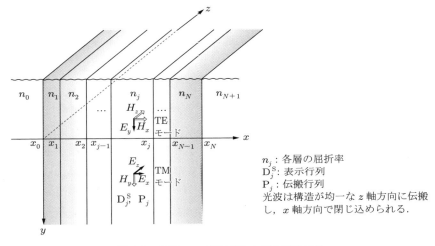

図 9.3　多層スラブ導波路における光波伝搬

$$d_j = x_j - x_{j-1} \quad (j = 1 \sim N) \tag{9.2}$$

スラブ光導波路では，光波の角周波数を ω，伝搬定数を β，時空変動因子を $\exp[i(\omega t - \beta z)]$ として，電界成分 E_y が $\psi(x)\exp[i(\omega t - \beta z)]$ で表せるとする．このとき，E_y に対する波動方程式は，式 (3.4) と形式的に同じ，

$$\frac{d^2\psi(x)}{dx^2} + \left[(n_j k_0)^2 - \beta^2\right]\psi(x) = 0 \tag{9.3}$$

で表せる．ただし，$k_0 = \omega/c = 2\pi/\lambda_0$ は真空中の波数，c は真空中の光速，λ_0 は真空中の波長を表す．図 9.2 に対しては $\beta = 0$ とおけばよい．

式 (9.3) の形式解としてどのような波動関数を選ぶかは，対象とする問題によって異なる．両端の層 ($j = 0, N+1$) や中間層 ($j = 1 \sim N$) での波動関数の取り方には，次のようなものがある．

① 図 9.2 の 1 次元構造で，光波が左から層数 N の多層膜に入射する場合，$x < x_0$ では入射波と反射波が存在し，$x > x_N$ では透過波のみが存在する．中間層 ($j = 1 \sim N$) では，左右に進行する平面波を表す $\exp(\pm i\kappa_j x)$ が存在する．ただし，κ_j は各層での波数ベクトルの x 成分であり，次式で定義されている．

$$\kappa_j = \begin{cases} n_j k_0 & : 1\text{次元構造} \\ \sqrt{(n_j\omega/c)^2 - \beta^2} = \sqrt{(n_j k_0)^2 - \beta^2} & : \text{スラブ光導波路} \end{cases} \quad (9.4)$$

この場合，式 (9.4) で $\beta = 0$ とおき，各層での波数は $\kappa_j = n_j k_0$ で書ける．

② 図 9.3 の多層スラブ導波路で光波が z 軸方向に伝搬する場合，電磁界が x 方向で閉じ込められ，導波される必要がある．この場合には，三層スラブ導波路におけるクラッドと同じように，$x < x_0$ と $x > x_N$ の 2 層において，$x = \pm\infty$ で 0 に収束する電磁界 $\psi = \exp(\mp\gamma_j x)$ をとる（$\gamma_j = \sqrt{\beta^2 - (n_j k_0)^2}$：実数）．中間層（$j = 1\sim N$）では，$\exp(\pm i\kappa_j x)$ の 1 次結合，あるいは $\cos(\kappa_j x)$ と $\sin(\kappa_j x)$ の 1 次結合をとっても差し支えない．この場合，式 (9.4) で $\beta \neq 0$ である．

本節の以下では，両端の層で波動が進行する①の場合を扱い，導波される②の多層スラブ導波路の場合を 9.3 節で扱う．

①の両端の層での形式解は，中間層と同じく $\exp(\pm i\kappa_j x)$ にとれる．よって，各層での電界成分は形式的に次式で表せる．

$$E_y(x) = a_j \exp(-i\kappa_j x_{j,a}) + b_j \exp(i\kappa_j x_{j,a}) \quad : x_{j-1} \leqq x \leqq x_j \quad (9.5)$$

$$x_{j,a} \equiv \begin{cases} x - x_{j-1} & : j = 1 \sim N+1 \\ x - x_0 & : j = 0 \end{cases} \quad (9.6)$$

ただし，a_j，b_j はそれぞれ各層における右・左進行波の振幅係数を表す．これらは一般には複素数であり，後に境界条件などから決定する．$x_{j,a}$（$j = 1\sim N+1$）は，j 番目の層の左端を 0 とした相対座標で，$0 \leqq x_{j,a} \leqq d_j$（$j = 1\sim N$）を満たす．また，$x_{0,a}$ は $x = x_0$ を右端とした相対座標である．$x_{-1} = -\infty$，$x_{N+1} = \infty$ とみなすことにする．

境界で連続とすべき電磁界の接線成分は，TE（TM）モードでは E_y，H_z（H_y，E_z）である．式 (3.3b) を利用すると，H_z 成分の表式として次式を得る．

$$H_z(x) = \frac{i}{\omega\mu_0} \frac{dE_y}{dx} = \frac{\kappa_j}{\omega\mu_0} \left[a_j \exp(-i\kappa_j x_{j,a}) - b_j \exp(i\kappa_j x_{j,a}) \right] \quad (9.7)$$

ただし，μ_0 は真空の透磁率である．

よって，第 j 層での TE（TM）モードの電磁界成分は，式 (9.5)，(9.7) より行列形式を用いて，

$$\begin{pmatrix} E_y \\ H_z \end{pmatrix}_{(j)} = \mathrm{D}_j^{\mathrm{S}}(x_{j,a}) \begin{pmatrix} a_j \\ b_j \end{pmatrix} \quad (\mathrm{S} = \mathrm{TE},\ \mathrm{TM}) \tag{9.8}$$

と表せる．上付き添え字 S で TE・TM モードでの使い分けをする．$\mathrm{D}_j^{\mathrm{S}}(x_{j,a})$ を表示行列とよび，これは次のように表せる．

$$\mathrm{D}_j^{\mathrm{S}}(x_{j,a}) = \mathrm{G}_j^{\mathrm{S}} \mathrm{P}_j(x_{j,a}) \quad (\mathrm{S} = \mathrm{TE},\ \mathrm{TM}) \tag{9.9a}$$

$$\mathrm{G}_j^{\mathrm{TE}} = \begin{pmatrix} 1 & 1 \\ \dfrac{\kappa_j}{\omega\mu_0} & -\dfrac{\kappa_j}{\omega\mu_0} \end{pmatrix}, \quad \mathrm{G}_j^{\mathrm{TM}} = \begin{pmatrix} 1 & 1 \\ -\dfrac{\kappa_j}{n_j^2\omega\varepsilon_0} & \dfrac{\kappa_j}{n_j^2\omega\varepsilon_0} \end{pmatrix} \tag{9.9b}$$

$$\mathrm{P}_j(x_{j,a}) = \begin{pmatrix} \exp(-i\kappa_j x_{j,a}) & 0 \\ 0 & \exp(i\kappa_j x_{j,a}) \end{pmatrix} \tag{9.9c}$$

ここで，ε_0 は真空の誘電率である．$\mathrm{G}_j^{\mathrm{S}}$ は境界での変化を記述しているので境界行列，$\mathrm{P}_j(x_{j,a})$ は進行波を記述しているので伝搬行列とよぶことにする．

TM モードの場合，式 (9.8) における電磁界成分 E_y, H_z をそれぞれ H_y, E_z に置換すれば，類似した表現が得られる．

9.2.2　1次元階段状屈折率分布での電磁界振幅係数の関係

電磁界振幅係数での未知数は各層で 2 つあり，層数が $N+2$ だから，未知数の総数は $2(N+2)$ 個である．これらのうち，各層間での境界条件により $2(N+1)$ 個の条件式が得られる．残り 2 つの未知数は，具体的な応用に応じて，左端の層（$j=0$）や右端の層（$j=N+1$）での物理的条件により決められる．

まず，境界条件（2.2.2 項参照）から求められる電磁界振幅係数間の関係を調べる．TE（TM）モードでは，電磁界の接線成分 E_y, H_z（H_y, E_z）が境界で連続となる必要がある．この条件は，式 (9.8) を利用して，境界 $x = x_j$（$j = 0 \sim N$）で次のように書ける．

$$\mathrm{D}_j^{\mathrm{S}}(d_j) \begin{pmatrix} a_j \\ b_j \end{pmatrix} = \mathrm{D}_{j+1}^{\mathrm{S}}(0) \begin{pmatrix} a_{j+1} \\ b_{j+1} \end{pmatrix} \quad (j = 0 \sim N)$$

ただし，$j=0$ に対しては $d_0 = 0$ とおくものとする．上式を用いると，隣接する 2 層間での振幅係数が次式で関係づけられる．

$$\begin{pmatrix} a_{j+1} \\ b_{j+1} \end{pmatrix} = \mathrm{H}_j^{\mathrm{S}} \begin{pmatrix} a_j \\ b_j \end{pmatrix} \quad (\mathrm{S} = \mathrm{TE},\ \mathrm{TM},\ j = 0 \sim N) \tag{9.10}$$

$$\mathrm{H}_j^{\mathrm{S}} \equiv \frac{1}{2} \begin{pmatrix} h_{11}^{\mathrm{S}} & h_{12}^{\mathrm{S}} \\ h_{21}^{\mathrm{S}} & h_{22}^{\mathrm{S}} \end{pmatrix} = \left[\mathrm{D}_{j+1}^{\mathrm{S}}(0)\right]^{-1} \mathrm{D}_j^{\mathrm{S}}(d_j) = \left[\mathrm{G}_{j+1}^{\mathrm{S}}\right]^{-1} \mathrm{G}_j^{\mathrm{S}} \mathrm{P}_j(d_j) \tag{9.11a}$$

$$h_{11}^{\mathrm{S}} = h_{22}^{\mathrm{S}*} = \left(1 + \frac{\zeta_j \kappa_j}{\zeta_{j+1} \kappa_{j+1}}\right) \exp(-i\kappa_j d_j) \tag{9.11b}$$

$$h_{12}^{\mathrm{S}} = h_{21}^{\mathrm{S}*} = \left(1 - \frac{\zeta_j \kappa_j}{\zeta_{j+1} \kappa_{j+1}}\right) \exp(i\kappa_j d_j) \tag{9.11c}$$

$$\zeta_j = \begin{cases} 1 & : \mathrm{TE\ モード\ (S = TE)} \\ \dfrac{1}{n_j^2} & : \mathrm{TM\ モード\ (S = TM)} \end{cases} \tag{9.12}$$

ここで，$*$ は複素共役を表す．

問題によっては，式 (9.10) と逆の関係のほうが便利な場合があり，それは

$$\begin{pmatrix} a_j \\ b_j \end{pmatrix} = \mathrm{M}_j^{\mathrm{S}} \begin{pmatrix} a_{j+1} \\ b_{j+1} \end{pmatrix} \quad (\mathrm{S} = \mathrm{TE},\ \mathrm{TM},\ j = 0 \sim N) \tag{9.13}$$

$$\mathrm{M}_j^{\mathrm{S}} = [\mathrm{H}_j^{\mathrm{S}}]^{-1} \equiv \frac{1}{2} \begin{pmatrix} m_{11}^{\mathrm{S}} & m_{12}^{\mathrm{S}} \\ m_{21}^{\mathrm{S}} & m_{22}^{\mathrm{S}} \end{pmatrix} \tag{9.14a}$$

$$m_{11}^{\mathrm{S}} = m_{22}^{\mathrm{S}*} = \left(1 + \frac{\zeta_{j+1} \kappa_{j+1}}{\zeta_j \kappa_j}\right) \exp(i\kappa_j d_j) \tag{9.14b}$$

$$m_{12}^{\mathrm{S}} = m_{21}^{\mathrm{S}*} = \left(1 - \frac{\zeta_{j+1} \kappa_{j+1}}{\zeta_j \kappa_j}\right) \exp(i\kappa_j d_j) \tag{9.14c}$$

で表せる．特に，$j = 0$ に対する $\mathrm{M}_0^{\mathrm{S}}$ は式 (9.14a〜c) で $d_0 = 0$ とおいて得られる．

第 j 層の電磁界振幅係数は，式 (9.10) または式 (9.13) を利用して，

$$\begin{pmatrix} a_j \\ b_j \end{pmatrix} = \prod_{j=0}^{j-1} \mathrm{H}_j^{\mathrm{S}} \begin{pmatrix} a_0 \\ b_0 \end{pmatrix}, \qquad \begin{pmatrix} a_j \\ b_j \end{pmatrix} = \prod_{j=N}^{j} \mathrm{M}_j^{\mathrm{S}} \begin{pmatrix} a_{N+1} \\ b_{N+1} \end{pmatrix} \tag{9.15}$$

のように，左端の層（$j=0$）または右端の層（$j=N+1$）の振幅係数の関数として表せる．各層の電磁界が式 (9.15) に示すように，行列を順次掛けて転送することにより求められるので，このようにして電磁界を求める方法を**転送行列法**という．

右端の層（$j=N+1$）または左端の層（$j=0$）での振幅係数は，

$$\begin{pmatrix} a_{N+1} \\ b_{N+1} \end{pmatrix} = \mathrm{H}^\mathrm{S} \begin{pmatrix} a_0 \\ b_0 \end{pmatrix}, \quad \mathrm{H}^\mathrm{S} \equiv \prod_{j=0}^{N} \mathrm{H}_j^\mathrm{S} = \begin{pmatrix} H_{11}^\mathrm{S} & H_{12}^\mathrm{S} \\ H_{21}^\mathrm{S} & H_{22}^\mathrm{S} \end{pmatrix} \quad (9.16)$$

$$\begin{pmatrix} a_0 \\ b_0 \end{pmatrix} = \mathrm{M}^\mathrm{S} \begin{pmatrix} a_{N+1} \\ b_{N+1} \end{pmatrix}, \quad \mathrm{M}^\mathrm{S} \equiv \prod_{j=N}^{0} \mathrm{M}_j^\mathrm{S} = \begin{pmatrix} M_{11}^\mathrm{S} & M_{12}^\mathrm{S} \\ M_{21}^\mathrm{S} & M_{22}^\mathrm{S} \end{pmatrix} \quad (9.17)$$

のように，それぞれ左端または右端の層での振幅係数の関数として表せる．

9.2.3　1次元階段状屈折率分布での電磁界振幅係数の決定とその応用

すべての電磁界振幅係数を決定するには，具体的な応用を念頭におく必要がある．ここでは，1次元構造として多層薄膜での反射と透過を取り上げる．

(a) 多層薄膜での反射率と透過率

9.2.1 項①で示したように，左端の層（$j=0$）から右進行波が，層数 N の多層薄膜に入射する場合を考える．このとき，右端の層（$j=N+1$）では透過波である右進行波のみが存在し，振幅係数が $b_{N+1}=0$ と設定できる．この場合，各層での波数が $\kappa_j = n_j k_0$（k_0：真空中の波数）とおけて既知となり，式 (9.11) あるいは式 (9.14) における行列成分が決まる．この**多層薄膜**は光フィルタや反射防止膜の設計に使用できる．

振幅反射率 r と振幅透過率 t は，振幅係数を用いて次式で定義できる．

$$r \equiv \frac{\text{反射波の振幅}}{\text{入射波の振幅}} = \frac{b_0}{a_0}, \quad t \equiv \frac{\text{透過波の振幅}}{\text{入射波の振幅}} = \frac{a_{N+1}}{a_0} \quad (9.18)$$

この場合，式 (9.17) を利用すると，振幅反射率と振幅透過率は，

$$r = \frac{M_{21}^\mathrm{S}}{M_{11}^\mathrm{S}}, \quad t = \frac{1}{M_{11}^\mathrm{S}} \quad (\mathrm{S} = \mathrm{TE},\ \mathrm{TM}) \quad (9.19)$$

で表せ，これらの値は偏光に依存する．また，光強度反射率 R と光強度透過率 T は，次式で得られる．

$$R = |r|^2 = \left|\frac{M_{21}^S}{M_{11}^S}\right|^2, \quad T = \frac{n_{N+1}}{n_0}|t|^2 = \frac{n_{N+1}}{n_0}\left|\frac{1}{M_{11}^S}\right|^2 \quad (9.20)$$

式 (9.20) の第 2 式における屈折率は，光強度では複素振幅の 2 乗に屈折率が掛かることを反映している（式 (2.42) 参照）．また，1 次元では垂直入射のみなので，入射角度に関係した項が入らない．

(b) 反射防止膜の転送行列法による設計

ここでは，3 層構造による**反射防止膜**（基板表面に別の屈折率をもつ媒質を塗布して，反射を抑える薄膜）の設計を取り上げる（**図 9.4**）．この反射防止膜は他の方法でも設計できるが，転送行列法の使用例として示す．この方法は，中間層の数が増加した場合にも容易に拡張できる．

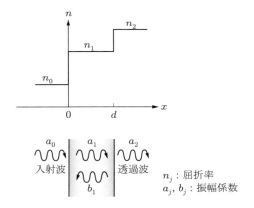

図 9.4　反射防止膜の設計

3 層構造は前項の議論で $N = 1$ の場合に相当する．中間層は反射防止膜に相当し，その屈折率が n_1，厚さが d とする．光波が左側から入射するものとして，左，右の層の屈折率をそれぞれ n_0, n_2 とすると，右の層が基板に対応する．このときの転送行列は，式 (9.17) で $\kappa_j = n_j k_0$ とおいて，

$$M^S = M_0^S M_1^S = \begin{pmatrix} M_{11}^S & M_{12}^S \\ M_{21}^S & M_{22}^S \end{pmatrix} \quad (9.21a)$$

$$M_{11}^S = M_{22}^{S*} = \frac{1}{2}\left[\left(1 + \frac{\zeta_2 n_2}{\zeta_0 n_0}\right)\cos(n_1 k_0 d) + i\left(\frac{\zeta_1 n_1}{\zeta_0 n_0} + \frac{\zeta_2 n_2}{\zeta_1 n_1}\right)\sin(n_1 k_0 d)\right] \quad (9.21b)$$

$$M_{12}^{\mathrm{S}} = M_{21}^{\mathrm{S}*} = \frac{1}{2}\left[\left(1 - \frac{\zeta_2 n_2}{\zeta_0 n_0}\right)\mathrm{ccs}(n_1 k_0 d) + i\left(\frac{\zeta_1 n_1}{\zeta_0 n_0} - \frac{\zeta_2 n_2}{\zeta_1 n_1}\right)\sin(n_1 k_0 d)\right] \tag{9.21c}$$

で書ける．

いま，入射側が空気（$n_0 = 1.0$）で，TE モード（S 波：電界成分が入射面に垂直な方向に振動する波，$\zeta_j = 1$）が入射するとする．光強度反射率 R を，式 (9.20) で計算し，分子に半角の公式を利用すると，次式を得る．

$$R = \left|\frac{M_{21}^{\mathrm{TE}}}{M_{11}^{\mathrm{TE}}}\right|^2$$
$$= \frac{-2n_2 + \frac{1}{2}(n_1^2+1)\left[\left(\frac{n_2}{n_1}\right)^2 + 1\right] + \frac{1}{2}(n_1^2-1)\left[\left(\frac{n_2}{n_1}\right)^2 - 1\right]\cos(2n_1 k_0 d)}{2n_2 + (1+n_2^2)\cos^2(n_1 k_0 d) + [n_1^2 + (n_2/n_1)^2]\sin^2(n_1 k_0 d)} \tag{9.22}$$

光強度反射率 R の分母はつねに正である．いま，$n_2 > n_1 > n_0 \,(= 1.0)$ とすると，光強度反射率における分子の第 2，3 項の係数は正である．分子全体は正または 0 であるから，分子の最小値は $\cos(2n_1 k_0 d) = -1$，つまり $2n_1 k_0 d = (2l+1)\pi$ で得られる．これを書き直して，次式を得る．

$$2n_1 d = \left(l + \frac{1}{2}\right)\lambda_0 \quad (l：整数) \tag{9.23}$$

ここで，λ_0 は使用波長である．式 (9.23) は反射防止膜に関する**位相条件**である．これは，反射防止膜の往復での光路長を，波長の半整数倍とすべきことを示している．

位相条件の式 (9.23) が成立しているとき，式 (9.22) の分子は $(n_2 - n_1^2)^2/n_1^2$ で書ける．よって，光強度反射率を $R = 0$ とする条件は，次式で得られる．

$$n_1 = \sqrt{n_2} \tag{9.24}$$

式 (9.24) は，反射防止膜に関する**振幅条件**である．これは，反射防止膜の屈折率を基板屈折率の平方根にとるべきことを示している．

(c) 1 次元での転送行列法の応用例

転送行列法を用いた反射防止膜や光フィルタの設計は，中間層の数が増加した場合にも容易に拡張可能である．光強度反射率や光強度透過率の最適化は，

遺伝的アルゴリズムやニューラルネットワークなどを併用して行える．

フォトニック結晶のフォトニックバンド中には光波が存在しないので，その透過率の周波数依存性を転送行列法で計算すると，透過率の低い周波数領域からフォトニックバンドギャップの位置を推定することができる．

9.3 多層スラブ導波路の解法

本節では，9.2.1 項②で示した多層スラブ導波路について，転送行列法を用いた伝搬特性の求め方を説明する（図 9.3 参照）．構造が z 軸に対して均一で，光波がこの方向に伝搬し，伝搬定数を β とする．本節の方法を用いると，3.1 節で示した，層が 3 層以上の場合について，行列演算を行うことによって，固有値方程式と電磁界分布を求めることができる．

9.3.1 多層スラブ導波路での電磁界の表示

中間層（$j = 1 \sim N$）の電磁界を三角関数で表示する場合，次のようにおく．

$$A_{jc}\cos(\kappa_j x_{j,a}) + A_{js}\sin(\kappa_j x_{j,a}) = a_j \exp(-i\kappa_j x_{j,a}) + b_j \exp(i\kappa_j x_{j,a}) \tag{9.25a}$$

ただし，A_{jc} と A_{js} は三角関数表示での振幅係数である．このとき，

$$\left.\begin{array}{ll} a_j = \dfrac{A_{jc} + iA_{js}}{2}, & b_j = \dfrac{A_{jc} - iA_{js}}{2} \\ A_{jc} = a_j + b_j, & A_{js} = i(b_j - a_j) \end{array}\right\} \tag{9.25b}$$

のように，振幅係数が (A_{jc}, A_{js}) と (a_j, b_j) の間で相互に変換できるから，中間層の電磁界表現には式 (9.5)，(9.7) が形式的にはそのまま使える．

ところで，9.2.2 項では，すべての層で $n_j k_0 > \beta$ が成立することを暗黙のうちに認めて式を展開していた（β：伝搬定数，k_0：真空中の波数）．多層スラブ導波路で光波が導波されるためには，左端（$x < x_0$）および右端（$x > x_N$）の層において，$x = -\infty$ と $x = \infty$ で電磁界が 0 に収束する必要がある．この場合には，左・右端の層（$j = 0, N+1$）で $\beta > n_j k_0$ が成立しなければならない．また，中間層でも伝搬定数の大きさによっては $\beta > n_j k_0$ が満たされる層がある．これらの場合には，9.2.2 項で定義した横方向伝搬定数 κ_j を純虚数として扱えば，9.2.2 項での議論がそのまま成立する．

本節の以下では，横方向伝搬定数を実数で扱う別の方法を紹介する．中間層で $n_j k_0 > \beta$ が満たされる層の電磁界には，9.2.1 項で述べた式 (9.5), (9.7) の表現を利用する．一方，左・右端の層を含め，$\beta > n_j k_0$ が満たされる層での電磁界として，TE モード（非零電磁界成分：E_y, H_z, H_x）に対して次の形式をとる．

$$E_y(x) = a_j \exp(\gamma_j x_{j,a}) + b_j \exp(-\gamma_j x_{j,a}) \quad : \beta > n_j k_0 \qquad (9.26)$$

$$\gamma_j = \sqrt{\beta^2 - (n_j \omega/c)^2} = \sqrt{\beta^2 - (n_j k_0)^2} \qquad (9.27)$$

ここで，a_j と b_j は振幅係数，γ_j（実数）は横方向伝搬定数，$x_{j,a}$ は式 (9.6) におけるものと同じ相対座標，ω は光波の角周波数，c は真空中の光速である．式 (9.26) は，式 (9.5) で $\kappa_j = i\gamma_j$ とおいても得られる．このとき，境界で連続とすべき磁界成分 H_z は，式 (3.3b) を用いて次式で書ける．

$$H_z(x) = \frac{i}{\omega\mu_0} \frac{dE_y}{dx} = \frac{i\gamma_j}{\omega\mu_0} \left[a_j \exp(\gamma_j x_{j,a}) - b_j \exp(-\gamma_j x_{j,a}) \right] \qquad (9.28)$$

$\beta > n_j k_0$ が満たされる層での TE モードの電磁界成分は，式 (9.26), (9.28) を用いて，次のように行列形式で表せる．

$$\begin{pmatrix} E_y \\ H_z \end{pmatrix}_{(j)} = \mathrm{D}_j^{\mathrm{S}}(x_{j,a}) \begin{pmatrix} a_j \\ b_j \end{pmatrix} \quad (\mathrm{S = TE, TM}) \qquad (9.29)$$

ここで，表示行列 $\mathrm{D}_j^{\mathrm{S}}(x_{j,a})$ は，境界行列 $\mathrm{G}_j^{\mathrm{S}}$ と伝搬行列 $\mathrm{P}_j(x_{j,a})$ を用いて，次のように分離できる．

$$\mathrm{D}_j^{\mathrm{S}}(x_{j,a}) = \mathrm{G}_j^{\mathrm{S}} \mathrm{P}_j(x_{j,a}) \quad (\mathrm{S = TE, TM}, \ \beta > n_j k_0) \qquad (9.30\mathrm{a})$$

$$\mathrm{G}_j^{\mathrm{TE}} = \begin{pmatrix} 1 & 1 \\ \dfrac{i\gamma_j}{\omega\mu_0} & -\dfrac{i\gamma_j}{\omega\mu_0} \end{pmatrix}, \quad \mathrm{G}_j^{\mathrm{TM}} = \begin{pmatrix} 1 & 1 \\ -\dfrac{i\gamma_j}{n_j^2 \omega\varepsilon_0} & \dfrac{i\gamma_j}{n_j^2 \omega\varepsilon_0} \end{pmatrix} \qquad (9.30\mathrm{b})$$

$$\mathrm{P}_j(x_{j,a}) = \begin{pmatrix} \exp(\gamma_j x_{j,a}) & 0 \\ 0 & \exp(-\gamma_j x_{j,a}) \end{pmatrix} \qquad (9.30\mathrm{c})$$

ただし，ε_0 は真空の誘電率，μ_0 は真空の透磁率である．TM モードの場合，式 (9.29) における電磁界成分 E_y, H_z をそれぞれ H_y, E_z に置換すれば，形式的に同じ結果が得られる．

9.3.2 多層スラブ導波路での振幅係数の関係

$n_j k_0 > \beta$ を満たす,隣接する中間層間の境界条件から得られる式は,9.2.2項での式 (9.11a~c) と同じになる.本節では,新たに次の3つの場合における境界条件を検討する必要がある (図 9.5).(a) 左端の層 ($j=0$) や $n_j k_0 < \beta < n_{j+1} k_0$ を満たす中間層,(b) 右端の層 ($j=N+1$) や $n_{j+1} k_0 < \beta < n_j k_0$ を満たす中間層の間,(c) $n_j k_0 < \beta$ と $n_{j+1} k_0 < \beta$ を同時に満たす隣接層の間.

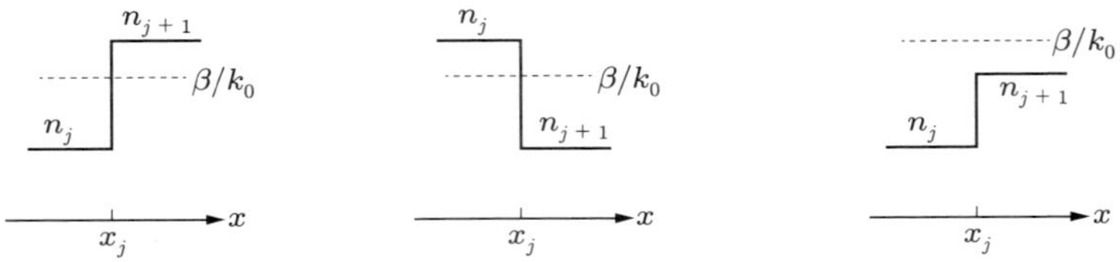

(a) $n_j k_0 < \beta < n_{j+1} k_0$ を満たす層の間 (b) $n_{j+1} k_0 < \beta < n_j k_0$ を満たす層の間 (c) $n_j k_0 < \beta$ と $n_{j+1} k_0 < \beta$ を同時に満たす層の間

n_j:屈折率,β:伝搬定数,k_0:真空中の波数

図 9.5 多層スラブ導波路における屈折率と伝搬定数の関係

隣接2層間の振幅係数の関係を式 (9.10) で示す場合,上記 (a)~(c) に対する式 (9.15) の第1式における行列 H_j^S は,次のように求められる.

(a) $n_j k_0 < \beta < n_{j+1} k_0$ を満たす場合

$$\mathrm{H}_j^\mathrm{S} = \frac{1}{2} \begin{pmatrix} \left(1 + i\dfrac{\zeta_j \gamma_j}{\zeta_{j+1} \kappa_{j+1}}\right) \exp(\gamma_j d_j) & \left(1 - i\dfrac{\zeta_j \gamma_j}{\zeta_{j+1} \kappa_{j+1}}\right) \exp(-\gamma_j d_j) \\ \left(1 - i\dfrac{\zeta_j \gamma_j}{\zeta_{j+1} \kappa_{j+1}}\right) \exp(\gamma_j d_j) & \left(1 + i\dfrac{\zeta_j \gamma_j}{\zeta_{j+1} \kappa_{j+1}}\right) \exp(-\gamma_j d_j) \end{pmatrix}$$

$$(\mathrm{S = TE, TM}) \quad (9.31)$$

ただし,$j=0$ のとき $d_0 = 0$ とおく.ζ_j の定義は式 (9.12) と同じである.

(b) $n_{j+1} k_0 < \beta < n_j k_0$ を満たす場合

$$\mathrm{H}_j^\mathrm{S} = \frac{1}{2} \begin{pmatrix} \left(1 - i\dfrac{\zeta_j \kappa_j}{\zeta_{j+1} \gamma_{j+1}}\right) \exp(-i\kappa_j d_j) & \left(1 + i\dfrac{\zeta_j \kappa_j}{\zeta_{j+1} \gamma_{j+1}}\right) \exp(i\kappa_j d_j) \\ \left(1 + i\dfrac{\zeta_j \kappa_j}{\zeta_{j+1} \gamma_{j+1}}\right) \exp(-i\kappa_j d_j) & \left(1 - i\dfrac{\zeta_j \kappa_j}{\zeta_{j+1} \gamma_{j+1}}\right) \exp(i\kappa_j d_j) \end{pmatrix}$$

$$(9.32)$$

ただし,$j=N$ のときには必ずこの式を用いる.

(c) $n_j k_0 < \beta$ と $n_{j+1} k_0 < \beta$ を同時に満たす隣接層の間

$$H_j^S = \frac{1}{2} \begin{pmatrix} \left(1 + \dfrac{\zeta_j \gamma_j}{\zeta_{j+1} \gamma_{j+1}}\right) \exp(\gamma_j d_j) & \left(1 - \dfrac{\zeta_j \gamma_j}{\zeta_{j+1} \gamma_{j+1}}\right) \exp(-\gamma_j d_j) \\ \left(1 - \dfrac{\zeta_j \gamma_j}{\zeta_{j+1} \gamma_{j+1}}\right) \exp(\gamma_j d_j) & \left(1 + \dfrac{\zeta_j \gamma_j}{\zeta_{j+1} \gamma_{j+1}}\right) \exp(-\gamma_j d_j) \end{pmatrix} \tag{9.33}$$

第 j 層の振幅係数 a_j, b_j は，式 (9.15) を用いて求められる．ただし，H_j^S は $j=0$ の場合は式 (9.31)，$j=N$ の場合は式 (9.32)，$j=1 \sim N-1$ の場合には，$n_j k_0$ と β の大小関係に応じて，式 (9.11a〜c) または式 (9.31)〜(9.33) のいずれかを用いる．

9.3.3 多層スラブ導波路での固有値方程式と振幅係数比

光波が導波されるためには，$x = -\infty$ および $x = \infty$ で電磁界が 0 に収束しなければならないから，式 (9.26) で左端 $(x < x_0)$ および右端 $(x > x_N)$ の層において，振幅係数が $b_0 = a_{N+1} = 0$ を同時に満たす必要がある．左・右端の層での振幅係数は，式 (9.16) を用いて関連づけられているから，導波条件は

$$\begin{pmatrix} 0 \\ b_{N+1} \end{pmatrix} = \begin{pmatrix} H_{11}^S & H_{12}^S \\ H_{21}^S & H_{22}^S \end{pmatrix} \begin{pmatrix} a_0 \\ 0 \end{pmatrix} \quad (S = \text{TE, TM}) \tag{9.34}$$

で書ける．

式 (9.34) の第 1 行成分より，次式が得られる．

$$a_0 H_{11}^S = 0$$

上式が振幅係数 a_0 の値によらず，つねに成立するには，

$$H_{11}^S = 0 \tag{9.35}$$

が満たされる必要がある．式 (9.35) は多層スラブ導波路での**固有値方程式**，つまり伝搬定数 β を求める式である．これは，固有値方程式が式 (9.16) で定義した行列 H^S の 1 行 1 列成分だけで決まることを示している．

式 (9.34) の第 2 行成分より，次式を得る．

$$\frac{b_{N+1}}{a_0} = H_{21}^S \tag{9.36}$$

これは，左端と右端の層での振幅係数比が，行列 H^S の 2 行 1 列成分だけで決まることを示している．他の層に対する振幅係数は，式 (9.36) の結果を式 (9.15) に適用して求められる．この段階では振幅係数の相対値が決まるだけであり，それらの絶対値は光強度の規格化条件から決定できる（式 (2.42) 参照）．

固有値方程式 (9.35) と振幅係数比の式 (9.36) は，ともに TE・TM 両モードに対して成立する．9.2 節および 9.3 節のいままでの議論に基づくと，式 (9.16) で定義した H^S の行列演算を機械的に行うことにより，3 層以上の層をもつ多層スラブ導波路の固有値方程式や電磁界分布を求めることができる．次節では，3 層と 4 層スラブ導波路への適用結果を示す．

9.4　多層スラブ導波路の具体例

本節では，前節で説明した多層スラブ導波路の具体例として，三層非対称スラブ導波路と 4 層スラブ導波路の固有値方程式の厳密解を求め，転送行列法の有用性を示す．これらの光導波路では，光波が構造の均一な z 軸方向に伝搬し，屈折率が x 方向で階段状に変化しているとする (図 9.3 参照)．

9.4.1　三層非対称スラブ導波路

本項では，三層非対称スラブ導波路の固有値方程式の厳密解を求める．これはリブ形導波路（図 4.1(c)，4.3.1 項参照）の解析に使える．**三層非対称スラブ導波路**の屈折率は，左の層から順に n_0，n_1，n_2 ($n_1 > n_0$，$n_1 > n_2$) にとり，屈折率 n_1 の層をコアとし，コア厚を d とする (**図 9.6**(a))．光波は z 方向に伝搬するとし，伝搬定数を β とおく．

固有値方程式 (9.35) に含まれる行列 H^S (S = TE, TM) は，式 (9.16) に示したもので，いまの場合，$N = 1$ で $\mathrm{H}^S = \mathrm{H}_1^S \mathrm{H}_0^S$ を用いる．$j = 0$ のときには，

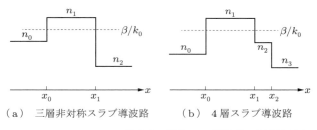

（a）三層非対称スラブ導波路　（b）4 層スラブ導波路

図 9.6　多層スラブ導波路の屈折率分布

式 (9.31) で $d_0 = 0$ とおき,

$$H_0^S = \frac{1}{2}\begin{pmatrix} 1 + i\dfrac{\zeta_0\gamma_0}{\zeta_1\kappa_1} & 1 - i\dfrac{\zeta_0\gamma_0}{\zeta_1\kappa_1} \\ 1 - i\dfrac{\zeta_0\gamma_0}{\zeta_1\kappa_1} & 1 + i\dfrac{\zeta_0\gamma_0}{\zeta_1\kappa_1} \end{pmatrix} \quad (9.37a)$$

であり, $j = 1$ のとき, 式 (9.32) より, 次式を得る.

$$H_1^S = \frac{1}{2}\begin{pmatrix} \left(1 - i\dfrac{\zeta_1\kappa_1}{\zeta_2\gamma_2}\right)\exp(-i\kappa_1 d) & \left(1 + i\dfrac{\zeta_1\kappa_1}{\zeta_2\gamma_2}\right)\exp(i\kappa_1 d) \\ \left(1 + i\dfrac{\zeta_1\kappa_1}{\zeta_2\gamma_2}\right)\exp(-i\kappa_1 d) & \left(1 - i\dfrac{\zeta_1\kappa_1}{\zeta_2\gamma_2}\right)\exp(i\kappa_1 d) \end{pmatrix}$$
(9.37b)

ただし, $\kappa_1 = \sqrt{(n_1 k_0)^2 - \beta^2}$ と $\gamma_j = \sqrt{\beta^2 - (n_j k_0)^2}$ ($j = 0, 2$) は横方向伝搬定数であり, ζ_j の定義は式 (9.12) と同じである. 式 (9.37a, b) を式 (9.16) に代入して, 式 (9.35) を利用すると, H^S の 1 行 1 列成分は次式となる.

$$H_{11}^S = \frac{1}{2}\left[\left(1 + \frac{\zeta_0\gamma_0}{\zeta_2\gamma_2}\right)\cos(\kappa_1 d) + \left(\frac{\zeta_0\gamma_0}{\zeta_1\kappa_1} - \frac{\zeta_1\kappa_1}{\zeta_2\gamma_2}\right)\sin(\kappa_1 d)\right] \quad (9.38)$$

式 (9.38) から得られる $H_{11}^S = 0$ を整理して, 三層非対称スラブ導波路における TE・TM モードに対する固有値方程式が,

$$\tan(\kappa_1 d) = \frac{\kappa_1(\gamma_0 + \gamma_2)}{\kappa_1^2 - \gamma_0\gamma_2} \quad : \text{TE モード} \quad (9.39a)$$

$$\tan(\kappa_1 d) = \frac{n_1^2\kappa_1(n_0^2\gamma_2 + n_2^2\gamma_0)}{(n_0 n_2)^2 \kappa_1^2 - n_1^4\gamma_0\gamma_2} \quad : \text{TM モード} \quad (9.39b)$$

で得られる. これらの固有値方程式は厳密解であり, 他の手法で得られている結果と一致している.

式 (9.38) より, TE・TM 両モードを含む次の固有値方程式が導ける.

$$\tan(\kappa_1 d) = \frac{\zeta_1\kappa_1(\zeta_0\gamma_0 + \zeta_2\gamma_2)}{(\zeta_1\kappa_1)^2 - \zeta_0\gamma_0\zeta_2\gamma_2} \quad (9.40)$$

式 (9.40) で $n_0 = n_2$, $u = \kappa_1 d/2$, $w = \gamma_2 d/2$ とおくと, $w = (\zeta_1/\zeta_2)u\tan u$ と $w = -(\zeta_1/\zeta_2)u\cot u$ が導ける. これらは, 三層対称スラブ導波路の偶・奇対称モードに対する固有値方程式に一致している (3.2.2 項, 3.2.3 項参照).

左・右端の層での振幅係数比 b_2/a_0 を表す式 (9.36) は，H^S の 2 行 1 列成分より，次式で示せる．

$$H^\mathrm{S}_{21} = \frac{1}{2}\left[\left(1-\frac{\zeta_0\gamma_0}{\zeta_2\gamma_2}\right)\cos(\kappa_1 d) + \left(\frac{\zeta_0\gamma_0}{\zeta_1\kappa_1}+\frac{\zeta_1\kappa_1}{\zeta_2\gamma_2}\right)\sin(\kappa_1 d)\right] \quad (9.41)$$

固有値方程式を用いてこれを整理すると，TE モードの電界振幅係数比は，

$$\frac{b_2}{a_0} = \cos(\kappa_1 d)\frac{\kappa_1^2 + \gamma_0^2}{\kappa_1^2 - \gamma_0\gamma_2} \quad :\text{TE モード} \quad (9.42)$$

で，TM モードの磁界振幅係数比は，

$$\frac{b_2}{a_0} = \cos(\kappa_1 d)\frac{(\kappa_1/n_1^2)^2 + (\gamma_0/n_0^2)^2}{(\kappa_1/n_1^2)^2 - (\gamma_0\gamma_2/n_0^2 n_2^2)} \quad :\text{TM モード} \quad (9.43)$$

で求められ，これらも他の手法での結果と一致している．

中間層での振幅係数は，式 (9.10) または式 (9.13) を利用して求められる．第 1 層（コア）での振幅係数は式 (9.10)，(9.37a)，$b_0 = 0$ を用いて，

$$\begin{pmatrix} a_1 \\ b_1 \end{pmatrix} = \mathrm{H}^\mathrm{S}_0 \begin{pmatrix} a_0 \\ b_0 \end{pmatrix} = \frac{a_0}{2}\begin{pmatrix} 1 + i\dfrac{\zeta_0\gamma_0}{\zeta_1\kappa_1} \\ 1 - i\dfrac{\zeta_0\gamma_0}{\zeta_1\kappa_1} \end{pmatrix} \quad (9.44)$$

で得られる．電磁界の y 成分に対して式 (9.25a) での三角関数表示を用いると，

$$A_{1c}\cos(\kappa_1 x_{1,a}) + A_{1s}\sin(\kappa_1 x_{1,a}) = a_0\left[\cos(\kappa_1 x_{1,a}) + \frac{\zeta_0\gamma_0}{\zeta_1\kappa_1}\sin(\kappa_1 x_{1,a})\right] \quad (9.45)$$

が得られる．式 (9.45) は他の手法での結果と一致している．他の電磁界成分は，TE モードでは式 (3.3a, b) を，TM モードでは式 (3.5a, b) を用いて求められる．

9.4.2 4層スラブ導波路

本項では，4 層スラブ導波路の固有値方程式の厳密解を求める．この結果は，1 方向で 4 層あるリッジ形導波路（図 4.1(d)，4.3.1 項 (d) 参照）の伝搬特性を求めるのに使え，それと垂直な方向は等価屈折率法で扱える．

4層スラブ導波路の屈折率を，左の層から順に n_0, n_1, n_2, n_3 にとり，$n_0 < n_1$，$n_1 > n_2 > n_3$ とする（図 9.6(b) 参照）．最大屈折率を n_1 として，この層をコ

アとする．屈折率 n_1 と n_2 の層厚をそれぞれ d, s とする．光波は構造が均一な z 方向に伝搬するとし，伝搬定数を β とおく．

固有値方程式 (9.35) に含まれる行列 H^S は，式 (9.16) に示したもので，いまの場合は $N=2$ で，

$$\mathrm{H}^\mathrm{S} = \mathrm{H}_2^\mathrm{S}\mathrm{H}_1^\mathrm{S}\mathrm{H}_0^\mathrm{S} \equiv \begin{pmatrix} H_{11}^\mathrm{S} & H_{12}^\mathrm{S} \\ H_{21}^\mathrm{S} & H_{22}^\mathrm{S} \end{pmatrix} \quad (\mathrm{S=TE,\ TM}) \tag{9.46}$$

を用いる．H_j^S の表式は，$j=0$ のときには式 (9.37a)，$j=1$ のときには式 (9.37b) と同じ結果が使える．$j=2$ のとき，式 (9.33) より，

$$\mathrm{H}_2^\mathrm{S} = \frac{1}{2}\begin{pmatrix} \left(1+\dfrac{\zeta_2\gamma_2}{\zeta_3\gamma_3}\right)\exp(\gamma_2 s) & \left(1-\dfrac{\zeta_2\gamma_2}{\zeta_3\gamma_3}\right)\exp(-\gamma_2 s) \\ \left(1-\dfrac{\zeta_2\gamma_2}{\zeta_3\gamma_3}\right)\exp(\gamma_2 s) & \left(1+\dfrac{\zeta_2\gamma_2}{\zeta_3\gamma_3}\right)\exp(-\gamma_2 s) \end{pmatrix} \tag{9.47}$$

と書ける．ここで，ζ_j の定義は式 (9.12) と同じである．

式 (9.37a, b)，(9.47) を式 (9.46) に代入して整理すると，かなりの計算の後，H^S の 1 行 1 列成分が，

$$\begin{aligned}H_{11}^\mathrm{S} = \frac{\cos(\kappa_1 d)}{2\zeta_3\gamma_3}&\Big\{[\zeta_3\gamma_3\cosh(\gamma_2 s)+\zeta_2\gamma_2\sinh(\gamma_2 s)] \\ &+ \frac{\zeta_0\gamma_0}{\zeta_2\gamma_2}[\zeta_2\gamma_2\cosh(\gamma_2 s)+\zeta_3\gamma_3\sinh(\gamma_2 s)]\Big\} \\ + \frac{\sin(\kappa_1 d)}{2\zeta_3\gamma_3}&\Big\{\frac{\zeta_0\gamma_0}{\zeta_1\kappa_1}[\zeta_3\gamma_3\cosh(\gamma_2 s)+\zeta_2\gamma_2\sinh(\gamma_2 s)] \\ &- \frac{\zeta_1\kappa_1}{\zeta_2\gamma_2}[\zeta_2\gamma_2\cosh(\gamma_2 s)+\zeta_3\gamma_3\sinh(\gamma_2 s)]\Big\}\end{aligned} \tag{9.48}$$

で得られる．ただし，$\kappa_1 = \sqrt{(n_1 k_0)^2 - \beta^2}$ と $\gamma_j = \sqrt{\beta^2 - (n_j k_0)^2}$ ($j=0,2,3$) は横方向伝搬定数である．

4 層スラブ導波路の固有値方程式は，$H_{11}^\mathrm{S}=0$ より，双曲線関数に関する加法定理を利用すると，次式で得られる（付録 G.1 参照）．

$$\tan(\kappa_1 d) = \frac{\zeta_1\kappa_1[\zeta_0\gamma_0\tanh(\gamma_2 s+\theta)+\zeta_2\gamma_2]}{(\zeta_1\kappa_1)^2\tanh(\gamma_2 s+\theta) - \zeta_0\gamma_0\zeta_2\gamma_2} \tag{9.49a}$$

$$\tanh\theta = \frac{\zeta_2\gamma_2}{\zeta_3\gamma_3} \tag{9.49b}$$

式 (9.49a) は TE・TM モードに対する結果を同時に表している．ただし，ζ_j ($j = 0 \sim 3$) の定義は式 (9.12) と同じである．

4層スラブ導波路の固有値方程式 (9.49a) は，$s = 0$, $n_2 = n_3$ のとき，$\tanh(\gamma_2 s + \theta) = 1$ となることを用いると，前項での三層非対称スラブ導波路に対する結果 [式 (9.40)] に帰着する．固有値方程式は一般に超越関数となるので，伝搬定数 β は二分法（付録 A.1 参照）などを用いて求めることができる．

左・右端の層での振幅係数比 b_3/a_0 を表す H^S の 2 行 1 列成分は，

$$\frac{b_3}{a_0} = H^S_{21}$$

$$= \frac{\sqrt{(\zeta_3\gamma_3)^2 - (\zeta_2\gamma_2)^2}}{2\zeta_3\gamma_3} \Bigg\{ \cos(\kappa_1 d) \left[\cosh(\gamma_2 s - \theta) + \frac{\zeta_0\gamma_0}{\zeta_2\gamma_2} \sinh(\gamma_2 s - \theta) \right]$$

$$+ \sin(\kappa_1 d) \left[\frac{\zeta_0\gamma_0}{\zeta_1\kappa_1} \cosh(\gamma_2 s - \theta) - \frac{\zeta_1\kappa_1}{\zeta_2\gamma_2} \sinh(\gamma_2 s - \theta) \right] \Bigg\} \quad (9.50)$$

で示せる．第 1 層の振幅係数は，形式的には三層非対称スラブ導波路における式 (9.44) と同じである．第 2 層の振幅係数は，式 (9.38)，(9.41) を利用して，

$$\begin{pmatrix} a_2 \\ b_2 \end{pmatrix} = \frac{a_0}{2} \begin{pmatrix} \left(1 + \dfrac{\zeta_0\gamma_0}{\zeta_2\gamma_2}\right) \cos(\kappa_1 d) + \left(\dfrac{\zeta_0\gamma_0}{\zeta_1\kappa_1} - \dfrac{\zeta_1\kappa_1}{\zeta_2\gamma_2}\right) \sin(\kappa_1 d) \\ \left(1 - \dfrac{\zeta_0\gamma_0}{\zeta_2\gamma_2}\right) \cos(\kappa_1 d) + \left(\dfrac{\zeta_0\gamma_0}{\zeta_1\kappa_1} + \dfrac{\zeta_1\kappa_1}{\zeta_2\gamma_2}\right) \sin(\kappa_1 d) \end{pmatrix}$$
$$(9.51)$$

で得られる．

9.5 円筒対称屈折率分布に対する転送行列法

本節では，円筒対称屈折率分布をもつ光ファイバを対象とし，3.3 節の具体的解法を示す．これは，各種用途に使用するため，コアの屈折率分布を半径方向で変化させた多層構造光ファイバに適用できる．また，導波構造が光の伝搬方向に対して均一であれば，1 次元問題に帰着する．本節の扱いでは，各層間の屈折率の大きさには，弱導波近似のような制限がなく，弱導波近似の場合も包含している [9–8]．弱導波近似に特化した場合は別の文献を参照されたい [9–6]．本手法は，屈折率が複素屈折率で与えられる場合にも拡張できる [9–9]．

9.5.1 導出準備

対象媒質は，等方性・非磁性・無損失の誘電体とする．図 9.7 に示すように，円筒座標系 (r, θ, z) を用い，解析対象の構造が z 軸方向に対して均一であり，光波が z 軸方向に伝搬するものとする．屈折率は半径方向に階段状に変化しており，第 j 層の屈折率を n_j，各層の外側の半径座標を r_j とする．添え字 j は，コア中心を含む層に対して $j = 1$ $(r_0 = 0)$，最外層に対して $j = N + 1$ を用いる．対象とするのは，TE・TM モードとハイブリッドモードである．

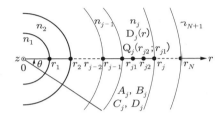

n_j：第 j 層の屈折率
r_j：第 j 層の外側半径座標
r_{j1}, r_{j2}：第 j 層内の任意の半径座標
$A_j \sim D_j$：電磁界振幅係数
$D_j(r)$：表示行列
$Q_j(r_{j2}; r_{j1})$：r_{j1}, r_{j2} 間の変位行列

図 9.7 円筒対称屈折率分布光ファイバの断面構造

電磁界の時空変動因子として $\exp[i(\omega t - \beta z)]$ を用いるが，以下では省略する（ω：光の角周波数，β：z 軸方向の伝搬定数）．このとき，屈折率が一定な層内で，スカラー波動方程式 (2.35) が成立する．

ハイブリッドモードは軸方向の電磁界成分 E_z と H_z をともにもつ．これらの横方向座標に依存する成分を，半径座標 r と方位角座標 θ の変数分離形で，

$$H_z(r, \theta) = f_1(r) \sin(\nu\theta + \theta_{\mathrm{in}}) \tag{9.52a}$$

$$E_z(r, \theta) = g_1(r) \cos(\nu\theta + \theta_{\mathrm{in}}) \tag{9.52b}$$

とおく．ここで，ν は方位角モード次数を表し，整数である．θ_{in} は初期位相であり，$\theta_{\mathrm{in}} = 0, \pi/2$ と設定することにより，軸対称性に起因する縮退した 2 種類のモードを記述することができる．式 (9.52a, b) における三角関数は，$\nu = 0$ の場合に，$\theta_{\mathrm{in}} = \pi/2$ に対して TE モード，$\theta_{\mathrm{in}} = 0$ に対して TM モードが対応する．

式 (9.52a, b) を式 (2.35) に代入すると，半径座標に依存する関数 $\psi(r)[= f_1(r), g_1(r)]$ は次の微分方程式を満たす．

$$\frac{d^2\psi}{dr^2} + \frac{1}{r}\frac{d\psi}{dr} + \left\{[(n_j k_0)^2 - \beta^2] - \frac{\nu^2}{r^2}\right\}\psi = 0 \quad : n_j k_0 > \beta \tag{9.53a}$$

$$\frac{d^2\psi}{dr^2} + \frac{1}{r}\frac{d\psi}{dr} - \left\{[\beta^2 - (n_j k_0)^2] + \frac{\nu^2}{r^2}\right\}\psi = 0 \quad :\beta > n_j k_0 \quad (9.53b)$$

ここで，$k_0 = \omega/c = 2\pi/\lambda_0$，$\lambda_0$，$c$ は，それぞれ真空中の波数，波長，光速を表す．式 (9.53a, b) は，円筒座標系での波動方程式 (3.27a, b) とまったく同じである．転送行列法では，屈折率が階段関数で表されているので，各層内での屈折率 n_j は一定である．ν が整数で，式 (9.53a, b) はベッセルの微分方程式とよばれる [9–10]．

式 (9.53a) の形式解は，$\kappa_j \equiv \sqrt{(n_j k_0)^2 - \beta^2}$ とおくと，ベッセル関数 $J_\nu(\kappa_j r)$ やノイマン関数 $N_\nu(\kappa_j r) = Y_\nu(\kappa_j r)$，あるいはこれらの1次結合である第1種ハンケル関数 $H_\nu^{(1)}(\kappa_j r) = J_\nu + iN_\nu$ や第2種ハンケル関数 $H_\nu^{(2)}(\kappa_j r) = J_\nu - iN_\nu$ で表せる．一方，式 (9.53b) の解は，$\gamma_j \equiv \sqrt{\beta^2 - (n_j k_0)^2}$ とおくと，第1種変形ベッセル関数 $I_\nu(\gamma_j r)$ や第2種変形ベッセル関数 $K_\nu(\gamma_j r)$ で表せる．これらの関数の性質は 3.3 節で簡単に述べたが，当面必要なのは，$N_\nu(r)$ と $K_\nu(r)$ が $r=0$ で発散し，$I_\nu(r)$ が $r=\infty$ で発散するという点である．

定式化に使える関数は1通りとは限らないが，対象とする物理的内容と式との対応は，次に説明するように，わかりやすさが異なる．

(ⅰ) クラッドでの電磁界がコアから離れた遠方で十分に減衰する従来型光ファイバでは，屈折率 n_j の値に応じて，主としてベッセル関数 J_ν や変形ベッセル関数 K_ν を用いる．これは，導波原理が全反射の場合に対応する．

(ⅱ) コアの屈折率が他の層よりも低いフォトニック結晶ファイバでは，電磁界が半径座標 r の正・負方向に伝搬するという，物理的意味を有するハンケル関数を形式解として用いる．これは，導波原理がフォトニックバンドギャップの場合に対応する．

本節では，ステップ形光ファイバを扱う 3.4 節と異なり，フォトニック結晶ファイバの1つであるブラッグファイバへの応用も想定して定式化するため，上記 (ⅰ) だけでなく (ⅱ) の場合も扱う．

横方向電磁界成分は，式 (2.33a~d) で示したように，軸方向電磁界成分を用いて記述できる．円筒対称構造において，境界条件を用いて連続とすべき，他の電磁界接線成分の三角関数依存性は次式で記述できる．

$$iE_\theta(r,\theta) = f_2(r)\sin(\nu\theta + \theta_{\text{in}}), \quad iH_\theta(r,\theta) = g_2(r)\cos(\nu\theta + \theta_{\text{in}}) \quad (9.54)$$

円筒対称構造を対象とするので，以下では半径座標依存性部分 $f_j(r)$，$g_j(r)$，つ

まり $\psi(r)$ を考慮するだけでよく，実質的には半径座標 r に関する 1 次元問題となる．

9.5.2 電磁界の基本式

ハイブリッドモードも対象とするため，電磁界の基本成分として，各層の境界面で境界条件を満たすべき成分（境界面に対する接線成分），つまり H_z, E_θ, E_z, H_θ をとる．方位角モード次数が $\nu = 0$ の場合に，TE・TM モードへ帰着することを想定して，(H_z, iE_θ) と (E_z, iH_θ) がそれぞれ組をなすようにしておく．こうして，第 j 層での電磁界分布が次の行列形式で表せる [9-8]．

$$\begin{pmatrix} H_z \\ iE_\theta \\ E_z \\ iH_\theta \end{pmatrix}_{r=r} = \mathrm{D}_j(r) \begin{pmatrix} A_j \\ B_j \\ C_j \\ D_j \end{pmatrix} \quad : r_{j-1} \leqq r \leqq r_j \tag{9.55}$$

ここで，$A_j \sim D_j$ は電磁界振幅係数であり，境界条件および最内・外層での電磁界に対する物理的要請により後ほど決定される．

表示行列 $\mathrm{D}_j(r)$ の行列成分に対する表現は，次式で与えられる．

$$\mathrm{D}_j(r) \equiv \begin{pmatrix} d_{11} & d_{12} & 0 & 0 \\ d_{21} & d_{22} & d_{23} & d_{24} \\ 0 & 0 & d_{33} & d_{34} \\ d_{41} & d_{42} & d_{43} & d_{44} \end{pmatrix} \tag{9.56}$$

行列成分の具体形は，式 (2.33a~d) を用いて求めることができる．その結果は，次に示すように，各層において $n_j k_0$ と β の大小関係によって異なる．

(a) $n_j k_0 > \beta$ の層の場合

$$d_{11} = d_{33} = H_\nu^{(2)}(\kappa_j r), \qquad d_{12} = d_{34} = H_\nu^{(1)}(\kappa_j r)$$

$$d_{21} = -\frac{d_{43}}{Y_j^2} = -\frac{\omega \mu_0}{\kappa_j} H_\nu^{(2)'}(\kappa_j r), \qquad d_{22} = -\frac{d_{44}}{Y_j^2} = -\frac{\omega \mu_0}{\kappa_j} H_\nu^{(1)'}(\kappa_j r)$$

$$d_{23} = -d_{41} = -\frac{\nu \beta}{\kappa_j^2 r} H_\nu^{(2)}(\kappa_j r), \qquad d_{24} = -d_{42} = -\frac{\nu \beta}{\kappa_j^2 r} H_\nu^{(1)}(\kappa_j r)$$

$$\tag{9.57a}$$

$$\kappa_j \equiv \sqrt{(n_j k_0)^2 - \beta^2} \tag{9.57b}$$

(b) $\beta > n_j k_0$ の層の場合

$$d_{11} = d_{33} = I_\nu(\gamma_j r), \qquad d_{12} = d_{34} = K_\nu(\gamma_j r)$$

$$d_{21} = -\frac{d_{43}}{Y_j^2} = \frac{\omega \mu_0}{\gamma_j} I'_\nu(\gamma_j r), \qquad d_{22} = -\frac{d_{44}}{Y_j^2} = \frac{\omega \mu_0}{\gamma_j} K'_\nu(\gamma_j r)$$

$$d_{23} = -d_{41} = \frac{\nu \beta}{\gamma_j^2 r} I_\nu(\gamma_j r), \qquad d_{24} = -d_{42} = \frac{\nu \beta}{\gamma_j^2 r} K_\nu(\gamma_j r)$$

$$\tag{9.58a}$$

$$\gamma_j \equiv \sqrt{\beta^2 - (n_j k_0)^2} \tag{9.58b}$$

ただし,$H_\nu^{(1)}$ と $H_\nu^{(2)}$ はそれぞれ第 1・2 種ハンケル関数,$I_\nu(\gamma_j r)$ と $K_\nu(\gamma_j r)$ は第 1・2 種変形ベッセル関数,' は引数に対する微分を表す.また,κ_j と γ_j は各層での横方向伝搬定数,$Y_j \equiv n_j \sqrt{\varepsilon_0/\mu_0}$ は屈折率 n_j の媒質中の特性アドミタンス,ε_0 は真空の誘電率,μ_0 は真空の透磁率である.

ハイブリッドモードでは,表示行列 $D_j(r)$ の右上と左下の 2 行 2 列の小行列の成分が非零となっており,このことが TE・TM モードとの違いである.式 (9.56) で $\nu = 0$ とおけば,左上と右下の 2 行 2 列の小行列がそれぞれ TE・TM モードに対する結果を表す.

9.5.3　各層内・各層間での電磁界の関係

以下では,電磁界成分を各層間で関連づけて,各層間で成立する関係式を行列で表す.

式 (9.55) を,第 j 層内での座標 $r = r_{j1}$ について(図 9.7 参照),電磁界振幅係数 $A_j \sim D_j$ に対して解き直すと,形式的に次式が得られる.

$$\begin{pmatrix} A_j \\ B_j \\ C_j \\ D_j \end{pmatrix} = D_j^{-1}(r_{j1}) \begin{pmatrix} H_z \\ iE_\theta \\ E_z \\ iH_\theta \end{pmatrix}_{r=r_{j1}} \tag{9.59}$$

次に,第 j 層内での電磁界成分を任意の半径座標 $r = r_{j1}$ と $r = r_{j2}$ の間で関連づけるため,式 (9.59) を式 (9.55) に代入すると,次式が得られる.

9.5 円筒対称屈折率分布に対する転送行列法   *217*

$$\begin{pmatrix} H_z \\ iE_\theta \\ E_z \\ iH_\theta \end{pmatrix}_{r=r_{j2}} = Q_j(r_{j2}; r_{j1}) \begin{pmatrix} H_z \\ iE_\theta \\ E_z \\ iH_\theta \end{pmatrix}_{r=r_{j1}} \quad : r_{j-1} \leqq r_{j1} < r_{j2} \leqq r_j$$
(9.60)

$$Q_j(r_{j2}; r_{j1}) \equiv D_j(r_{j2}) D_j^{-1}(r_{j1}) = \begin{pmatrix} q_{11}^j & q_{12}^j & q_{13}^j & 0 \\ q_{21}^j & q_{22}^j & q_{23}^j & q_{24}^j \\ q_{31}^j & 0 & q_{33}^j & q_{34}^j \\ q_{41}^j & q_{42}^j & q_{43}^j & q_{44}^j \end{pmatrix} \quad (9.61)$$

行列 $Q_j(r_{j2}; r_{j1})$ は各層内での電磁界の変化の様子を記述しているので，変位行列とよぶことにする．$Q_j(r_{j2}; r_{j1})$ の行列成分に対する表現も，次に示すように，$n_j k_0$ と β の大小関係によって各層ごとに異なる形をとる．

(a) $n_j k_0 > \beta$ の層の場合

$$q_{11}^j = q_{33}^j = \frac{\pi \kappa_j r_{j1}}{4i} \left[H_\nu^{(2)}(\kappa_j r_{j2}) H_\nu^{(1)'}(\kappa_j r_{j1}) - H_\nu^{(1)}(\kappa_j r_{j2}) H_\nu^{(2)'}(\kappa_j r_{j1}) \right]$$

$$q_{12}^j = -Y_j^2 q_{34}^j = \frac{\pi \kappa_j^2 r_{j1}}{4i\omega\mu_0} \left[H_\nu^{(2)}(\kappa_j r_{j2}) H_\nu^{(1)}(\kappa_j r_{j1}) - H_\nu^{(1)}(\kappa_j r_{j2}) H_\nu^{(2)}(\kappa_j r_{j1}) \right]$$

$$q_{13}^j = Y_j^2 q_{31}^j = \frac{\pi\nu\beta}{4i\omega\mu_0} \left[H_\nu^{(2)}(\kappa_j r_{j2}) H_\nu^{(1)}(\kappa_j r_{j1}) - H_\nu^{(1)}(\kappa_j r_{j2}) H_\nu^{(2)}(\kappa_j r_{j1}) \right]$$

$$q_{21}^j = -\frac{1}{Y_j^2} q_{43}^j$$

$$= \frac{i\pi}{4} \omega\mu_0 r_{j1} \left[H_\nu^{(2)'}(\kappa_j r_{j2}) H_\nu^{(1)'}(\kappa_j r_{j1}) - H_\nu^{(1)'}(\kappa_j r_{j2}) H_\nu^{(2)'}(\kappa_j r_{j1}) \right]$$

$$\quad + \frac{i\pi}{4} \frac{(\nu\beta)^2}{\omega\varepsilon_0 n_j^2} \frac{1}{\kappa_j^2 r_{j2}} \left[H_\nu^{(2)}(\kappa_j r_{j2}) H_\nu^{(1)}(\kappa_j r_{j1}) - H_\nu^{(1)}(\kappa_j r_{j2}) H_\nu^{(2)}(\kappa_j r_{j1}) \right]$$

$$q_{22}^j = q_{44}^j = \frac{i\pi \kappa_j r_{j1}}{4} \left[H_\nu^{(2)'}(\kappa_j r_{j2}) H_\nu^{(1)}(\kappa_j r_{j1}) - H_\nu^{(1)'}(\kappa_j r_{j2}) H_\nu^{(2)}(\kappa_j r_{j1}) \right]$$

$$q_{23}^j = -q_{41}^j = \frac{i\pi\nu\beta}{4\kappa_j} \left\{ \left[H_\nu^{(2)'}(\kappa_j r_{j2}) H_\nu^{(1)}(\kappa_j r_{j1}) - H_\nu^{(1)'}(\kappa_j r_{j2}) H_\nu^{(2)}(\kappa_j r_{j1}) \right] \right.$$

$$\left. + \frac{r_{j1}}{r_{j2}} \left[H_\nu^{(2)}(\kappa_j r_{j2}) H_\nu^{(1)'}(\kappa_j r_{j1}) - H_\nu^{(1)}(\kappa_j r_{j2}) H_\nu^{(2)'}(\kappa_j r_{j1}) \right] \right\}$$

$$q_{24}^j = \frac{1}{Y_j^2} q_{42}^j = \frac{1}{Y_j^2} \frac{r_{j1}}{r_{j2}} q_{13}^j \tag{9.62}$$

(b) $\beta > n_j k_0$ の層の場合

$$q_{11}^j = q_{33}^j = \gamma_j r_{j1} \left[-I_\nu(\gamma_j r_{j2}) K'_\nu(\gamma_j r_{j1}) + K_\nu(\gamma_j r_{j2}) I'_\nu(\gamma_j r_{j1}) \right]$$

$$q_{12}^j = -Y_j^2 q_{34}^j = \frac{\gamma_j^2 r_{j1}}{\omega \mu_0} \left[I_\nu(\gamma_j r_{j2}) K_\nu(\gamma_j r_{j1}) - K_\nu(\gamma_j r_{j2}) I_\nu(\gamma_j r_{j1}) \right]$$

$$q_{13}^j = Y_j^2 q_{31}^j = \frac{\nu \beta}{\omega \mu_0} \left[-I_\nu(\gamma_j r_{j2}) K_\nu(\gamma_j r_{j1}) + K_\nu(\gamma_j r_{j2}) I_\nu(\gamma_j r_{j1}) \right]$$

$$q_{21}^j = -\frac{1}{Y_j^2} q_{43}^j = \omega \mu_0 r_{j1} \left[-I'_\nu(\gamma_j r_{j2}) K'_\nu(\gamma_j r_{j1}) + K'_\nu(\gamma_j r_{j2}) I'_\nu(\gamma_j r_{j1}) \right]$$

$$\quad + \frac{(\nu \beta)^2}{\omega \varepsilon_0 n_j^2} \frac{1}{\gamma_j^2 r_{j2}} \left[-I_\nu(\gamma_j r_{j2}) K_\nu(\gamma_j r_{j1}) + K_\nu(\gamma_j r_{j2}) I_\nu(\gamma_j r_{j1}) \right]$$

$$q_{22}^j = q_{44}^j = \gamma_j r_{j1} \left[I'_\nu(\gamma_j r_{j2}) K_\nu(\gamma_j r_{j1}) - K'_\nu(\gamma_j r_{j2}) I_\nu(\gamma_j r_{j1}) \right]$$

$$q_{23}^j = -q_{41}^j = \frac{\nu \beta}{\gamma_j} \left\{ \left[-I'_\nu(\gamma_j r_{j2}) K_\nu(\gamma_j r_{j1}) + K'_\nu(\gamma_j r_{j2}) I_\nu(\gamma_j r_{j1}) \right] \right.$$

$$\quad + \frac{r_{j1}}{r_{j2}} \left[-I_\nu(\gamma_j r_{j2}) K'_\nu(\gamma_j r_{j1}) + K_\nu(\gamma_j r_{j2}) I'_\nu(\gamma_j r_{j1}) \right] \right\}$$

$$q_{24}^j = \frac{1}{Y_j^2} q_{42}^j = \frac{1}{Y_j^2} \frac{r_{j1}}{r_{j2}} q_{13}^j \tag{9.63}$$

式 (9.62), (9.63) を導く際には，ハンケル関数や変形ベッセル関数に関する Lommel の公式 [9–10] を用いている．

第 j 層の内側の半径座標 $r = r_{j-1}$ での電磁界を，最内層の外側の座標 $r = r_1$ での電磁界分布で表すため，式 (9.60) を利用すると，その結果は次式で得られる．

$$\begin{pmatrix} H_z \\ iE_\theta \\ E_z \\ iH_\theta \end{pmatrix}_{r=r_{j-1}} = \mathrm{F}_{j-1}(r_{j-1}; r_1) \begin{pmatrix} H_z \\ iE_\theta \\ E_z \\ iH_\theta \end{pmatrix}_{r=r_1} \tag{9.64}$$

ただし，F 行列は次に示すように，変位行列 Q_j の積で求められる．

$$\mathrm{F}_{j-1}(r_{j-1}; r_1) \equiv \prod_{j=2}^{j-1} \mathrm{Q}_j(r_j; r_{j-1}) = \begin{pmatrix} f_{11}^j & f_{12}^j & f_{13}^j & f_{14}^j \\ f_{21}^j & f_{22}^j & f_{23}^j & f_{24}^j \\ f_{31}^j & f_{32}^j & f_{33}^j & f_{34}^j \\ f_{41}^j & f_{42}^j & f_{43}^j & f_{44}^j \end{pmatrix} \tag{9.65}$$

9.5.4 電磁界振幅係数の設定

電磁界振幅係数での未知数は各層で4つあり，層数が $N+1$ だから，未知数の総数は $4(N+1)$ 個である．これらのうち，各層間での境界条件により $4N$ 個の条件式が得られる．残り4つの未知数は，最内層（第1層）と最外層（第 $N+1$ 層）での物理的考察から設定できる．

第1層での軸方向電磁界でどの関数形をとるかは，n_1 と β/k_0 の大小関係によって異なる（図 9.8）．第 j 層での電磁界は，$n_j k_0 > \beta$ の場合，式 (9.57a) より

$$\left. \begin{aligned} H_z &= \left[A_j H_\nu^{(2)}(\kappa_j r) + B_j H_\nu^{(1)}(\kappa_j r) \right] \\ &= (A_j + B_j) J_\nu(\kappa_j r) - (A_j - B_j) N_\nu(\kappa_j r) \\ E_z &= \left[C_j H_\nu^{(2)}(\kappa_j r) + D_j H_\nu^{(1)}(\kappa_j r) \right] \\ &= (C_j + D_j) J_\nu(\kappa_j r) - (C_j - D_j) N_\nu(\kappa_j r) \end{aligned} \right\} \quad (9.66)$$

で表せる．ノイマン関数 N_ν は原点（$r=0$）で発散する関数なので，$n_1 k_0 > \beta$ の場合，第1層の原点で電磁界が有界という物理的要請を満足しない．そのた

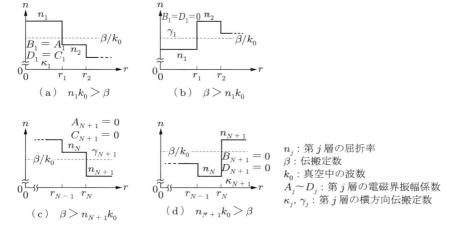

図 9.8　円筒対称屈折率分布光ファイバにおける振幅係数の設定

め，第1層での電磁界振幅係数は次式を満たす必要がある（図 (a)）．

$$B_1 = A_1, \quad D_1 = C_1 \quad : 0 \leqq r \leqq r_1 \tag{9.67a}$$

一方，$\beta > n_j k_0$ の場合の電磁界は，式 (9.58a) より，

$$H_z = A_j I_\nu(\gamma_j r) + B_j K_\nu(\gamma_j r), \qquad E_z = C_j I_\nu(\gamma_j r) + D_j K_\nu(\gamma_j r) \tag{9.68}$$

と書ける．第2種変形ベッセル関数 K_ν は原点で発散する関数なので，これを除外するためには，$\beta > n_1 k_0$ での電磁界振幅係数を，

$$B_1 = D_1 = 0 \quad : 0 \leqq r \leqq r_1 \tag{9.67b}$$

と設定する必要がある（図 (b)）．

最外層での電磁界振幅係数の決め方は，対象とする物理的状況によって異なる．光波がコア領域に閉じ込められて，十分長距離伝搬する場合は，$\beta > n_{N+1} k_0$ を満たす必要がある．この場合の電磁界は，式 (9.68) で $j = N+1$ とおいて得られる．無限遠で電磁界が 0 に収束するためには，$r = \infty$ で発散する第1種変形ベッセル関数 I_ν を除外するように，

$$A_{N+1} = C_{N+1} = 0 \quad : r \geqq r_N \tag{9.69a}$$

と設定すればよい（図 (c)）．

最外層での電磁界が，r が十分大きなところで振動しているフォトニック結晶ファイバ（たとえば，ブラッグファイバ）では，状況が異なる．この場合には，最外層では外向きに進行する電磁界が存在する．電磁界は $n_{N+1} k_0 > \beta$ の式 (9.66) で $j = N+1$ とおいて，内向き進行波を表す $H_\nu^{(1)}(\kappa_j r)$ がなくなるように，

$$B_{N+1} = D_{N+1} = 0 \quad : r \geqq r_N \tag{9.69b}$$

とすればよい（図 (d)）．

電磁界振幅係数を最内・外層（第 $1 \cdot N+1$ 層）で設定した後は，最内・外層での残りの振幅係数を独立変数にすればよい．状況によっては伝搬定数 β が実数とは限らないが，本節の扱いは伝搬定数が複素数の場合にも適用できる．その場合には，2.6.2 項 (e) に示したように，伝搬定数の虚部が損失に対応する．

9.5.5 固有値方程式と電磁界振幅係数

本項では，前項までの手法を具体的な構造に適用して，固有値方程式の求め

方を説明する.

(a) 従来型光ファイバ

ステップ形光ファイバ（コア半径 a, コア屈折率 n_1, クラッド屈折率 n_2）の場合, $N = 1$ とおく. 電磁界がコアに閉じ込められているので, $n_1 k_0 > \beta > n_2 k_0$ を満たすように, 電磁界振幅係数で式 (9.67a), (9.69a) を利用し, $B_1 = A_1$, $D_1 = C_1$, $A_2 = C_2 = 0$ とする. コアでの電磁界成分は式 (9.55), (9.57a) で, クラッドでの電磁界成分は式 (9.58a) で書ける. 本節では, 境界面で連続とすべき電磁界成分を式 (9.55) で用いている. そのため, 2 層構造のときは, これらの電磁界成分をコア・クラッド境界（$r = a$）において, 式 (9.64) で直接関係づければよい.

ステップ形で独立変数として A_1, C_1, B_2, D_2 を用いれば, 4 つの電磁界成分より, 次式が得られる.

$$\begin{pmatrix} J_\nu & -K_\nu & 0 & 0 \\ \dfrac{\omega\mu_0}{\kappa} J'_\nu & \dfrac{\omega\mu_0}{\gamma} K'_\nu & \dfrac{\nu\beta}{\kappa^2 a} J_\nu & \dfrac{\nu\beta}{\gamma^2 a} K_\nu \\ 0 & 0 & J_\nu & -K_\nu \\ \dfrac{\nu\beta}{\kappa^2 a} J_\nu & \dfrac{\nu\beta}{\gamma^2 a} K_\nu & \dfrac{\omega\varepsilon_0 n_1^2}{\kappa} J'_\nu & \dfrac{\omega\varepsilon_0 n_2^2}{\gamma} K'_\nu \end{pmatrix} \begin{pmatrix} 2A_1 \\ B_2 \\ 2C_1 \\ D_2 \end{pmatrix} = \begin{pmatrix} 0 \\ 0 \\ 0 \\ 0 \end{pmatrix} \quad (9.70)$$

ただし, 横方向伝搬定数 κ_1, γ_2 の添え字, および J_ν の引数 $u = \kappa a$, K_ν の引数 $w = \gamma a$ を省いた. ′は引数に対する微分を表す. 4 行 3 列, 4 行 4 列成分では $\omega\mu_0 Y_j^2 = \omega\varepsilon_0 n_j^2$ を用いた. 式 (9.70) は, 3.4.2 項における式 (3.31a～d) と等価である. 固有値方程式は, 式 (9.70) 左辺の行列の行列式 $= 0$ から, 式 (3.34) と同じ形で得られる.

コア中心部が周辺より窪んだ屈折率分布で, なおかつ電磁界がコアに閉じ込められている場合には, $\beta > n_{N+1} k_0$ がつねに満たされ, 式 (9.69a) を用いる. しかし, コア中心部では, V パラメータが大きいときには $\beta > n_1 k_0$ での式 (9.67b), 小さいときには $n_1 k_0 > \beta$ での式 (9.67a) の条件を使い分ける.

(b) ブラッグファイバ

上記のように, 電磁界がコアに十分閉じ込められている場合は, 比較的よく議論されている. ここでは, コアが他の層よりも屈折率が低くなっているブラッグファイバ（フォトニック結晶ファイバの一種, 後の図 9.9 参照）のように, 最外層で外向きに進行する電磁界が存在する場合を説明する.

この場合，$n_1 k_0 > \beta$ での式 (9.67a) と $n_{N+1} k_0 > \beta$ での式 (9.69b) の条件を用い，独立変数として振幅係数 A_1, C_1, A_{N+1}, C_{N+1} を設定する．$r = r_1$ および $r = r_N$ における電磁界は，式 (9.55), (9.57a) を用いて表せる．式 (9.65) と上記電磁界表現を式 (9.64) に代入し，式を整理すると，次式が導ける [9–8]．

$$\begin{pmatrix} s_{11} & s_{12} & s_{13} & 0 \\ s_{21} & s_{22} & s_{23} & s_{24} \\ s_{31} & 0 & s_{33} & s_{34} \\ s_{41} & s_{42} & s_{43} & s_{44} \end{pmatrix} \begin{pmatrix} A_1 \\ A_{N+1} \\ C_1 \\ C_{N+1} \end{pmatrix} = \begin{pmatrix} 0 \\ 0 \\ 0 \\ 0 \end{pmatrix} \tag{9.71}$$

式 (9.71) での各行列成分は次のように表せる．

$$s_{j1} = 2 f_{j1}^N J_\nu(\kappa_1 r_1) - 2 f_{j2}^N \frac{\omega \mu_0}{\kappa_1} J_\nu'(\kappa_1 r_1) + 2 f_{j4}^N \frac{\nu \beta}{\kappa_1^2 r_1} J_\nu(\kappa_1 r_1) \quad (j = 1 \sim 4)$$

$$s_{j3} = 2 f_{j3}^N J_\nu(\kappa_1 r_1) + 2 f_{j4}^N \frac{\omega \varepsilon_0 n_1^2}{\kappa_1} J_\nu'(\kappa_1 r_1) - 2 f_{j2}^N \frac{\nu \beta}{\kappa_1^2 r_1} J_\nu(\kappa_1 r_1) \quad (j = 1 \sim 4)$$

$$s_{12} = s_{34} = -H_\nu^{(2)}(\kappa_{N+1} r_N), \quad s_{22} = -\frac{s_{44}}{Y_{N+1}^2} = \frac{\omega \mu_0}{\kappa_{N+1}} H_\nu^{(2)'}(\kappa_{N+1} r_N)$$

$$s_{24} = -s_{42} = \frac{\nu \beta}{\kappa_{N+1}^2 r_N} H_\nu^{(2)}(\kappa_{N+1} r_N) = -\frac{\nu \beta}{\kappa_{N+1}^2 r_N} s_{12} \tag{9.72}$$

式 (9.71) が自明解以外の解をもつ条件，つまり左辺第 1 項の行列式 $= 0$ から，ハイブリッドモードに対する固有値方程式が得られるが，簡潔な表現にはできない．TE・TM モードに対する固有値方程式は，式 (9.71) における，左上と右下の 2 行 2 列の小行列からなる行列式が 0 となる条件から得られる．これらの固有値方程式は超越関数なので，その解である伝搬定数 β は二分法（付録 A.1 参照）などを用いて求めることができる．

電磁界振幅係数 C_1, A_{N+1}, C_{N+1} は，式 (9.71) を解いて，振幅係数 A_1 の関数として次のように表せる．

$$\frac{A_{N+1}}{A_1} = \frac{(s_{13} s_{21} - s_{11} s_{23}) + (s_{13} s_{31} - s_{11} s_{33})(\nu \beta / \kappa_{N+1}^2 r_N)}{(s_{12} s_{23} - s_{13} s_{22}) + s_{12} s_{33}(\nu \beta / \kappa_{N+1}^2 r_N)} \tag{9.73a}$$

$$\frac{C_1}{A_1} = -\frac{(s_{12} s_{21} - s_{11} s_{22}) + s_{12} s_{31}(\nu \beta / \kappa_{N+1}^2 r_N)}{(s_{12} s_{23} - s_{13} s_{22}) + s_{12} s_{33}(\nu \beta / \kappa_{N+1}^2 r_N)} \tag{9.73b}$$

$$\frac{C_{N+1}}{A_1} = \frac{(s_{21} s_{33} - s_{23} s_{31}) + (s_{13} s_{31} - s_{11} s_{33})(s_{22}/s_{12})}{(s_{12} s_{23} - s_{13} s_{22}) + s_{12} s_{33}(\nu \beta / \kappa_{N+1}^2 r_N)} \tag{9.73c}$$

一般の第 j 層での電磁界振幅係数は，A_1, C_1, A_{N+1}, C_{N+1} の関数として

次のように表せる.

$$\begin{pmatrix} A_j \\ B_j \\ C_j \\ D_j \end{pmatrix} = \mathrm{D}_j^{-1}(r_j) \mathrm{F}_j(r_j; r_1) \mathrm{D}_1(r_1) \begin{pmatrix} 1 & 0 & 0 & 0 \\ 1 & 0 & 0 & 0 \\ 0 & 0 & 1 & 0 \\ 0 & 0 & 1 & 0 \end{pmatrix} \begin{pmatrix} A_1 \\ A_{N+1} \\ C_1 \\ C_{N+1} \end{pmatrix} \quad (9.74)$$

これらの関係式から,電磁界振幅係数間の相対値が求められるが,それらの絶対値は光強度の規格化条件から決められる（式 (2.42) 参照）．

9.6 円筒対称でクラッドが周期構造の場合：ブラッグファイバ

本節では,限定条件を課すことにより,固有値方程式がより簡潔な表現になる例として,ブラッグファイバを取り上げる.高・低屈折率層からなる周期構造がクラッドで無限に続くとする.この場合には,前節の議論に近似を付加することにより,光波の振る舞いを見通しよく知ることができる.このような周期構造でフォトニックバンド構造が生じることを 9.7 節で示す.

9.6.1 電磁界の表示

前節と同じように,円筒座標系 (r, θ, z) をとる.構造が z 軸方向に対して均一で,光波が z 軸方向に伝搬するものとする.コア屈折率を n_c,コア半径を a とする.クラッドでの周期構造は,屈折率 n_a,厚さ d_a の層と屈折率 n_b,厚さ d_b の層の 2 種類からなり,周期 $\Lambda(= d_a + d_b)$ とする（図 9.9）[9-12].

クラッドでの屈折率分布を式で表すと,

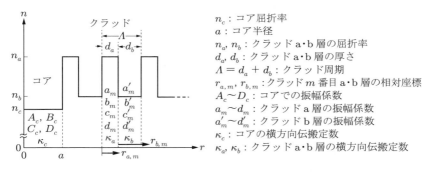

図 9.9　ブラッグファイバの構造概略

$$n(r) = \begin{cases} n_a & : a + (m-1)\Lambda \leqq r \leqq a + (m-1)\Lambda + d_a \\ n_b & : a + m\Lambda - d_b \leqq r \leqq a + m\Lambda \end{cases} \quad (m: 整数)$$

(9.75)

であり,屈折率は次の周期条件を満たしている.

$$n(r + \Lambda) = n(r) \tag{9.76}$$

クラッドでの電磁界を記述するのに,9.2.1 項と同じように,相対座標

$$r_{a,m} \equiv r - [a + (m-1)\Lambda], \qquad r_{b,m} \equiv r - [a + (m-1)\Lambda + d_a] \quad (9.77)$$

を用いる.ここで,$r_{a,m}$ と $r_{b,m}$ は,m 番目 a・b 層の内側を 0 とした相対座標で,$0 \leqq r_{a,m} \leqq d_a$,$0 \leqq r_{b,m} \leqq d_b$ を満たす.

電磁界の時空変動因子 $\exp[i(\omega t - \beta z)]$ を以下で省略する(ω:光の角周波数,β:伝搬定数).コアの電磁界を,前節の式 (9.55),(9.56),(9.57a, b) と同じ形でとり,振幅係数や横方向伝搬定数などに対して添え字 c を付す.クラッドでは,屈折率の異なる層で反射があるため外・内向き進行波が共存し,電磁界がやはり式 (9.57a, b) で記述できる.コア半径が波長より十分大きいとき,クラッドでの電磁界に漸近展開近似 [9–10] が利用できる.このとき,クラッドでの電磁界は,1 次元のときの式 (9.8) と類似の次の形式で表せる.

$$\begin{pmatrix} H_z \\ iE_\theta \\ E_z \\ iH_\theta \end{pmatrix}_{r=r} = \mathrm{D}_j(r) \begin{pmatrix} a_m \\ b_m \\ c_m \\ d_m \end{pmatrix} \tag{9.78a}$$

$$\mathrm{D}_j(r) = \sqrt{\frac{2}{\pi r}} \mathrm{G}_j(r) \mathrm{P}_j(r) \quad \begin{pmatrix} r \geqq a \\ j = a, b \end{pmatrix} \tag{9.78b}$$

ここで,$a_m \sim d_m$ はクラッドの m 番目 a 層での電磁界振幅係数であり,b 層に対しては上付き $'$ を付して表す(図 9.9 参照).$\mathrm{D}_j(r)$ を表示行列,$\mathrm{G}_j(r)$ を境界行列,$\mathrm{P}_j(r)$ を伝搬行列とよぶことにする.

境界行列の行列成分は,漸近展開近似のもとで,次のように書ける.

$$\mathrm{G}_j(r) \equiv \frac{1}{\sqrt{\kappa_j}} \begin{pmatrix} 1 & 1 & 0 & 0 \\ g_{21} & g_{22} & g_{23} & g_{24} \\ 0 & 0 & 1 & 1 \\ g_{41} & g_{42} & g_{43} & g_{44} \end{pmatrix} \quad (j = a, b) \tag{9.79a}$$

ただし，κ_j ($j = a, b$) はクラッド a・b 層の横方向伝搬定数であり，他の成分は

$$\left. \begin{array}{l} g_{21} = -g_{22} = \dfrac{i\omega\mu_0}{\kappa_j} \\[2mm] g_{23} = g_{24} = -g_{41} = -g_{42} = -\dfrac{\nu\beta}{\kappa_j^2 r} \\[2mm] g_{43} = -g_{44} = -\dfrac{i\omega\mu_0}{\kappa_j} Y_j^2 \end{array} \right\} \tag{9.79b}$$

で書ける．Y_j は屈折率 n_j の媒質中の特性アドミタンスである．また，伝搬行列は

$$P_j(r) = \begin{pmatrix} \exp(-i\kappa_j r) & 0 & 0 & 0 \\ 0 & \exp(i\kappa_j r) & 0 & 0 \\ 0 & 0 & \exp(-i\kappa_j r) & 0 \\ 0 & 0 & 0 & \exp(i\kappa_j r) \end{pmatrix} \tag{9.80}$$

である．$\exp(\mp i\kappa_j r)$ は 9.2.1 項で説明したように，クラッドでの外・内向き進行波に対応する．

9.6.2 クラッドでの電磁界振幅係数間の関係

クラッドでの電磁界振幅係数間の関係は，各層の境界で境界条件を適用して求めることができる．m 番目 a・b 層の振幅係数の関係は，次式で表せる．

$$\begin{pmatrix} a'_m \\ b'_m \\ c'_m \\ d'_m \end{pmatrix} = H_{ba} \begin{pmatrix} a_m \\ b_m \\ c_m \\ d_m \end{pmatrix} \tag{9.81a}$$

$$H_{ba} \equiv \frac{1}{2}\sqrt{\frac{\kappa_b}{\kappa_a}} \begin{pmatrix} h_{11} & h_{12} & h_{13} & h_{14} \\ h_{21} & h_{22} & h_{23} & h_{24} \\ h_{31} & h_{32} & h_{33} & h_{34} \\ h_{41} & h_{42} & h_{43} & h_{44} \end{pmatrix}$$

$$= G_b^{-1}(r = r_{mA}) G_a(r = r_{mA}) P_a(r_{a,m} = d_a) \tag{9.81b}$$

$$r_{mA} \equiv a + m\Lambda - d_b \tag{9.81c}$$

行列 H_{ba} は，9.2.2 項で述べた 1 次元構造に対する式 (9.11a) と形式的に類似のものである．これの行列成分 h_{ij} は後の計算に直接関係しないので，ここで

は表現を割愛する．m 番目 b 層と $(m+1)$ 番目 a 層の振幅係数を関係づける行列 $\mathrm{H_{ab}}$ の行列成分は，$\mathrm{H_{ba}}$ の成分で添え字 a と b を相互に置換して得られる．

隣接する a 層間の振幅係数は，上記の 2 つの行列を用いて，次式で表せる．

$$\begin{pmatrix} a_{m+1} \\ b_{m+1} \\ c_{m+1} \\ d_{m+1} \end{pmatrix} = \mathrm{H_{ab}H_{ba}} \begin{pmatrix} a_m \\ b_m \\ c_m \\ d_m \end{pmatrix}, \quad \mathrm{H_{ab}H_{ba}} \equiv \begin{pmatrix} X_{\mathrm{TE}} & Y_{\mathrm{TE}} & \sigma_{13} & \sigma_{14} \\ Y_{\mathrm{TE}}^* & X_{\mathrm{TE}}^* & \sigma_{23} & \sigma_{24} \\ \sigma_{31} & \sigma_{32} & X_{\mathrm{TM}} & Y_{\mathrm{TM}} \\ \sigma_{41} & \sigma_{42} & Y_{\mathrm{TM}}^* & X_{\mathrm{TM}}^* \end{pmatrix} \tag{9.82}$$

ここで，σ_{ij} は方位角モード次数 ν がそれほど大きくないとき，X_{S} と Y_{S} より十分小さいので，表現を省略し，以下でも無視する．また，

$$X_{\mathrm{S}} = \left[\cos(\kappa_b d_b) - \frac{i}{2} \left(\frac{\zeta_b \kappa_b}{\zeta_a \kappa_a} + \frac{\zeta_a \kappa_a}{\zeta_b \kappa_b} \right) \sin(\kappa_b d_b) \right] \exp(-i\kappa_a d_a) \tag{9.83a}$$

$$Y_{\mathrm{S}} = \frac{i}{2} \left(\frac{\zeta_b \kappa_b}{\zeta_a \kappa_a} - \frac{\zeta_a \kappa_a}{\zeta_b \kappa_b} \right) \sin(\kappa_b d_b) \exp(i\kappa_a d_a) \quad (\mathrm{S = TE, TM}) \tag{9.83b}$$

である．ζ_j の定義は式 (9.12) と同じである．式 (9.83a, b) における X_{S} と Y_{S} は，横方向伝搬定数 κ_j を介して伝搬定数 β を陰に含んでおり，次式を満たす．

$$|X_{\mathrm{S}}|^2 - |Y_{\mathrm{S}}|^2 = 1 \quad (\mathrm{S = TE, TM}) \tag{9.84}$$

式 (9.84) は，式 (9.82) 右辺の行列の行列式に相当し，隣接する a 層間でのエネルギー保存則を表す．

9.6.3 クラッド電磁界に対するブロッホの定理の適用

クラッドでは，式 (9.76) で示したように，屈折率が周期性をもっているので，ブロッホの定理（付録の式 (F.1.3) または式 (F.1.5) 参照）が適用できる．すなわち，電磁界 $F(r)$ が

$$F(r + \Lambda) = F(r) \exp(-iK^{\mathrm{S}} \Lambda) \quad (\mathrm{S = TE, TM}) \tag{9.85a}$$

または，

$$F(r) = \exp(-iK^{\mathrm{S}} r) u_K(r), \quad u_K(r + \Lambda) = u_K(r) \tag{9.85b}$$

と書き表せる．ここで，K^{S} は各モードに応じたブロッホ波数を表し，これは一般には複素数である．ブロッホの定理から導かれる式 (9.85a) を式 (9.82) に適用すると，隣接する a 層間の電磁界振幅係数の関係が，

$$\begin{pmatrix} a_{m+1} \\ b_{m+1} \\ c_{m+1} \\ d_{m+1} \end{pmatrix} = \exp(-iK^{\mathrm{S}}\Lambda) \begin{pmatrix} a_m \\ b_m \\ c_m \\ d_m \end{pmatrix} = \exp(-iK^{\mathrm{S}}m\Lambda) \begin{pmatrix} a_1 \\ b_1 \\ c_1 \\ d_1 \end{pmatrix}$$

(9.86)

で書ける.

周期構造でブロッホの定理を利用すると，式 (9.82) と式 (9.86) から，

$$\begin{pmatrix} X_{\mathrm{TE}} & Y_{\mathrm{TE}} & \sigma_{13} & \sigma_{14} \\ Y_{\mathrm{TE}}^* & X_{\mathrm{TE}}^* & \sigma_{23} & \sigma_{24} \\ \sigma_{31} & \sigma_{32} & X_{\mathrm{TM}} & Y_{\mathrm{TM}} \\ \sigma_{41} & \sigma_{42} & Y_{\mathrm{TM}}^* & X_{\mathrm{TM}}^* \end{pmatrix} \begin{pmatrix} a_m \\ b_m \\ c_m \\ d_m \end{pmatrix} = \exp(-iK^{\mathrm{S}}\Lambda) \begin{pmatrix} a_m \\ b_m \\ c_m \\ d_m \end{pmatrix}$$

(9.87)

が導ける．式 (9.87) は典型的な固有値問題である．これが自明解以外の解をもつ条件は，高次の微小量 σ_{ij} を無視して，次の 2 次方程式

$$\left[\exp(-iK_p^{\mathrm{S}}\Lambda)\right]^2 - 2\mathrm{Re}\,(X_{\mathrm{S}})\exp(-iK_p^{\mathrm{S}}\Lambda) + 1 = 0 \qquad (9.88)$$

で書ける．Re は ( ) 内の実部をとることを意味する．上式の解が

$$\exp(-iK_p^{\mathrm{S}}\Lambda) = \mathrm{Re}\,(X_{\mathrm{S}}) \pm \sqrt{\left[\mathrm{Re}\,(X_{\mathrm{S}})\right]^2 - 1}$$

(S = TE, TM, $p = 1, 2$) (9.89)

で得られる．式 (9.89) の複号で上（下）側の符号は $p=1(2)$ に対応している．本節でのブロッホ波数 K_p^{S} は，式 (9.89) からわかるように，式 (9.83a) で定義された X_{S} に依存して決まる値であり，8 章のように周期 Λ に直接，関係するものではないことに注意を要する．

式 (9.89) は周期構造（周期 Λ）に対する固有値方程式であり，次のような意味をもつ．

(i) 多くの層とパラメータを有するクラッドでの周期構造に対する特性が，ブロッホの定理の利用により，ブロッホ波数 K_p^{S} を媒介として，1 つの式で表示できた．これは前節の一般的な方法ではできないことである．

(ii) 式 (9.89) 右辺の行列成分 X_{S} には横方向伝搬定数 κ_a, κ_b などが含まれており，これは伝搬定数 β を陰に含む．

(iii) 式 (9.88) で定数項が 1 なので,異なるブロッホ波数 K_p^S に属する,2 つの固有値は逆数関係 $\exp(-iK_1^S \Lambda) = 1/\exp(-iK_2^S \Lambda)$ を満たす.

クラッド m 番目 a・b 層での電磁界振幅係数は,式 (9.87) を解いて,

$$\begin{pmatrix} a_m \\ b_m \end{pmatrix} = \exp[-i(m-1)K_p^{\mathrm{TE}}\Lambda] \begin{pmatrix} a_1 \\ b_1 \end{pmatrix}$$

$$= \xi_m^{\mathrm{TE}} \begin{pmatrix} Y_{\mathrm{TE}} \\ \exp(-iK_p^{\mathrm{TE}}\Lambda) - X_{\mathrm{TE}} \end{pmatrix} \quad (9.90\mathrm{a})$$

$$\begin{pmatrix} c_m \\ d_m \end{pmatrix} = \exp[-i(m-1)K_p^{\mathrm{TM}}\Lambda] \begin{pmatrix} c_1 \\ d_1 \end{pmatrix}$$

$$= \xi_m^{\mathrm{TM}} \begin{pmatrix} Y_{\mathrm{TM}} \\ \exp(-iK_p^{\mathrm{TM}}\Lambda) - X_{\mathrm{TM}} \end{pmatrix} \quad (9.90\mathrm{b})$$

で近似的に得られる.ただし,ξ_m^{TE} と ξ_m^{TM} は比例係数であり,ξ_1^S はコア・クラッド境界における境界条件から決めるべき定数である.

9.6.4 固有値方程式

コア中心では電磁界が有界でなければならないので,前節の式 (9.67a) で示したように,コアでの電磁界振幅係数が $B_c = A_c$,$D_c = C_c$ を満たす必要がある.そこで,独立変数として A_c,C_c,ξ_1^{TE},ξ_1^{TM} を用いる.コア・クラッド境界 ($r = a$) でも,電磁界の接線成分 H_z,E_θ,E_z,H_θ が連続となるように境界条件 (2.2.2 項参照) を用いる.すると,ハイブリッドモード ($E_z H_z \neq 0$,$\nu \neq 0$) に対する固有値方程式が,

$$\left[\frac{1}{\kappa_c a}\frac{J_\nu'(\kappa_c a)}{J_\nu(\kappa_c a)} + \frac{1}{i\kappa_a a}\sigma_p^{\mathrm{TE}}\right]\left[\frac{n_c^2}{\kappa_c a}\frac{J_\nu'(\kappa_c a)}{J_\nu(\kappa_c a)} + \frac{n_a^2}{i\kappa_a a}\sigma_p^{\mathrm{TM}}\right]$$
$$= \nu^2 \left[\left(\frac{1}{\kappa_c a}\right)^2 + \left(\frac{1}{i\kappa_a a}\right)^2\right]\left[\left(\frac{n_c}{\kappa_c a}\right)^2 + \left(\frac{n_a}{i\kappa_a a}\right)^2\right] \quad (9.91\mathrm{a})$$

$$\sigma_p^S \equiv \frac{\exp(-iK_p^S \Lambda) - X_S - Y_S}{\exp(-iK_p^S \Lambda) - X_S + Y_S} \quad (S = \mathrm{TE},\ \mathrm{TM},\ p = 1, 2) \quad (9.91\mathrm{b})$$

で得られる [9–11].上式で,κ_c はコアの横方向伝搬定数,$'$ は引数に対する微分を表す.式 (9.91) は超越方程式で,ステップ形光ファイバの固有値方程式 [式 (3.34)] とよく対応した形式をしている.特に $\nu = 0$ の場合,式 (9.91a) の左

辺で,第1(2)項が TE(TM)モードの結果に帰着する.

特に,コアへの光閉じ込めが効率よく行われる条件のもとでは,固有値方程式 (9.91a, b) がさらに簡潔な形で表せることを次に示す.

ブラッグファイバでは,クラッド各層からの反射波の干渉により,光波がコアに閉じ込められている.これが効率よく行われるのは,クラッド各層からの反射波が,コア・クラッド境界で同相となるときである.この条件は

$$\kappa_a d_a = \kappa_b d_b = \frac{\pi}{2} \tag{9.92}$$

で記述され,4分の1波長($\lambda/4$) 積層条件とよばれる [9–5].

この条件が成立するとき,固有値方程式 (9.91a, b) は次のような簡潔な式で表せる [9–11].

$$\kappa_c a = 2\pi \frac{a}{\lambda_0} \sqrt{n_c^2 - \left(\frac{\beta}{k_0}\right)^2} = U_{\text{QWS}} \tag{9.93a}$$

$$U_{\text{QWS}} = \begin{cases} j_{1,\mu} = j'_{0,\mu+1} & :\text{TE}_{0\mu} \text{ モード} \\ j_{0,\mu} & :\text{TM}_{0\mu} \text{ モード} \\ j'_{\nu,\mu} \ (\nu \geqq 1) & :\text{HE}_{\nu\mu} \text{ モード} \\ j_{\nu,\mu} \ (\nu \geqq 1) & :\text{EH}_{\nu\mu} \text{ モード} \end{cases} \tag{9.93b}$$

ここで,$j_{\nu,\mu}$ と $j'_{\nu,\mu}$ はそれぞれ,ベッセル関数 J_ν とその微分 J'_ν の μ 番目の零点,a はコア半径,λ_0 は真空中の波長,k_0 は真空中の波数を表す.

式 (9.93a, b) の意義や利点は,次のようにまとめられる.

(ⅰ) 固有値方程式が見掛け上コアパラメータのみを含むので容易に解ける.
(ⅱ) 各モードの特性がベッセル関数の性質から予測できる.
(ⅲ) 式 (9.93a, b) を用いると諸特性が簡潔な表現で与えられるため,ブラッグファイバの物理的な性質が理論的・定性的に把握しやすくなる.

9.7 転送行列法の応用

転送行列法は,従来型光ファイバの伝搬特性の解析以外に,フォトニック結晶やフォトニック結晶ファイバに利用されている.

フォトニック結晶では Pendry の方法が利用されている [9–3].これは,FDTD 法に近い式を差分化し,転送行列法で解けるようにしたものである.転送行列法にブロッホの定理を適用することにより,フォトニック結晶での分散曲線が求められている [9–12].

フォトニック結晶ファイバにおけるフォトニックバンドギャップの発現が，理論的にはじめて示されたのは，転送行列法と有限要素法の併用によるものだった [9–4]．その解析結果によると，石英媒質中に円筒形空孔を三角格子配列すると，45％の空孔率でフォトニックバンドギャップが発生した．これを契機として，フォトニック結晶ファイバの研究が盛んになった．

フォトニック結晶ファイバの一種であるブラッグファイバは [9–2]，階段状屈折率分布をもつので，そのさまざまな伝搬特性が転送行列法で求められている [9–13, 9–8]．

ブラッグファイバの分散曲線を，9.6 節の手法で求めた結果を図 9.10 に示す．縦・横軸ともに周期 Λ で規格化している．この分散曲線の特徴は，次の 2 つである．

(ⅰ) 導波モードがバンド構造を形成しており，モードがまったく存在しない周波数領域がある．この周波数領域をフォトニックバンドギャップという．
(ⅱ) これらの導波モードがライトライン（真空中での光波の分散関係）より左側に存在している．これは，空孔コアで光が導波できることを示している．

屈折率の低い空気層に光を閉じ込めることは，全反射を導波原理とする従来型光ファイバでは実現できないことである．

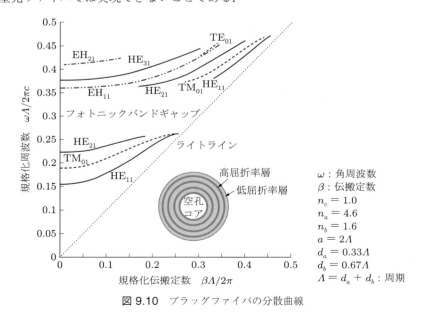

図 9.10　ブラッグファイバの分散曲線

付 録

電磁界の数値解析法では，対象とする値が離散的な数値でしか得られないので，特有の数値計算法が必要となる．付録 A では，解の探索，差分近似と数値微分，数値積分，固有値方程式に関連した行列の計算を扱う．一般的な数値計算や，より詳しい数値計算法についての解説やプログラムは，数値解析の専門書を参照されたい．付録 A で説明する演算は，数値計算ライブラリやプログラムリストが用意されている場合が多いことを付記しておく．

付録 B では変分法に関する説明，付録 C では PML 吸収境界条件に関する式の導出，付録 D ではパデ近似に関する説明と式の導出，付録 E では PML 吸収境界条件を考慮した波動方程式の導出，付録 F では周期構造に関するブロッホの定理と逆格子ベクトル，付録 G では 4 層スラブ導波路に関する式の導出を述べる．

● A.1 解の探索

x を独立変数とする関数 $F(x)$ があるとき，方程式

$$F(x) = 0 \tag{A.1.1}$$

の解を求めることを考える．$F(x)$ の関数形が多項式など簡単なときには，ニュートン法がよく用いられる．

本書で対象とする導波構造では，固有値方程式を解くことが重要となる．固有値方程式では，物理的考察から，通常，解の存在範囲が既知であるが，これは超越関数となることが多い．超越関数ではニュートン法を用いることができず，次に紹介する二分法がよく用いられる．**二分法** (bisection method：はさみうち法ともよばれる) では，方程式 $F(x) = 0$ の根が $x_1 < x < x_2$ の範囲に 1 つあれば，$F(x_1)F(x_2) < 0$ を満たすことを利用する．

方程式 $F(x) = 0$ の根およびその数が不明であるが，仮に $x_\mathrm{L} \leqq x \leqq x_\mathrm{U}$ に存在するものとする（**図 A.1**）．二分法では，次のようにして解の探索を進める．

① 解の存在範囲を適度な間隔 $\Delta x = (x_\mathrm{U} - x_\mathrm{L})/N$ で N 等分し，等分点を小さいほうから順に $x_0 (= x_\mathrm{L}), x_1, \cdots, x_j, x_{j+1}, \cdots, x_N (= x_\mathrm{U})$ とする．Δx は，この範囲には複数の根が存在しないとして，解析対象に応じて経験上決める．

② 隣接する等分点 x_j, x_{j+1} $(j = 0 \sim N-1)$ における積 $F(x_j)F(x_{j+1})$ の符号を，小さい x あるいは大きい x から順に，j を 1 ずつずらしつつ調べる．$F(x_j)F(x_{j+1}) < 0$ となれば，$x_j < x < x_{j+1}$ に根が存在するはずである（図 (a)）．

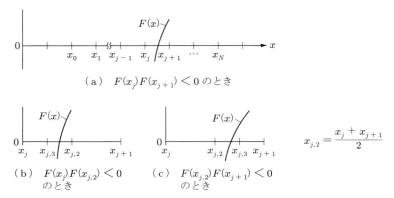

図 A.1　二分法

③ そこで, x_j と x_{j+1} の 2 等分点 $x_{j,2}=(x_j+x_{j+1})/2$ を定める. $F(x_j)F(x_{j,2})$ と $F(x_{j,2})F(x_{j+1})$ の符号を調べると, いずれかの符号が負となるはずで, 負となる領域の間に根がある.

④ 仮に $F(x_j)F(x_{j,2})<0$ となれば, x_j と $x_{j,2}$ の 2 等分点 $x_{j,3}=(x_j+x_{j,2})/2$ を定め, $F(x_j)F(x_{j,3})$ と $F(x_{j,3})F(x_{j,2})$ の符号を調べる (図 (b)). 一方, $F(x_{j,2})F(x_{j+1})<0$ であれば, $x_{j,2}$ と x_{j+1} の 2 等分点 $x_{j,3}=(x_{j,2}+x_{j+1})/2$ を定め, $F(x_{j,2})F(x_{j,3})$ と $F(x_{j,3})F(x_{j+1})$ の符号を調べる (図 (c)).

⑤ 以上の手順を繰り返して, 要求される解 x の精度を e としたとき, $|x_{j,m}-x_{j,m+1}|<e$ を満たす m で計算を打ち切り, $x_{j,m+1}$ を根とする.

導波構造では伝搬定数 β を求めることが多く, 固有値方程式 $F(\beta)=0$ を解くことになる. 構造パラメータと動作波長を固定した場合, 一般に低次モードほど伝搬定数 β の値が大きい. したがって, 計算にあたっては大きい β から順に, 解の探索をするのがよい. 二分法のプログラムは比較的簡単なので自作もできるが, ライブラリが整備されている.

A.2　差分近似と数値微分

有限差分時間領域法やビーム伝搬法では, 波動方程式などに含まれる微分や偏微分操作を, 数値計算にふさわしい形で表す必要がある. この場合には, 1 階微分や 2 階微分を**差分近似**で表す. また, 数値解析法で得られた伝搬定数から群速度分散などの伝搬特性を求める場合, あるいは得られた電磁界成分などの数値をもとにして, 他の電磁界成分を求める場合には, 微分操作を施す必要があり, これを**数値微分**という. 本付録では, 離散値に関係した微分操作として, 差分近似と数値微分を説明する.

(a)　差分近似

x を独立変数とする関数 $f(x)$ を考える. x 方向の刻み幅を Δx として, x 座標を離散的な座標

$$x = p\Delta x \quad (p:整数) \tag{A.2.1}$$

で表すとき，整数で表された離散的な点を**格子点**とよび，格子点での関数を $f(p\Delta x)$ または f_p で表すことにする（図 A.2）．

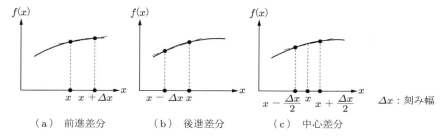

（a）　前進差分　　　　（b）　後進差分　　　　（c）　中心差分

図 A.2　差分近似

微分を差分に置き換えて近似する方法を**差分近似**といい，刻み幅 Δx だけ離れた 2 点での $f(x)$ の値の差分 Δ を利用する．差分近似として，前進差分，後進差分，中心差分の 3 つがある．座標 $x = p\Delta x$ に対して，前進差分では $\Delta = f_{p+1} - f_p$，後進差分では $\Delta = f_p - f_{p-1}$，中心差分では $\Delta = f_{p+1/2} - f_{p-1/2}$ をとる．格子点 $x = p\Delta x$ において関数 $f(x)$ の 1 階微分を差分近似する場合，前進差分近似を式で表すと，

$$\left.\frac{df(x)}{dx}\right|_{x=p\Delta x} \fallingdotseq \frac{f(x+\Delta x) - f(x)}{\Delta x} = \frac{f_{p+1} - f_p}{\Delta x} \tag{A.2.2}$$

後進差分近似は，

$$\left.\frac{df(x)}{dx}\right|_{x=p\Delta x} \fallingdotseq \frac{f(x) - f(x-\Delta x)}{\Delta x} = \frac{f_p - f_{p-1}}{\Delta x} \tag{A.2.3}$$

中心差分近似は，

$$\left.\frac{df(x)}{dx}\right|_{x=p\Delta x} \fallingdotseq \frac{f[x+(1/2)\Delta x] - f[x-(1/2)\Delta x]}{\Delta x} = \frac{f_{p+1/2} - f_{p-1/2}}{\Delta x} \tag{A.2.4}$$

となる．中心差分近似での中心座標 $x = p\Delta x$ を差分中心とよぶ．

微分や偏微分操作に差分近似を適用する場合，これら 3 つのいずれが適切かは具体的な応用に依存する．本書の FDTD 法（6 章）とビーム伝搬法（7 章）では中心差分を用いて定式化している．差分近似の精度は，近似法によってかなり異なっている（後掲の表 A.1①〜③参照）．

格子点 $x = p\Delta x$ で関数 $f(x)$ の 2 階微分を差分近似する場合，中心差分近似は，式 (A.2.4) を利用して，

$$\left.\frac{d^2 f(x)}{dx^2}\right|_{x=p\Delta x} \fallingdotseq \frac{(d/dx)f[x+(1/2)\Delta x] - (d/dx)f[x-(1/2)\Delta x]}{\Delta x}$$

$$= \frac{1}{\Delta x} \frac{\{f[(p+1)\Delta x] - f(p\Delta x)\} - \{f(p\Delta x) - f[(p-1)\Delta x]\}}{\Delta x}$$

$$= \frac{f_{p+1} - 2f_p + f_{p-1}}{(\Delta x)^2} \tag{A.2.5}$$

で得られる．つまり，2階微分の中心差分近似では，3つの格子点における関数値を必要とする．

(b) 数値微分

数値微分には，直前で説明した差分近似を利用することができるが，他の方法もある．電磁界解析では固有値方程式が超越方程式で得られることが多い．この固有値方程式を解くのに，上述の二分法がよく使用される．二分法で求められる解は近似値であり，厳密には誤差を含んでいるといえる．

二分法などで求められる解を $f(x)$ で表す．このとき，x 座標を式 (A.2.1) のように離散値で表し，整数 p に関係した解を f_p で表す．連続した p に対する f_p の値にはばらつきがあると考えて，これらを2次曲線あるいは3次曲線で近似して，最小2乗近似のもとで関数形を決定する．そして，得られた近似曲線に対して微分を施すと，$x = p\Delta x$ での数値微分が，次のように求められる [A–1]（**図 A.3**）．

$$\left. \frac{df(x)}{dx} \right|_{x=p\Delta x} \fallingdotseq \frac{1}{10\Delta x} (2f_{p+2} + f_{p+1} - f_{p-1} - 2f_{p-2}) \tag{A.2.6}$$

$$\left. \frac{d^2 f(x)}{dx^2} \right|_{x=p\Delta x} \fallingdotseq \frac{1}{7(\Delta x)^2} (2f_{p+2} - f_{p+1} - 2f_p - f_{p-1} + 2f_{p-2}) \tag{A.2.7}$$

これらのいずれの数値微分も，$x = p\Delta x$ の前後5点での f_p 値が必要となる．

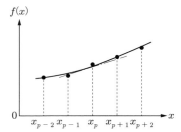

実線：5点データからの $f(x_p)$ の関数近似
一点鎖線：$f'(x_p)$

図 A.3 数値微分（最小2乗法に基づく5点近似）

参考までに，数値微分の各種近似法による近似精度の比較を**表 A.1** に示す．ここでは，簡単な $f(x) = x^3$ について，$x = 1.0$ における $f'(x)$ と $f''(x)$ の数値を調べる．厳密解は $f'(x) = 3x^2 = 3.0$，$f''(x) = 6x = 6.0$ である．$\Delta x = 0.005$，$f_{p+2}(1.01) = 1.0303$，$f_{p+1}(1.005) = 1.01507$，$f_p(1.0) = 1.0$，$f_{p-1}(0.995) = 0.985075$，$f_{p-2}(0.99) = 0.970299$

表 A.1　差分近似の比較

	近似法	Δx	$f'(x)$	相対誤差 [%]	$f''(x)$	相対誤差 [%]
①	前進差分	0.005	3.014	0.467	—	—
②	後進差分	0.005	2.985	0.5	—	—
③	中心差分	0.005	2.9995	0.0167	5.8	3.33
④	最小2乗近似	0.005	2.99994	0.002	6.0171428	0.286

を用いて差分近似している．表より，最小2乗近似を利用した近似式の精度が最も高いことがわかる．差分近似はごく近い値に関する和差を基本とした演算なので，桁落ちがあるため，高次微分になるほど精度が劣化する．また，刻み幅を小さくし過ぎても精度が劣化する．

● A.3　数値積分

導波構造において伝搬光パワを計算する際には，電磁界成分を積分する．電磁界の数値解析法で対象とする積分では，分点での電磁界は多くの計算の結果出てきた，単なる数値の場合が多いので，数値積分を使うことになる．被積分関数が既知の場合，優良な数値積分公式が導かれているが，本書で対象とする範囲ではそれらは適用できない．数値積分で古くから使用されているのは，シンプソンの公式や台形則などである．

従来型の導波構造では，屈折率の高い領域に光波が集中する性質があるので，有限区間で電磁界がかなり減衰している場合が多い．また，電磁界が等間隔の分点で計算されることが多い．このようなとき，精度をあまり気にせずに伝搬光パワを計算するには，デカルト座標系ならば，本文の式 (2.43) にある電磁界成分を掛け算した後，各分点での値を単純に足し合わせればよい．円筒座標系の場合には，式 (2.45) で微小要素 $rdrd\theta$ における原点からの距離 r に注意する必要がある．いずれの場合も，ピーク電磁界に対して，周辺の電磁界がどの程度減衰しているのか，定量的に見積もっておく必要がある．

● A.4　行列演算

本書で扱う，有限要素法，有限差分ビーム伝搬法，平面波展開法，転送行列法などの電磁界数値解析法では，多元連立1次方程式を解く必要がある．それらは通常，行列で表示して解く．行列の次元が4次元程度までであれば，クラメールの公式を用いて容易に解ける．しかし，通常は行列の次元が非常に高い大規模行列となるので，効率よく解かないと膨大な計算時間を要してしまう．また，有限要素法や平面波展開法では，次元の高い固有値方程式を解く必要がある．

行列演算では既存のプログラムを利用することが多いので，本付録では数学の詳細に立ち入ることなく，応用に関連した考え方の筋道のみを説明する．

(a)　大規模行列について

自然科学や工学で現れる大規模行列では，その行列成分の大部分が0となる場合が多

い．このような行列を**疎行列**といい，これは本書で扱う有限要素法や有限差分ビーム伝搬法でも現れる．

行列成分の多くが 0 で，かつ非零成分が対角成分近傍にある行列を**帯行列**とよぶ．対角線から最も遠い非零成分までの距離を m とするとき，$2m+1$ をバンド幅という．特に，対角成分とそれに隣接する副対角成分だけが非零となる，バンド幅 3 の行列を**三重対角行列**とよぶ．この行列は有限差分ビーム伝搬法や有限要素法で現れる．大規模行列では，三重対角行列を軸とした解法が使用されている．

(b) 多元連立 1 次方程式の解法

多元連立 1 次方程式を，

$$\mathrm{A}\boldsymbol{x} = \boldsymbol{b} \tag{A.4.1}$$

で表す．A は n 次の正方行列，$\boldsymbol{x}$ と $\boldsymbol{b}$ はベクトルであり，次式で表されている．

$$\mathrm{A} = \begin{pmatrix} a_{11} & a_{12} & \cdots & a_{1n} \\ a_{21} & a_{22} & \cdots & a_{2n} \\ \vdots & & \ddots & \vdots \\ a_{n1} & a_{n2} & \cdots & a_{nn} \end{pmatrix}, \quad \boldsymbol{b} = \begin{pmatrix} b_1 \\ b_2 \\ \vdots \\ b_n \end{pmatrix}, \quad \boldsymbol{x} = \begin{pmatrix} x_1 \\ x_2 \\ \vdots \\ x_n \end{pmatrix} \tag{A.4.2}$$

以下では式 (A.4.1) を解く方法として，まず LU 分解を説明し，その後，三重対角行列を効率よく解けるトーマス法を紹介する．

(b-1) LU 分解による解法

式 (A.4.1) を解く標準的な方法は**ガウスの消去法**であり，これをまず説明する．式 (A.4.1) を次のように書き直す．

$$\begin{cases} a_{11}^{(1)}x_1 + a_{12}^{(1)}x_2 + \cdots + a_{1n}^{(1)}x_n = b_1^{(1)} \\ a_{21}^{(1)}x_1 + a_{22}^{(1)}x_2 + \cdots + a_{2n}^{(1)}x_n = b_2^{(1)} \\ \quad\quad\quad\quad \vdots \quad\quad\quad\quad\quad\quad \vdots \\ a_{n1}^{(1)}x_1 + a_{n2}^{(1)}x_2 + \cdots + a_{nn}^{(1)}x_n = b_n^{(1)} \end{cases} \tag{A.4.3}$$

上付き添え字 (p) は，今後，式変形のたびに変化する係数の段階を表している．

式 (A.4.3) において，第 1 行の式に

$$m_{j1}^{(1)} = \frac{a_{j1}^{(1)}}{a_{11}^{(1)}} \quad (j = 2 \sim n) \tag{A.4.4}$$

を掛け，その式を第 j 行 ($j = 2 \sim n$) から引く．そうすると，第 $2 \sim n$ 行のすべての式から，x_1 を含む項がなくなる．その結果は，形式的に次のように書ける．

$$\begin{cases} a_{11}^{(1)}x_1 + a_{12}^{(1)}x_2 + \cdots + a_{1n}^{(1)}x_n = b_1^{(1)} \\ \quad\quad\quad a_{22}^{(2)}x_2 + \cdots + a_{2n}^{(2)}x_n = b_2^{(2)} \\ \quad\quad\quad\quad \vdots \quad\quad\quad\quad \vdots \\ \quad\quad\quad a_{n2}^{(2)}x_2 + \cdots + a_{nn}^{(2)}x_n = b_n^{(2)} \end{cases} \tag{A.4.5}$$

次に，式 (A.4.5) の第 2 行の式に $m_{j2}^{(2)} = a_{j2}^{(2)}/a_{22}^{(2)}$ ($j = 3 \sim n$) を掛け，その式を第 j 行 ($j = 3 \sim n$) から引くという操作を繰り返す．このとき，各行列成分とベクトル成分は，

$$a_{jk}^{(p+1)} = a_{jk}^{(p)} - m_{jp}^{(p)} a_{pk}^{(p)} \quad (p = 1 \sim n-1, \ j = p+1 \sim n) \tag{A.4.6a}$$

$$b_j^{(p+1)} = b_j^{(p)} - m_{jp}^{(p)} b_p^{(p)} \tag{A.4.6b}$$

$$m_{jp}^{(p)} = \frac{a_{jp}^{(p)}}{a_{pp}^{(p)}} \tag{A.4.6c}$$

に従って変化する．最終的に，次の形式の結果が得られる．

$$\mathrm{U} \boldsymbol{x} = \boldsymbol{b}^{(n)} \tag{A.4.7a}$$

$$\mathrm{U} = \begin{pmatrix} a_{11}^{(1)} & a_{12}^{(1)} & \cdots & a_{1n}^{(1)} \\ 0 & a_{22}^{(2)} & \cdots & a_{2n}^{(2)} \\ \vdots & 0 & \ddots & \vdots \\ 0 & 0 & \cdots & a_{nn}^{(n)} \end{pmatrix}, \quad \boldsymbol{b}^{(n)} = \begin{pmatrix} b_1^{(1)} \\ b_2^{(2)} \\ \vdots \\ b_n^{(n)} \end{pmatrix} \tag{A.4.7b}$$

式 (A.4.7a, b) はガウスの消去法の結果得られた式であり，行列 U は対角成分より右上の成分だけが非零なので，これを**右上三角行列**とよぶ [A-2]．右上三角行列は R で書かれる場合もある．

式 (A.4.6a) で示した手順を行列演算で表すため，単位行列の p 行 p 列の対角成分より下部の p 列成分に $-m_{jp}^{(p)}$ ($j = p+1, \cdots, n$) を入れた行列を下記のように定義する．

$$\mathrm{M}_p = \begin{pmatrix} 1 & & & & & & \\ & \ddots & & & 0 & & \\ & & 1 & & & & \\ & & -m_{p+1,p}^{(p)} & 1 & & & \\ & & -m_{p+2,p}^{(p)} & & \ddots & & \\ & 0 & \vdots & & 0 & 1 & \\ & & -m_{n,p}^{(p)} & & & & 1 \end{pmatrix} \tag{A.4.8}$$

ただし，$m_{jp}^{(p)}$ は式 (A.4.6c) と同じである．式 (A.4.8) を用いると，式 (A.4.7b) で示した右上三角行列 U が，

$$\mathrm{U} = \mathrm{M}_{n-1} \mathrm{M}_{n-2} \cdots \mathrm{M}_1 \mathrm{A} \tag{A.4.9}$$

で書ける．式 (A.4.8) の逆行列を用いると，同じ式 (A.4.1) から，対角成分より左下の成分だけが非零の行列

$$L = M_1^{-1} M_2^{-1} \cdots M_{n-1}^{-1} = \begin{pmatrix} 1 & & & & \\ m_{21}^{(1)} & 1 & & 0 & \\ m_{31}^{(1)} & m_{32}^{(2)} & 1 & & \\ \vdots & \vdots & & \ddots & \\ m_{n1}^{(1)} & m_{n2}^{(2)} & \cdots & m_{n,n-1}^{(n-1)} & 1 \end{pmatrix} \quad (A.4.10)$$

をつくることができ，この行列 L を**左下三角行列**とよぶ．

このとき，式 (A.4.9)，(A.4.10) より得られる積 LU は，もとの行列 A に等しくなる．

$$A = LU \quad (A.4.11)$$

式 (A.4.11) を **LU 分解**という．式 (A.4.1) が LU 分解された場合，これは次のように 2 段階の行列演算に分離できる．

$$Ly = b, \qquad Ux = y \quad (A.4.12)$$

まず，式 (A.4.12) の第 1 式を解いてベクトル y を求め，次に第 2 式を解いて，求めたいベクトル x を得る．右上三角行列と左下三角行列を含む演算は，もとの式 (A.4.1) より容易に解くことができる．

(b-2) トーマス法

多元連立 1 次方程式（未知数 n 個）が三重対角行列で書ける場合，式 (A.4.1) は

$$\begin{cases} a_{11}x_1 + a_{12}x_2 + 0 + 0 + \cdots\cdots + 0 = b_1 \\ a_{21}x_1 + a_{22}x_2 + a_{23}x_3 + 0 + \cdots\cdots + 0 = b_2 \\ 0 + a_{32}x_2 + a_{33}x_3 + a_{34}x_4 + 0 + \cdots + 0 = b_3 \\ \qquad\vdots\qquad\qquad\vdots \\ 0 + \cdots + 0 + a_{n-1,n-2}x_{n-2} + a_{n-1,n-1}x_{n-1} + a_{n-1,n}x_n = b_{n-1} \\ 0 + \cdots + 0 + 0 \qquad\qquad + a_{n,n-1}x_{n-1} + a_{nn}x_n = b_n \end{cases} \quad (A.4.13)$$

で書ける．これは，第 1・n 行だけが 2 つの未知数を含むことを利用して，以下で説明するように効率よく解ける．

式 (A.4.13) の第 1 行の両辺を x_1 の係数で割って，次式を得る．

$$x_1 + g_1 x_2 = f_1, \qquad g_1 \equiv a_{12}/a_{11}, \qquad f_1 \equiv b_1/a_{11} \quad (A.4.14a)$$

ここで，g_j と f_j は既知の値である．式 (A.4.14a) から得られる x_1 を，式 (A.4.13) の第 2 行に代入して整理すると，

$$x_2 + g_2 x_3 = f_2, \qquad g_2 \equiv \frac{a_{23}}{a_{22} - a_{21} g_1}, \qquad f_2 \equiv \frac{b_2 - a_{21} f_1}{a_{22} - a_{21} g_1} \quad (A.4.14b)$$

と書ける．式 (A.4.14b) から得られる x_2 を，式 (A.4.13) の第 3 行に代入するなどの操作を繰り返すと，第 $n-1$ 行から，次の形式解が得られる．

$$x_{n-1} + g_{n-1}x_n = f_{n-1} \tag{A.4.14c}$$

これと式 (A.4.13) の第 n 行を連立させて解くと，1 つの解が

$$x_n = \frac{a_{n,n-1}f_{n-1} - b_n}{a_{n,n-1}g_{n-1} - a_{n,n}} \tag{A.4.14d}$$

で得られる．これを式 (A.4.14c) に戻して x_{n-1} が求められる．同様にして，残りの未知数も第 $n-2$ 行から順に芋づる式に求めることができる．このような方法を**トーマス法**という．

　トーマス法は計算量を極度に減らすことができるので，とりわけ大規模行列で有用である．三重対角行列以外の帯行列を含む演算は，右上三角行列や左下三角行列を利用して，効率よく計算することができる [A-2]．

(c) 行列の固有値と固有ベクトル

n 次の正方行列 A に関する固有値問題は，次式で書ける．

$$A\boldsymbol{x} = \lambda \boldsymbol{x} \tag{A.4.15}$$

ここで，$\boldsymbol{x}$ は固有ベクトル，λ は固有値である．式 (A.4.15) の解法は，行列 A が対称行列か非対称行列かによって異なる [A-3]．対称行列の場合には，ハウスホルダ法などで相似変換をしていったん三重対角行列にする．このとき，相似変換では固有値が不変であることを利用する．そして，三重対角行列の固有値を二分法（スツルム法）で解くか，あるいは QR 法で右上三角行列に変換した後に固有値を求める．ここで，Q はユニタリ行列，R は右上三角行列を意味する．非対称行列の場合，ヘッセンベルグ行列に変換した後，QR 法で右上三角行列に変換して固有値を求める．

　物理的に興味のある現象では，行列 A は実対称行列あるいはエルミート行列になっていることが多い．本書で扱う平面波展開法でも，固有値方程式がエルミート行列となっているので，ここでは対称行列の場合だけを説明する．

　式 (A.4.15) で行列 A が実対称行列の場合，ハウスホルダ法を用いて相似変換をし，三重対角行列 T に変換できる [A-2]．これを式で示すと，

$$T = P^{-1}AP \tag{A.4.16}$$

で書ける．ただし，行列 P は直交行列である．

　式 (A.4.16) より，任意のベクトル $\boldsymbol{y}$ に対して $T\boldsymbol{y} = P^{-1}AP\boldsymbol{y}$ が成立する．ここで，

$$\boldsymbol{x} = P\boldsymbol{y} \tag{A.4.17}$$

とおくと，式 (A.4.15)〜(A.4.17) を用いて，

$$T\boldsymbol{y} = P^{-1}A(P\boldsymbol{y}) = P^{-1}A\boldsymbol{x} = \lambda P^{-1}\boldsymbol{x} = \lambda \boldsymbol{y} \tag{A.4.18}$$

が得られる．式 (A.4.18) は，相似変換によっても，固有値が不変であることを示してい

る．三重対角行列に関する $\mathrm{T}\boldsymbol{y} = \lambda\boldsymbol{y}$ の固有値は，二分法を用いて，もとの式 (A.4.15) よりも簡単な計算で求められる．

また，式 (A.4.15) の固有ベクトル $\boldsymbol{x}$ は，式 (A.4.18) の固有値問題を逆反復法で解いた後，式 (A.4.17) から求めることができる．逆反復法では，固有値問題 $\tilde{\mathrm{A}}\boldsymbol{x} = \lambda\boldsymbol{x}$ で，固有ベクトルの初期値を $\boldsymbol{x}^{(0)}$，固有値の近似値を λ_{ap} として，

$$\boldsymbol{x}^{(j)} = \left(\lambda_{\mathrm{ap}}\mathrm{E} - \tilde{\mathrm{A}}\right)^{-1} \boldsymbol{x}^{(j-1)} \quad (j = 1, 2, \cdots) \tag{A.4.19}$$

の演算を行う [A–2]．ただし，E は単位行列である．式 (A.4.19) の演算を繰り返すと，十分大きい j で $\boldsymbol{x}^{(j)}$ が固有ベクトル $\boldsymbol{x}$ に近づくことを利用する．

式 (A.4.15) で行列 A がエルミート行列の場合，実対称行列のときと同様にして，相似変換をして，三重対角行列 T を得る [A–4]．$\mathrm{T} = \mathrm{P}^{-1}\mathrm{AP}$ もまたエルミート行列であり，別の対角行列 D を用いて，実対称行列 $\mathrm{C} = \mathrm{D}^{-1}\mathrm{TD}$ を得ることができる．実対称行列になれば，前半の議論を利用して固有値を求めることができる．

上記変換操作は，

$$\mathrm{C}\boldsymbol{y} = \mathrm{D}^{-1}\mathrm{TD}\boldsymbol{y} = \mathrm{D}^{-1}(\mathrm{P}^{-1}\mathrm{AP})\mathrm{D}\boldsymbol{y} = \mathrm{D}^{-1}\mathrm{P}^{-1}\mathrm{A}(\mathrm{PD}\boldsymbol{y}) \tag{A.4.20}$$

と書ける．ここで，

$$\boldsymbol{x} = \mathrm{PD}\boldsymbol{y} \tag{A.4.21}$$

とおくと，式 (A.4.15) を利用して，

$$\mathrm{C}\boldsymbol{y} = \mathrm{D}^{-1}\mathrm{P}^{-1}\mathrm{A}(\mathrm{PD}\boldsymbol{y}) = \mathrm{D}^{-1}\mathrm{P}^{-1}\mathrm{A}\boldsymbol{x} = \lambda(\mathrm{D}^{-1}\mathrm{P}^{-1}\boldsymbol{x}) = \lambda\boldsymbol{y} \tag{A.4.22}$$

が導かれる．式 (A.4.22) もまた，相似変換で固有値が不変であることを示している．実対称行列 C の固有値方程式 (A.4.22) を解いて $\boldsymbol{y}$ を求めた後，行列 A の固有ベクトル $\boldsymbol{x}$ は，式 (A.4.21) から求めることができる．

● B.1　変分法

変分法の基本的な考え方をわかりやすくするため，1 変数の場合で説明する．変数 x は具体的には位置や時間である．ある物理量 F たとえばエネルギーが，別の物理量たとえば波動関数 $\psi(x)$ の関数として表されているとする．物理量 F が $x = a$ から $x = b$ まで変化するとき，物理量 F の変化量は次式で表せる．

$$I[\psi(x)] = \int_a^b F\left[x, \psi(x), \frac{d\psi(x)}{dx}\right] dx \tag{B.1.1}$$

この場合，I は関数 $\psi(x)$ の関数であり，**汎関数**とよばれる．

関数 $\psi(x)$ としてさまざまな形をとることができるが，物理的に実現されるのは，汎関数 I が極値（停留値）をとる（$\Delta I = 0$）ときである．汎関数が極値をとる関数，つまり

停留解 $\psi(x)$ を求める問題を**変分法**という．

停留解からずれた解 $\psi_{\mathrm{p}}(x)$ を表すため，閉区間 $x=[a,b]$ における任意のなめらかな関数を $h(x)$，$\psi(x)$ とは独立した微小な実数を δ として，

$$\psi_{\mathrm{p}}(x) = \psi(x) + \delta\,h(x) \tag{B.1.2}$$

とおく．式 (B.1.2) を式 (B.1.1) に代入して微小量 δ で偏微分すると，次式を得る．

$$\frac{\partial}{\partial \delta} I[\psi + \delta\,h] = \int_a^b \frac{\partial}{\partial \delta} F\left[x, \psi(x) + \delta\,h(x), \frac{d\psi(x)}{dx} + \delta\frac{dh(x)}{dx}\right] dx$$

$$= \int_a^b F_\psi\left(x, \psi + \delta\,h, \psi_x + \delta\frac{dh}{dx}\right) h\,dx$$

$$+ \int_a^b F_{\psi_x}\left(x, \psi + \delta\,h, \psi_x + \delta\frac{dh}{dx}\right)\frac{dh}{dx}dx \tag{B.1.3}$$

ただし，F_ξ は F の ξ に対する偏微分，$\psi_x = d\psi/dx$ である．第 1 変分は

$$\Delta I = \lim_{\delta \to 0} \frac{\partial}{\partial \delta} I[\psi + \delta\,h] = \int_a^b F_\psi(x, \psi, \psi_x) h\,dx + \int_a^b F_{\psi_x}(x, \psi, \psi_x)\frac{dh}{dx}dx \tag{B.1.4}$$

で表せる．式 (B.1.4) の第 2 項を部分積分して，次式を得る．

$$\Delta I = [F_{\psi_x}(x, \psi, \psi_x) h(x)]_a^b + \int_a^b \left[F_\psi(x, \psi, \psi_x) - \frac{d}{dx}F_{\psi_x}(x, \psi, \psi_x)\right]h(x)dx \tag{B.1.5}$$

汎関数 I が停留値をとるとき，すなわち $\Delta I = 0$ のとき，式 (B.1.5) で $h(x)$ は任意の関数なので，変分の基本定理により，第 1・2 項が独立して 0 となる．第 1 項は，本書 5 章の場合，自然境界条件により満たされている．第 2 項から，被積分関数について，

$$F_\psi(x, \psi, \psi_x) - \frac{d}{dx}F_{\psi_x}(x, \psi, \psi_x) = 0 \tag{B.1.6}$$

が成立する．式 (B.1.6) から得られる式はオイラー方程式とよばれている．

有限要素法（本書 5 章）では，オイラー方程式は波動方程式であり，オイラー方程式を解く問題を，汎関数を解く変分問題に置き換えている．

● B.2　2 次元における汎関数から波動方程式 (5.58) の導出

式 (5.59) を導く際，付録 B.1 に述べた 1 変数の場合の結果を 2 変数 (x, y) に拡張すると，同様な考え方が適用できる．式 (5.59) で表される汎関数 $I[\psi(x,y)]$ で，被積分関数を

$$F[x, y, \psi(x,y), \psi_x, \psi_y] = \frac{1}{2}\left[\left(\frac{\partial \psi}{\partial x}\right)^2 + \left(\frac{\partial \psi}{\partial y}\right)^2 - (n^2 k_0^2 - \beta^2)\psi^2\right] \tag{B.2.1}$$

とおく．ただし，$\psi_\xi = \partial\psi/\partial\xi$ $(\xi = x, y)$ である．

停留解を $\psi(x,y)$ として，停留解からずれた解を，

$$\psi_{\mathrm{p}}(x,y) = \psi(x,y) + \delta h(x,y) \tag{B.2.2}$$

とおく．ただし，$h(x,y)$ は 2 次元での任意のなめらかな関数，δ は微小な実数である．$\psi(x,y)$ に式 (B.2.2) を代入すると，第 1 変分の式 (B.1.4) に対応する，2 変数に対する結果として，

$$\begin{aligned}\Delta I &= \iint F_\psi h(x,y) dxdy + \iint F_{\psi_x} \frac{\partial h(x,y)}{\partial x} dxdy + \iint F_{\psi_y} \frac{\partial h(x,y)}{\partial y} dxdy \\ &= \int_{-\infty}^{\infty}\int_{-\infty}^{\infty} \left[-(n^2 k_0^2 - \beta^2)\psi(x,y) h(x,y) + \frac{\partial \psi}{\partial x}\frac{\partial h}{\partial x} + \frac{\partial \psi}{\partial y}\frac{\partial h}{\partial y} \right] dxdy \end{aligned} \tag{B.2.3}$$

を得る．式 (B.2.3) の第 2, 3 項をそれぞれ x, y で部分積分して，極値条件を入れると，次式が得られる．

$$\begin{aligned}\Delta I &= \int_{-\infty}^{\infty}\left[\frac{\partial \psi}{\partial x}h(x,y)\right]_{x=-\infty}^{x=\infty}dy + \int_{-\infty}^{\infty}\left[\frac{\partial \psi}{\partial y}h(x,y)\right]_{y=-\infty}^{y=\infty}dx \\ &\quad - \int_{-\infty}^{\infty}\int_{-\infty}^{\infty}\left[\frac{\partial^2\psi}{\partial x^2} + \frac{\partial^2\psi}{\partial y^2} + (n^2 k_0^2 - \beta^2)\psi\right]h(x,y)dxdy = 0 \end{aligned} \tag{B.2.4}$$

式 (B.2.4) の第 1, 2 項は，コアから十分離れた無限遠 $(x,y = \infty, -\infty)$ で，導波モードの波動関数 $\psi(x,y)$ の傾きが 0 になるという，波動関数に対する物理的要請から，積分値が 0 となる．これは自然境界条件とよばれる．式 (B.2.4) で $h(x,y)$ は任意の関数なので，最終項の被積分関数で [ ] = 0 となり，これから式 (5.58) の波動方程式が得られる．したがって，式 (5.59) が式 (5.58) に対する汎関数であることが確認できた．

● B.3 時間領域の有限要素法における式 (5.89) の導出

式 (5.87) で ϕ を ϕ_e に置換した式に式 (5.88) を代入すると，式 (5.10) における I_e が

$$\begin{aligned}I_e = \frac{1}{2}\iint_e \Bigg[&\left(-\zeta_{\mathrm{s}2}\frac{1}{c^2}\frac{d^2}{dt^2} - 2i\zeta_{\mathrm{s}2}\frac{\omega}{c^2}\frac{d}{dt}\right)(\phi_{e1}N_{e1} + \phi_{e2}N_{e2} + \phi_{e3}N_{e3})^2 \\ &+ \zeta_{\mathrm{s}2} k_0^2 (\phi_{e1}N_{e1} + \phi_{e2}N_{e2} + \phi_{e3}N_{e3})^2 \\ &- \zeta_{\mathrm{s}1}\left(\phi_{e1}\frac{\partial N_{e1}}{\partial x} + \phi_{e2}\frac{\partial N_{e2}}{\partial x} + \phi_{e3}\frac{\partial N_{e3}}{\partial x}\right)^2 \\ &- \zeta_{\mathrm{s}1}\left(\phi_{e1}\frac{\partial N_{e1}}{\partial z} + \phi_{e2}\frac{\partial N_{e2}}{\partial z} + \phi_{e3}\frac{\partial N_{e3}}{\partial z}\right)^2 \Bigg] dxdz \end{aligned} \tag{B.3.1}$$

で書ける．式 (B.3.1) に変分操作 $\partial I/\partial \phi_{ej} = 0$ を施すと，次式を得る．

$$\frac{\partial I}{\partial \phi_{ej}} = \iint_e \left[-\zeta_{\mathrm{s}2}\frac{1}{c^2}N_{ej}\left(N_{e1}\frac{d^2\phi_{e1}}{dt^2} + N_{e2}\frac{d^2\phi_{e2}}{dt^2} + N_{e3}\frac{d^2\phi_{e3}}{dt^2}\right) \right.$$

C.1 PML 吸収境界条件における特性インピーダンスの式 (6.35a, b) の導出 *243*

$$-2i\zeta_{s2}\frac{\omega}{c^2}N_{ej}\left(N_{e1}\frac{d\phi_{e1}}{dt}+N_{e2}\frac{d\phi_{e2}}{dt}+N_{e3}\frac{d\phi_{e3}}{dt}\right)$$

$$+\zeta_{s2}k_0^2 N_{ej}(N_{e1}\phi_{e1}+N_{e2}\phi_{e2}+N_{e3}\phi_{e3})$$

$$-\zeta_{s1}\frac{\partial N_{ej}}{\partial x}\left(\frac{\partial N_{e1}}{\partial x}\phi_{e1}+\frac{\partial N_{e2}}{\partial x}\phi_{e2}+\frac{\partial N_{e3}}{\partial x}\phi_{e3}\right)$$

$$\left.-\zeta_{s1}\frac{\partial N_{ej}}{\partial z}\left(\frac{\partial N_{e1}}{\partial z}\phi_{e1}+\frac{\partial N_{e2}}{\partial z}\phi_{e2}+\frac{\partial N_{e3}}{\partial z}\phi_{e3}\right)\right]dxdz=0$$

$$(e: 全要素, j=1\sim 3) \quad (\text{B.3.2})$$

式 (5.90a〜d) を用いて式 (B.3.2) を書き直すと,式 (5.89) が得られる.

● C.1　PML 吸収境界条件における特性インピーダンスの式 (6.35a, b) の導出

電磁界成分の式 (6.33a〜c) を式 (6.30a), (6.31a) に代入して,次式を得る.

$$E_{\text{P}yx}=\frac{k_x}{\omega\varepsilon'_x}H_{\text{P}}\cos\theta, \qquad E_{\text{P}yz}=\frac{k_z}{\omega\varepsilon'_z}H_{\text{P}}\sin\theta \qquad (\text{C.1.1})$$

ただし,式 (C.1.3) を用いている.また,式 (6.33a〜c) を式 (6.32a, b) に代入した結果の右辺に式 (C.1.1) を用いて,

$$\left.\begin{aligned}\mu'_x\cos\theta&=\frac{k_x}{\omega^2}\left(\frac{k_x}{\varepsilon'_x}\cos\theta+\frac{k_z}{\varepsilon'_z}\sin\theta\right)\\ \mu'_z\sin\theta&=\frac{k_z}{\omega^2}\left(\frac{k_x}{\varepsilon'_x}\cos\theta+\frac{k_z}{\varepsilon'_z}\sin\theta\right)\end{aligned}\right\} \qquad (\text{C.1.2})$$

を得る.式 (C.1.1), (C.1.2) で,パラメータを次のようにおいている.

$$\varepsilon'_j\equiv\varepsilon_{\text{P}}\varepsilon_0+\frac{\sigma_{\text{P}j}}{i\omega}, \qquad \mu'_j\equiv\mu_{\text{P}}\mu_0+\frac{\sigma^*_{\text{P}j}}{i\omega} \quad (j=x,z) \qquad (\text{C.1.3})$$

式 (C.1.2) における 2 式の辺々を割って,次式を得る.

$$\frac{\mu'_z\sin\theta}{\mu'_x\cos\theta}=\frac{k_z}{k_x} \qquad (\text{C.1.4})$$

次に,波数成分を求めるため,式 (C.1.4) から求めた k_z を式 (C.1.2) の第 1 式に代入して,次の第 1 式を得,また,それを式 (C.1.4) に代入して,次の第 2 式を得る.

$$k_x=\frac{\omega\mu'_x\cos\theta}{Z_{\text{P}}}, \qquad k_z=\frac{\omega\mu'_z\sin\theta}{Z_{\text{P}}} \qquad (\text{C.1.5})$$

ただし,Z_{P} は次のようにおいている.

$$Z_{\text{P}}\equiv\sqrt{Z_{\text{P}x}^2\cos^2\theta+Z_{\text{P}z}^2\sin^2\theta} \qquad (\text{C.1.6a})$$

$$Z_{\mathrm{P}j} \equiv \sqrt{\frac{\mu'_j}{\varepsilon'_j}} = \sqrt{\frac{\mu_{\mathrm{P}}\mu_0 + \sigma^*_{\mathrm{P}j}/i\omega}{\varepsilon_{\mathrm{P}}\varepsilon_0 + \sigma_{\mathrm{P}j}/i\omega}} \quad (j=x,z) \tag{C.1.6b}$$

上記の Z_{P} と $Z_{\mathrm{P}j}$ は，式 (6.35a, b) で示したものと形式的に同じであるが，この段階では，これらが特性インピーダンスを表すかどうかは不明である．

さらに，式 (C.1.1) の 2 式を，電界振幅の式 (6.33d) に代入し，式 (C.1.5)，(C.1.6a, b) を利用して，次式を得る．

$$E_{\mathrm{P}} = E_{\mathrm{P}yx} + E_{\mathrm{P}yz} = \frac{H_{\mathrm{P}}}{\omega}\left(\frac{k_x}{\varepsilon'_x}\cos\theta + \frac{k_z}{\varepsilon'_z}\sin\theta\right) = Z_{\mathrm{P}}H_{\mathrm{P}} \tag{C.1.7}$$

式 (C.1.7) は式 (6.34) と等価である．これより，式 (C.1.6a) での Z_{P} が式 (6.35a) で示した PML 媒質の特性インピーダンスであることが明らかとなる．

○ C.2　PML 吸収境界条件における振幅反射率 R の式 (6.41) の導出

本付録では，PML 吸収境界条件 [式 (6.39)] が満たされているとき，解析領域内に残存する反射成分を検討する．6.6.2 項 (a) と同じ TE モードを対象として，境界条件に関係する電磁界成分 E_y, H_z のみに着目する．

図 6.9 における解析領域内 ($x \leqq 0$) では，単位振幅の光波が入射角 θ_{in} ($=\theta$) で入射しているとして，反射成分の複素振幅を R で表す．式 (6.3c) を利用し，以降の議論に直接関係しない時間項を省略すると，次のように表せる．

$$E_y = \exp[-i(k_x x + k_z z)] + R\exp[i(k_x x - k_z z)] \tag{C.2.1a}$$

$$H_z = \frac{1}{Z}\cos\theta\exp[-i(k_x x + k_z z)] - R\frac{1}{Z}\cos\theta\exp[i(k_x x - k_z z)] \tag{C.2.1b}$$

ただし，Z は解析領域内の特性インピーダンスである．以下では，複素振幅 R が求めるべき値である．

PML 媒質（厚さ d_x）が L 枚の均質な層状平板（厚さ $\varDelta x$）からできているとする．PML 媒質内 ($x \geqq 0$) を内壁から順に第 m 層とし，m に依存するパラメータに上付き添え字 m を付す．第 m 層での光波は，反射波を含めて，次式で表せる．

$$E_y^m = E_{\mathrm{P}}^m \exp[-i(k_x^m x + k_z^m z)] + A_{\mathrm{Pr}}^m \exp[i(k_x^m x - k_z^m z)] \tag{C.2.2a}$$

$$H_z^m = \frac{E_{\mathrm{P}}^m}{Z_{\mathrm{P}}}\cos\theta\exp[-i(k_x^m x + k_z^m z)] - \frac{A_{\mathrm{Pr}}^m}{Z_{\mathrm{P}}}\cos\theta\exp[i(k_x^m x - k_z^m z)] \tag{C.2.2b}$$

ただし，E_{P}^m と A_{Pr}^m は第 m 層での透過・反射光波の振幅係数，k_x^m と k_z^m は波数成分，Z_{P} は PML 媒質の特性インピーダンスを表す．反射率を定式化するため，$x = L\varDelta x$ に完全導体があるとする．以上の準備のもとで，R を求める．

解析領域と PML 媒質でのインピーダンス整合条件 [式 (6.37)] により $Z_{\mathrm{P}} = Z = Z_0/n$ である．この境界面 ($x=0$) での電磁界接線成分 E_y, H_z の連続条件より，$E_{\mathrm{P}}^1 + A_{\mathrm{Pr}}^1 = 1 + R$

と $E_P^1 - A_{Pr}^1 = 1 - R$ を得る. これらより,

$$E_P^1 = 1 \tag{C.2.3a}$$

$$A_{Pr}^1 = R \tag{C.2.3b}$$

を得る.

PML 媒質の $x = m\Delta x$ （m：自然数）での境界条件から，次式を得る.

$$E_P^m \exp(-ik_x^m m\Delta x) + A_{Pr}^m \exp(ik_x^m m\Delta x)$$
$$= E_P^{m+1} \exp(-ik_x^{m+1} m\Delta x) + A_{Pr}^{m+1} \exp(ik_x^{m+1} m\Delta x) \tag{C.2.4a}$$

$$E_P^m \exp(-ik_x^m m\Delta x) - A_{Pr}^m \exp(ik_x^m m\Delta x)$$
$$= E_P^{m+1} \exp(-ik_x^{m+1} m\Delta x) - A_{Pr}^{m+1} \exp(ik_x^{m+1} m\Delta x) \tag{C.2.4b}$$

式 (C.2.4a, b) の辺々の和および差より，次式を得る.

$$\frac{E_P^{m+1}}{E_P^m} = \frac{\exp(-ik_x^m m\Delta x)}{\exp(-ik_x^{m+1} m\Delta x)} \tag{C.2.5a}$$

$$\frac{A_{Pr}^{m+1}}{A_{Pr}^m} = \frac{\exp(ik_x^m m\Delta x)}{\exp(ik_x^{m+1} m\Delta x)} \tag{C.2.5b}$$

$x = L\Delta x = d_x$ に完全導体があるとしているから，$E_y^L = 0$ となる条件より，

$$A_{Pr}^L \exp(k_x^L L\Delta x) = -E_P^L \exp(-ik_x^L L\Delta x) \tag{C.2.6}$$

が得られる.

解析領域での複素振幅 R は，式 (C.2.3b) から得られる式に式 (C.2.5b) を適用して，

$$R = A_{Pr}^1 = \frac{A_{Pr}^1}{A_{Pr}^2}\frac{A_{Pr}^2}{A_{Pr}^3}\frac{A_{Pr}^3}{A_{Pr}^4}\cdots\frac{A_{Pr}^{L-1}}{A_{Pr}^L}A_{Pr}^L = \frac{A_{Pr}^L \exp[ik_x^L(L-1)\Delta x]}{\exp\left[i\left(\sum_{m=1}^{L-1}k_x^m\right)\Delta x\right]} \tag{C.2.7}$$

を得る. 式 (C.2.7) の分子に式 (C.2.6) を適用すると，A_{Pr}^L が E_P^L に関する式に変換される. そこで，E_P^L を求めると，式 (C.2.3a), (C.2.5a) を適用して，次式を得る.

$$E_P^L = \frac{E_P^L}{E_P^{L-1}}\frac{E_P^{L-1}}{E_P^{L-2}}\frac{E_P^{L-2}}{E_P^{L-3}}\cdots\frac{E_P^3}{E_P^2}\frac{E_P^2}{E_P^1}E_P^1$$
$$= \frac{1}{\exp[-ik_x^L(L-1)\Delta x]}\exp\left[-i\left(\sum_{m=1}^{L-1}k_x^m\right)\Delta x\right] \tag{C.2.8}$$

式 (C.2.7) に式 (C.2.6), (C.2.8) を代入して，次式を得る.

$$R = -\exp\left[-2i\left(\sum_{m=1}^{L}k_x^m\right)\Delta x\right] \tag{C.2.9}$$

式 (C.2.9) は，式 (C.2.1a) で示した，解析領域内での反射成分の複素振幅 R である．単位振幅の電界成分が入射しているから，R は振幅反射率に相当する．

式 (C.2.9) に式 (C.1.5)，(C.1.3) を代入後，さらに式 (6.39)，(C.1.6b) を代入して，

$$R = -\exp\left\{-2i\frac{\omega\mu\mu_0\cos\theta}{\varepsilon\varepsilon_0 Z}\left[\sum_{m=1}^{L}\left(\varepsilon_\mathrm{P}^m\varepsilon_0 + \frac{\sigma_{\mathrm{P}x}^m}{i\omega}\right)\right]\Delta x\right\} \quad (\mathrm{C.2.10})$$

を得る．光導波路への適用を念頭におき，PML 媒質での比誘電率を $\varepsilon_\mathrm{P}^m = \varepsilon$，比透磁率を $\mu_\mathrm{P} = 1$ とおいているから，式 (C.2.10) の ( ) 内の第 1 項は定数で置き換えることができる．第 2 項も順次，本文の式 (2.5)，(2.13) を利用して，

$$R = -\exp\left(-2ink_0 d_x\cos\theta\right)\exp\left[-2\frac{\cos\theta}{n\varepsilon_0 c}\left(\sum_{m=1}^{L}\sigma_{\mathrm{P}x}^m\right)\Delta x\right] \quad (\mathrm{C.2.11})$$

と変形できる．ここで，k_0 は真空中の波数，c は真空中の光速である．この式が本文の式 (6.41) である．

● D.1　パデ近似：低次近似式の一般形

関数を近似する一般的な方法はテイラー展開（マクローリン展開も含める）であるが，これは近似した値から離れると近似精度が急激に劣化する．これに対して，関数を有理関数で近似する方法をパデ近似といい，これはテイラー展開よりも広い範囲で近似精度が高く，数値解析でよく使用される．本付録では低次のパデ近似の一般形を導く．

ある関数 $f(x)$ のマクローリン級数を次のようにおく．

$$f(x) = \sum_{j=0}^{\infty} f_j x^j \quad (\mathrm{D.1.1})$$

ここで，f_j は展開係数である．この関数 $f(x)$ を有理関数 R で近似することを考え，次のようにおく．

$$R[N, N'](x) = \frac{P_N(x)}{Q_{N'}(x)} \quad (\mathrm{D.1.2a})$$

$$P_N(x) = \sum_{j=0}^{N} a_j x^j, \quad Q_{N'}(x) = \sum_{j=0}^{N'} b_j x^j \quad (\mathrm{D.1.2b})$$

ただし，$P_N(x)$ と $Q_{N'}(x)$ はともに多項式で，共通因数をもたないとする．**パデ近似**とは，関数 $f(x)$ と $R[N, N'](x)$ が $x = 0$ で等しく，かつ両者の $x = 0$ における $(N + N')$ 階微分までが等しくなるように近似したものである [A–5]．このとき，分子と分母に対する最大次数 $[N, N']$ を**パデ次数**，a_j $(j = 0 \sim N)$ と b_j $(j = 0 \sim N')$ を**パデ係数**とよぶ．

$f(x)$ と $R[N,N'](x)$ の差は,式 (D.1.1),(D.1.2a) を用いて,

$$f(x) - \frac{P_N(x)}{Q_{N'}(x)} = \frac{\left(\sum_{j=0}^{\infty} f_j x^j\right)\left(\sum_{j=0}^{N'} b_j x^j\right) - \sum_{j=0}^{N} a_j x^j}{\sum_{j=0}^{N'} b_j x^j} \tag{D.1.3}$$

と書ける.パデ近似は,式 (D.1.3) の分子で $(N+N')$ 次以下のべきの係数が 0 となることと等価である.このことより,上式の分子が次のように書き直せる.

$$\left(\sum_{j=0}^{\infty} f_j x^j\right)\left(\sum_{j=0}^{N+N'} b_j x^j\right) - \sum_{j=0}^{N+N'} a_j x^j \tag{D.1.4}$$

式 (D.1.4) で x^k $(k=0\sim N+N')$ の係数を 0 とする条件より,パデ係数に関する式が次のように書ける.

$$\sum_{j=0}^{k}(f_j b_{k-j}) - a_k = 0 \quad (k=0,1,\cdots,N+N') \tag{D.1.5a}$$

$$a_j = 0 \quad (j \geqq N+1), \qquad b_j = 0 \quad (j \geqq N'+1) \tag{D.1.5b}$$

式 (D.1.5) の連立方程式を解いて,パデ係数が求められる.未知数が $(N+N'+2)$ 個,式 (D.1.5) から得られる関係式が $(N+N'+1)$ 個なので,パデ係数は比の形でしか求められない.しかし,パデ近似は有理式なので,これで十分である.

式 (D.1.1) に対するパデ近似式 $R[1,1](x)$ の表現を求めるため,$N=N'=1$ とおく.式 (D.1.5a, b) を書き下して,

$$k=0: \qquad f_0 b_0 - a_0 = 0 \tag{D.1.6a}$$

$$k=1: \qquad f_0 b_1 + f_1 b_0 - a_1 = 0 \tag{D.1.6b}$$

$$k=2: f_0 b_2 + f_1 b_1 + f_2 b_0 - a_2 = 0 \tag{D.1.6c}$$

$$a_2 = b_2 = 0 \tag{D.1.6d}$$

を得る.式 (D.1.6a〜d) を解くと,その結果は次のように書ける.

$$\frac{a_0}{b_0} = f_0, \qquad \frac{b_1}{b_0} = -\frac{f_2}{f_1}, \qquad \frac{a_1}{b_0} = f_1 - f_0 \frac{f_2}{f_1} \quad : f_1 \neq 0 \tag{D.1.7a}$$

$$a_0 = b_0 = 0, \qquad \frac{a_1}{b_1} = f_0 \quad : f_1 = 0 \tag{D.1.7b}$$

次に,パデ近似式 $R[2,1](x)$ を求めるため,$N=2$,$N'=1$ とおく.上と同様にして,式 (D.1.1) に対するパデ係数は次のように求められる.

$$\frac{a_0}{b_0} = f_0, \quad \frac{b_1}{b_0} = -\frac{f_3}{f_2}, \quad \frac{a_1}{b_0} = f_1 - f_0\frac{f_3}{f_2}, \quad \frac{a_2}{b_0} = f_2 - f_1\frac{f_3}{f_2} \quad : f_2 \neq 0$$
(D.1.8a)

$$a_0 = b_0 = 0, \quad \frac{a_1}{b_1} = f_0, \quad \frac{a_2}{b_1} = f_1 \quad : f_2 = 0 \tag{D.1.8b}$$

最後に,式 (D.1.1) に対する $R[2,2](x)$ を求めるため, $N=2, N'=2$ とおく.以上と同様にして,パデ係数を求めると,次のように書ける.

$$\frac{a_0}{b_0} = f_0, \quad \frac{b_1}{b_0} = \frac{f_2 f_3 - f_1 f_4}{f_1 f_3 - f_2^2}, \quad \frac{b_2}{b_0} = \frac{f_2 f_4 - f_3^2}{f_1 f_3 - f_2^2}$$

$$\frac{a_1}{b_0} = f_0 \frac{f_2 f_3 - f_1 f_4}{f_1 f_3 - f_2^2} + f_1, \quad \frac{a_2}{b_0} = f_0 \frac{f_2 f_4 - f_3^2}{f_1 f_3 - f_2^2} + f_1 \frac{f_2 f_3 - f_1 f_4}{f_1 f_3 - f_2^2} + f_2$$
(D.1.9)

以上で求めた $a_k (k=0,1,2)$ が,式 (D.1.5a) を満たしていることを確認できる.

● D.2 $\sqrt{1+x}$ に対するパデ近似式 (7.76a～c) の導出

式 (7.73) に対するパデ近似式 $R[1,1](x)$, $R[2,1](x)$, $R[2,2](x)$ を以下で求める.一般性をもたせるため $X = x$ とおく.$L(x)$ に対するテイラー展開は次式で表せる.

$$L(x) = \sqrt{1+x} = 1 + \frac{x}{2} - \frac{x^2}{8} + \frac{x^3}{16} - \frac{5x^4}{128} + \cdots \tag{D.2.1}$$

これを式 (D.1.1) と対応させると, $f_0 = 1, f_1 = 1/2, f_2 = -1/8, f_3 = 1/16, f_4 = -5/128$ と書ける.以下で,式 (D.1.2a) で定義したパデ近似式に対するパデ係数を求める.

$R[1,1](x)$ の場合,これらを式(D.1.7a) に代入して,パデ係数を次式で得る.

$$\frac{a_0}{b_0} = 1, \quad \frac{a_1}{b_0} = \frac{3}{4}, \quad \frac{b_1}{b_0} = \frac{1}{4} \tag{D.2.2}$$

よって, $b_0 = 1$ とおくと,式 (D.2.1) に対するパデ近似式 $R[1,1](x)$ が,

$$L(x) = \sqrt{1+x} \fallingdotseq R[1,1](x) = \frac{1 + (3/4)x}{1 + (1/4)x} \tag{D.2.3}$$

で得られる.式 (D.2.3) を式 (7.76a) に示した.

また, $R[2,1](x)$ の場合,展開係数 f_j を式 (D.1.8a) に代入して,パデ係数を次式で得る.

$$\frac{a_0}{b_0} = 1, \quad \frac{a_1}{b_0} = 1, \quad \frac{a_2}{b_0} = \frac{1}{8}, \quad \frac{b_1}{b_0} = \frac{1}{2} \tag{D.2.4}$$

$b_0 = 1$ とおいて,式(D.2.1) に対するパデ近似式 $R[2,1](x)$ が,

$$L(x) = \sqrt{1+x} \fallingdotseq R[2,1](x) = \frac{1 + x + (1/8)x^2}{1 + (1/2)x} \tag{D.2.5}$$

で得られる．式 (D.2.5) を式 (7.76b) に示した．

$R[2,2](x)$ に対するパデ係数は，式(D.1.9) を用いて次式で得られる．

$$\frac{a_0}{b_0} = 1, \quad \frac{a_1}{b_0} = \frac{5}{4}, \quad \frac{a_2}{b_0} = \frac{5}{16}, \quad \frac{b_1}{b_0} = \frac{3}{4}, \quad \frac{b_2}{b_0} = \frac{1}{16} \tag{D.2.6}$$

よって，$b_0 = 1$ とおくと，式 (D.2.1) に対するパデ近似式 $R[2,2](x)$ が，

$$L(x) = \sqrt{1+x} \fallingdotseq R[2,2](x) = \frac{1 + (5/4)x + (5/16)x^2}{1 + (3/4)x + (1/16)x^2} \tag{D.2.7}$$

で書ける．式 (D.2.7) を式 (7.76c) に示した．

E.1 波動方程式へ PML 吸収境界条件を導入した式 (7.84) の導出

マクスウェル方程式 (2.1a, b) で電流密度 $\boldsymbol{J} = \sigma \boldsymbol{E}$ （σ：電気伝導度）と式 (2.4a, b) を用いる．比透磁率が $\mu = 1$ で，比誘電率 ε が空間で緩やかに変動するとき，電界に対する波動方程式が次式で得られる．

$$\nabla^2 \boldsymbol{E} - \frac{\varepsilon}{c^2} \frac{\partial^2 \boldsymbol{E}}{\partial t^2} = \mu_0 \sigma \frac{\partial \boldsymbol{E}}{\partial t} \tag{E.1.1}$$

ただし，c は真空中の光速，μ_0 は真空の透磁率である．

電気伝導度に時間変化がないとき，これによる損失項を，形式的に時間に関する2階偏微分項に含めるため，式 (E.1.1) を

$$\nabla^2 \boldsymbol{E} - S \frac{\varepsilon}{c^2} \frac{\partial^2 \boldsymbol{E}}{\partial t^2} = 0 \tag{E.1.2}$$

の形で考える．式 (E.1.1) で電界の時間変動因子を $\exp(i\omega t)$ とおくと，S は

$$S = 1 - i\sigma \frac{\mu_0 c^2}{\varepsilon \omega} \tag{E.1.3}$$

で得られる．電気伝導度 σ として，PML 吸収境界条件で用いた式 (6.40), (6.44) を適用すると，S は

$$S = 1 - i\frac{(q+1)c}{2\omega n d} \left(\frac{\rho}{d}\right)^q \ln\left(\frac{1}{R}\right) \tag{E.1.4}$$

と書ける．ただし，d は PML 媒質の厚さ，ρ は PML 媒質の内壁からの距離，n は解析領域の屈折率，q は電磁界の減衰率に関係する定数，R は許容する振幅反射率である．式 (E.1.4) を式 (E.1.2) に適用したものが，波動方程式 (7.84) である．

F.1 ブロッホの定理

1次元周期構造（周期 Λ）中で，波動が波動方程式

$$\frac{d^2 \Psi(x)}{dx^2} + \kappa^2(x)\Psi(x) = 0 \tag{F.1.1}$$

$$\kappa(x+\Lambda) = \kappa(x) \tag{F.1.2}$$

を満たしているとする.ただし,$\Psi(x)$ は波動関数であり,$\kappa(x)$ は媒質中での x 方向並進対称性を表す.周期性をもつ媒質中では,波動関数は次式を満たす.

$$\Psi(x+\Lambda) = \exp(iG_m\Lambda)\Psi(x) \tag{F.1.3}$$

$$G_m = \frac{2\pi}{\Lambda}m \quad (m:整数) \tag{F.1.4}$$

ただし,G_m は**ブロッホ波数**とよばれ,周期 Λ に逆比例している.

式 (F.1.3) は**ブロッホの定理**(Bloch theorem)とよばれている.ブロッホの定理は,位置が x 方向に 1 周期分ずれると,元の位置の波動関数に対して $\exp(iG_m\Lambda)$ の因子が掛かることを意味しており,$\Psi(x+\Lambda) = \exp(i2\pi m)\Psi(x)$ とも表せる.これは,周期 Λ だけ離れた位置の波動関数は,その位相が $\exp(i2\pi m)$ だけずれることを表している.

ブロッホの定理は,ブロッホ波数 G_m に依存する別の関数 $u_G(x)$ を用いて,次のようにも書き表せる.

$$\Psi(x) = \exp(iG_m x)u_G(x) \tag{F.1.5}$$

$$u_G(x+\Lambda) = u_G(x) \tag{F.1.6}$$

ここで,$u_G(x)$ もまた周期 Λ の関数である.式 (F.1.3),(F.1.5) の表現は,ブロッホ波数 G_m を 3 次元での逆格子ベクトル $\boldsymbol{G}$ に対応させることにより,容易に 3 次元へ拡張できる.

● F.2 逆格子ベクトル

付録 F.1 では,1 次元周期構造により,ブロッホ波数 G_m が生じることを示した.これを 3 次元に拡張したものが,固体物理での基本概念である逆格子ベクトル $\boldsymbol{G}$ である.

3 次元空間における周期構造での**並進ベクトル $\boldsymbol{\Lambda}$** は,3 つの基本空間格子ベクトル $\boldsymbol{a}_i$ ($i=1,2,3$) を用いて,

$$\boldsymbol{\Lambda} = l_1\boldsymbol{a}_1 + l_2\boldsymbol{a}_2 + l_3\boldsymbol{a}_3 \quad (l_i:整数) \tag{F.2.1}$$

で表される.

上記ベクトルに対応する基本逆格子ベクトル $\boldsymbol{b}_j$ ($j=1,2,3$) は,

$$\boldsymbol{a}_i \cdot \boldsymbol{b}_j = 2\pi\delta_{ij} \quad (i,j=1,2,3) \tag{F.2.2}$$

で定義される.ただし,δ_{ij} はクロネッカーのデルタである.このとき,一般**逆格子ベクトル $\boldsymbol{G}$** は次式で表される.

$$\boldsymbol{G} = m_1\boldsymbol{b}_1 + m_2\boldsymbol{b}_2 + m_3\boldsymbol{b}_3 \quad (m_i:整数) \tag{F.2.3}$$

で表される.ところで,$\boldsymbol{b}_j$ は,基本空間格子ベクトル $\boldsymbol{a}_i$ を用いて,

G.1　4層スラブ導波路の固有値方程式 (9.49a) の導出　　251

$$\boldsymbol{b}_1 = \frac{2\pi}{V_{\text{uc}}} \boldsymbol{a}_2 \times \boldsymbol{a}_3, \qquad \boldsymbol{b}_2 = \frac{2\pi}{V_{\text{uc}}} \boldsymbol{a}_3 \times \boldsymbol{a}_1, \qquad \boldsymbol{b}_3 = \frac{2\pi}{V_{\text{uc}}} \boldsymbol{a}_1 \times \boldsymbol{a}_2 \qquad (\text{F.2.4})$$

で求められる．$V_{\text{uc}} = \boldsymbol{a}_1 \cdot (\boldsymbol{a}_2 \times \boldsymbol{a}_3)$ は，3 (2) 次元では単位格子の体積（面積），1次元では周期となる．

3次元での逆格子ベクトル $\boldsymbol{G}$ は次に示す性質をもつ．周期の並進ベクトルを $\boldsymbol{\Lambda}$ とおくと，次式が成立する．

$$\exp(i\boldsymbol{G} \cdot \boldsymbol{\Lambda}) = \exp[2\pi i(l_1 m_1 + l_2 m_2 + l_3 m_3)] = 1 \qquad (\text{F.2.5})$$

また，逆格子ベクトル $\boldsymbol{G}$ に関して，次の直交関係が成立している．

$$\int \exp[i(\boldsymbol{G}' - \boldsymbol{G}) \cdot \boldsymbol{r}] dV = V_{\text{uc}} \delta_{\boldsymbol{G},\boldsymbol{G}'} \qquad (\text{F.2.6})$$

ただし，$\boldsymbol{r}$ は3次元位置ベクトル，dV は単位格子に関する体積積分，$\delta_{\boldsymbol{G},\boldsymbol{G}'}$ はクロネッカーのデルタを表す．V_{uc} はフーリエ展開での規格化因子にも相当する．

● G.1　4層スラブ導波路の固有値方程式 (9.49a) の導出

固有値方程式は，9.4.2項，式 (9.48) を用いて $H_{11}^{\text{S}} = 0$ から得られる．まず，式を三角関数ごとに分離する．ところで，双曲線関数に関する加法定理の公式は，

$$A \cosh x + B \sinh x = \begin{cases} \sqrt{A^2 - B^2} \cosh[x + \tanh^{-1}(B/A)] & : |B| \leq A \\ \sqrt{B^2 - A^2} \sinh[x + \tanh^{-1}(A/B)] & : |A| \leq B \end{cases} \qquad (\text{G.1.1})$$

である [A–6]．4層スラブ導波路で，屈折率の大きさは $n_0 < n_1$，$n_1 > n_2 > n_3$ としているから $\zeta_3 \gamma_3 > \zeta_2 \gamma_2$ となる．よって，式 (9.48) の 1・3 行目では $A > |B|$ の公式が使え，2・4 行目では $B > |A|$ の公式が使える．$\tanh \theta = \zeta_2 \gamma_2 / \zeta_3 \gamma_3$ とおいて式を整理した後，共通項 $\sqrt{(\zeta_3 \gamma_3)^2 - (\zeta_2 \gamma_2)^2}$ を省略すると，式 (9.48) = 0 は次のように書ける．

$$\cos(\kappa_1 d) \left[\cosh(\gamma_2 s + \theta) + \frac{\zeta_0 \gamma_0}{\zeta_2 \gamma_2} \sinh(\gamma_2 s + \theta) \right]$$
$$+ \sin(\kappa_1 d) \left[\frac{\zeta_0 \gamma_0}{\zeta_1 \kappa_1} \cosh(\gamma_2 s + \theta) - \frac{\zeta_1 \kappa_1}{\zeta_2 \gamma_2} \sinh(\gamma_2 s + \theta) \right] = 0 \quad (\text{G.1.2})$$

これをさらに整理すると，

$$\cos(\kappa_1 d) \left[\zeta_2 \gamma_2 \cosh(\gamma_2 s + \theta) + \zeta_0 \gamma_0 \sinh(\gamma_2 s + \theta) \right]$$
$$+ \sin(\kappa_1 d) \frac{1}{\zeta_1 \kappa_1} \left[\zeta_0 \gamma_0 \zeta_2 \gamma_2 \cosh(\gamma_2 s + \theta) - (\zeta_1 \kappa_1)^2 \sinh(\gamma_2 s + \theta) \right] = 0$$
$$(\text{G.1.3})$$

を得る．これの両辺を $\cosh(\gamma_2 s + \theta)$ で割った後に整理し直すと，4層スラブ導波路の固有値方程式が式 (9.49a) で得られる．

参考書および参考文献

■**参考書**

光導波路や光ファイバの電磁界解析に関する一般的な参考書を以下に示す.

[1] D. Marcuse: *Theory of Dielectric Optical Waveguides*, Academic, New York (1974).
[2] D. B. Keck: "Optical fiber waveguides" in *Fundamentals of Optical Fiber Communications*, (2nd ed.) ed. by M. K. Barnoski, Academic, New York (1981) pp.1–107.
[3] D. Marcuse: *Light Transmission Optics*, (2nd ed.) Van Nostrand Reinhold, New York (1982).
[4] A. W. Snyder and J. D. Love: *Optical Waveguide Theory*, Chapman and Hall, London (1983).
[5] E. -G. Neumann: *Single–Mode Fibers: Fundamentals*, Springer–Verlag, Berlin (1988).
[6] 川上彰二郎：光導波路, 朝倉書店 (1980).
[7] 大越孝敬, 岡本勝就, 保立和夫：光ファイバ, オーム社 (1983).
[8] 岡本勝就：光導波路の基礎, コロナ社 (1992).
[9] 國分泰雄：光波工学, 共立出版 (1999).
[10] 左貝潤一：導波光学, 共立出版 (2004).
[11] 山内潤治監修, 薮 哲郎：光導波路解析入門, 森北出版 (2007).

■**参考文献**

【1章】

[1–1] S. E. Miller: "Integrated optics: An introduction," Bell Syst. Tech. J. **48** (1969) 2059–2069.
[1–2] E. Yablonovitch: "Inhibited spontaneous emission in solid–state physics and electronics," Phys. Rev. Lett. **58** (1987) 2059–2062.

【3章】

[3–1] 森口繁一, 宇田川銈久, 一松 信：数学公式 III, 岩波書店 (1960).
[3–2] E. Snitzer: "Cylindrical dielectric waveguide modes," J. Opt. Soc. Am. **51** (1961) 491–498.
[3–3] D. Gloge: "Weakly guiding fibers," Appl. Opt. **10** (1971) 2252–2258.
[3–4] D. B. Keck: "Optical fiber waveguides" in *Fundamentals of Optical Fiber Communications*, (2nd ed.) ed. by M. K. Barnoski, Academic (1981).

【4章】

[4-1] 岡本勝就：光導波路の基礎，コロナ社 (1992).
[4-2] 左貝潤一：導波光学，共立出版 (2004).
[4-3] M. Qiu: "Effective index method for heterostructure–slab–waveguide–based two–dimensional photonic crystals," Appl. Phys. Lett. **81** (2002) 1163–1165.
[4-4] J. C. Knight, T. A. Birks, P. St. J. Russell, and J. P. de Sandro: "Properties of photonic crystal fiber and the effective index model," J. Opt. Soc. Am. A, **15** (1998) 748–752.

【5章】

[5-1] M. J. Turner, R. W. Clough, H. C. Martin, and J. L. Topp: "Stiffness and deflection analysis of complex structures," J. Aero. Sci. **23** (1956) 805–823.
[5-2] R. W. Clough: "The finite element method in plane stress analysis," Proc. 2nd ASCE Conf. on Electronic Computation, Pittsburg, Pa (1960).
[5-3] O. C. Zienkiewicz: *The finite element method*, 3rd ed., McGraw–Hill (1977). ツィエンキーヴィッツ著，吉識雅夫，山田嘉昭監訳：マトリックス有限要素法，培風館 (1984).
[5-4] J. Jin: *The finite element method in electromagnetics*, Wiley (1993).
[5-5] 小柴正則：光・波動のための有限要素法の基礎，森北出版 (1990).
[5-6] 河野健治，鬼頭 勤：光導波路解析の基礎，現代工学社 (1998).
[5-7] 岡本勝就：光導波路の基礎，コロナ社 (1992).
[5-8] 森 正武：FORTRAN77 数値計算プログラミング，岩波書店 (1986) 16 章.
[5-9] B. M. A. Rahman, F. A. Fernandez, and J. B. Davies: "Review of finite element methods for microwave and optical waveguides," Proc. IEEE, **79** (1991) 1442–1448.
[5-10] K. Okamoto and T. Okoshi: "Vectorial wave analysis of inhomogeneous optical fibers using finite element method," IEEE Trans. Microwave Theory Techniq. **MTT-26** (1978) 109–114.
[5-11] C. Yeh, K. Ha, S. B. Dong, and W. P. Brown: "Single–mode optical waveguides," App. Opt. **18** (1979) 1490–1504.
[5-12] M. Koshiba, Y. Tsuji, and M. Hikari: "Time–domain beam propagation method and its application to photonic crystal circuits," J. Lightwave Technol. **18** (2000) 102–110.
[5-13] L. L. Bravo–Roger, K. Z. Nóbrega, H. E. Hernández–Figueroa, and A. P. López–Barbero: "Spatio–temporal finite–element propagator for ultrashort optical pulses," IEEE Photon. Technol. Lett. **16** (2004) 132–134.
[5-14] N. Mabaya, P. E. Lagasse, and P. Vandenbulcke: "Finite element analysis of optical waveguides," IEEE Trans. Microwave Theory Techniq. **MTT-29** (1981) 600–605.
[5-15] B. M. A. Rahman and J. B. Davies: "Finite–element solution of integrated optical waveguides," J. Lightwave Technol. **LT-2** (1984) 682–688.

[5-16] K. S. Chiang: "Finite element analysis of weakly guiding fibers with arbitrary refractive-index distribution," IEEE J. Lightwave Technol. **LT-4** (1986) 980-990.

[5-17] F. Brecht, J. Marcou, D. Pagnoux, and P. Roy: "Complete analysis of the characteristics of propagation into photonic crystal fibers by the finite element method," Opt. fiber technol. **6** (2000) 181-191.

【6章】

[6-1] K. S. Yee: "Numerical solution of initial boundary value problems involving Maxwell's equations in isotropic media," IEEE Trans. Antennas Propagat. **AP-14** (1966) 302-307.

[6-2] A. Taflove and S. C. Hagness: *Computational Electrodynamics: The finite difference time-domain method*, 2nd ed., Artech House, Inc, Boston (2000).

[6-3] 宇野 亨：FDTD法による電磁界およびアンテナ解析，コロナ社 (1998).

[6-4] 橋本 修，阿部琢美：FDTD時間領域差分法入門，森北出版 (1996).

[6-5] (社) 応用物理学会 分科会 日本光学会 光設計研究ブルーブ企画：光学技術者のための電磁場解析入門，オプトロニクス社 (2010).

[6-6] 川上彰二郎監修：フォトニック結晶技術の応用，シーエムシー出版 (2002).

[6-7] Z. Zhu and T. G. Brown: "Full-vectorial finite-difference analysis of microstructured optical fibers," Opt. Express, **10** (2002) 853-864.

[6-8] G. Mur: "Absorbing boundary conditions for the finite-difference approximation of the time-domain electromagnetic-field equations," IEEE Trans. Electromag. Comp. **EMC-23** (1981) 377-382.

[6-9] J. P. Berenger: "A perfectly matched layer for the absorption of electromagnetic waves," J. Comput. Phys. **114** (1994) 185-200.

[6-10] J. Fang and Z. Wu: "Gneralized perfectly matched layer for the absorption of propagating and evanescent waves in lossless and lossy media," IEEE trans. Microwave Theory Techniq. **44** (1996) 2216-2222.

[6-11] S. Fan, P. R. Villeneuve, and J. D. Joannopoulos: "Large omnidirectional band gaps in metallodielectric photonic crystals," Phys. Rev. B, **54** (1996) 11245-11251.

[6-12] M. Boroditsky, R. Coccioli and E. Yablonovitch: "Analysis of photonic crystals for light emitting diodes using the finite difference time domain technique," Proc. SPIE, **3283** (1998) 184-190.

[6-13] K. Sakoda, N. Kawai, T. Ito, A. Chutinan, S. Noda, T. Mitsuyu, and K. Hirao: "Photonic bands of metallic systems. I. Principle of calculation and accuracy," Phys. Rev. B, **64** (2001) 045116.

[6-14] S.-T. Chu and S. K. Chaudhuri: "A finite-difference time-domain method for the design and analysis of guided-wave optical structures," J. Lightwave Technol. **7** (1989) 2033-2038.

[6-15] C. Manolatou, S. G. Johnson, S. Fan, P. R. Villeneuve, H. A. Haus and J.

D. Joannopoulos: "High–density integrated optics," J. Lightwave Technol. **17** (1999) 1682–1692.

[6–16] J. Shibayama, M. Muraki, R. Takahashi, J. Yamauchi, and H. Nakano: "Performance evaluation of several implicit FDTD methods for optical waveguide analyses," J. Lightwave Technol. **24** (2006) 2465–2472.

[6–17] M. Joseph and A. Taflove: "FDTD Maxwell's equations models for non-linear electrodynamics and optics," IEEE Trans. Antennas Propagat. **45** (1997) 364–374.

[6–18] A. Mekis, J. C. Chen, I. Kurland, S. Fan, P. R. Villeneuve, and J. D. Joannopoulos: "High transmission through sharp bends in photonic crystal waveguides," Phys. Rev. Lett. **77** (1996) 3787–3790.

[6–19] H. P. Uranus and H. J. W. M. Hoekstra: "Modelling of microstructured waveguides using a finite–element–based vectorial mode solver with transparent boundary conditions," Opt. Express, **12** (2004) 2795–2809.

[6–20] C.-P. Yu and H.-C. Chang: "Yee–mesh–based finite difference eigenmode solver with PML absorbing boundary conditions for optical waveguides and photonic crystal fibers," Opt Express, **12** (2004) 6165–6177.

【7章】

[7–1] M. D. Feit and J. A. Fleck Jr.: "Light propagation in graded–index optical fibers," Appl. Opt. **17** (1978) 3990–3998.

[7–2] 岡本勝就：光導波路の基礎，コロナ社 (1992).

[7–3] T. B. Koch, J. B. Davies, and D. Wickramasinghe: "Finite element/finite difference propagation algorithm for integrated optical device," Electron. Lett. **25** (1989) 514–516.

[7–4] Y. Chung and N. Dagli: "An assessment of finite difference beam propagation method," IEEE J. Quantum Electron. **26** (1990) 1335–1339.

[7–5] K. Saitoh and M. Koshiba: "Full–vectorial imaginary–distance beam propagation method based on a finite element scheme: application to photonic crystal fibers," IEEE J. Quantum Electron. **38** (2002) 927–933.

[7–6] R. Scarmozzino and R. M. Osgood, Jr.: "Comparison of finite–difference and Fourier–transform solutions of the parabolic wave equation with emphasis on integrated–optics applications," J. Opt. Soc. Am. A, **8** (1991) 724–731.

[7–7] M. Scalora, J. P. Dowling, C. M. Bowden, and M. J. Bloemer: "Optical limiting and switching of ultrashort pulses in nonlinear photonic band gap materials," Phys. Rev. Lett. **73** (1994) 1368–1371.

[7–8] 河野健治，鬼頭 勤：光導波路解析の基礎，現代工学社 (1998).

[7–9] 山内潤治監修，薮 哲郎：光導波路解析入門，森北出版 (2007).

[7–10] R. Scarmozzino, A. Gopinath, R. Pregla, and S. Helfert, "Numerical techniques for modeling guided–wave photonic devices," IEEE J. Selected Topics in Quantum Electron. **6** (2000) 150–162.

[7–11] G. R. Hadley: "Transparent boundary condition for the beam propagation method," IEEE J. Quantum Electron. **28** (1992) 363–370.

[7–12] (社) 応用物理学会 分科会 日本光学会 光設計研究ブループ企画：光学技術者のための電磁場解析入門，オプトロニクス社 (2010).

[7–13] D. Yevick and M. Glansner: "Forward wide–angle light propagation in semiconductor rib waveguides," Opt. Lett. **15** (1990) 174–176.

[7–14] G. R. Hadley: "Wide–angle beam propagation using Padé approximant operators," Opt. Lett. **17** (1992) 1426–1428.

[7–15] G. R. Hadley: "Multistep method for wide–angle beam propagation," Opt. Lett. **17** (1992) 1743–1745.

[7–16] G. P. Agrawal 著，小田垣孝，山田興一訳：非線形ファイバー光学（原書第2版）吉岡書店（1997）．

[7–17] H. M. Masoudi: "A novel nonparaxial time–domain beam–propagation method for modeling ultrashort pulses in optical structures," J. Lightwave Technol. **25** (2007) 3175–3184.

[7–18] W. P. Huang and C. L. Xu: "Simulation of three–dimensional optical waveguides by a full–vector beam propagation method," IEEE J. Quantum Electron. **29** (1993) 2639–2649.

[7–19] J. Yamauchi, T. Ando, and H. Nakano: Beam–propagation analysis of optical fibers by alternating direction implicit method, Electron. Lett. **27** (1991) 1663–1665.

[7–20] W. P. Huang, C. L. Xu, S. T. Chu, and S. K. Chaudhuri: "The finite–difference vector beam propagation method: analysis and assessment," IEEE J. Lightwave Technol. **10** (1992) 295–305.

[7–21] Y.–L. Hsueh, M.–C. Yang, and H.–C. Chang: "Three–dimensional noniterative full–vectorial beam propagation method based on the alternating direction implicit method," J. Lightwave Technol. **17** (1999) 2389–2397.

[7–22] R. A. Motes, S. A. Shakir, and R. W. Berdine: "An efficient scalar, non–paraxial beam propagation method," J. Lightwave Technol. **30** (2012) 4–8.

[7–23] H. M. Masoudi and M. S. Akond: "Efficient iterative time–domain beam propagation methods for ultra short pulse propagation: analysis and assessment," J. Lightwave Technol. **29** (2011) 2475–2481.

[7–24] J. Shibayama, A. Yamahira, J. Yamauchi, and H. Nakano: "A finite–difference time–domain beam propagation method for TE– and TM–wave analyses," J. Lightwave Technol. **21** (2003) 1709–1715.

【8章】

[8–1] E. Yablonovitch: "Inhibited spontaneous emission in solid–state physics and electronics," Phys. Rev. Lett. **58** (1987) 2059–2062.

[8–2] S. John: "Strong localization of photons in certain distorted dielectric superlattice," Phys. Rev. Lett. **58** (1987) 2486–2489.

[8–3] K. M. Ho, C. T. Chan, and C. M. Soukoulis: "Existence of a photonic gap in periodic dielectric structures," Phys. Rev. Lett. **65** (1990) 3152–3155.

[8–4] J. D. Joannopoulos, R. D. Meade, and J. N. Winn 著, 藤井 壽・井上光輝訳：フォトニック結晶―光の流れを型にはめ込む―, コロナ社 (2000).

[8–5] 迫田和彰：フォトニック結晶入門, 森北出版 (2004).

[8–6] 吉野勝美, 武田寛之：フォトニック結晶の基礎と応用, コロナ社 (2004).

[8–7] 左貝潤一：フォトニック結晶ファイバ, コロナ社 (2011).

[8–8] M. Plihal and A. Maradudin: "Photonic band structure of two–dimensional systems: The triangular lattice," Phys. Rev. B, **44** (1999) 8565–8571.

[8–9] R. D. Meada, A. Devenyi, J. D. Joannopoulos, O. L. Alerhand, D. A. Smith, and K. Kash: "Novel applications of photonic band gap materials: Low–loss bends and high Q cavities," Appl. Phys. Lett. **75** (1994) 4753–4755.

[8–10] O. Painter, R. K. Lee, A. Scherer, A. Yariv, J. D. O'Brien, P. D. Dapkus, and I. Kim: "Two–dimensional photonic band–gap defect mode laser," Science, **284** (1999) 1819–1821.

[8–11] H. S. Sözüer, J. W. Haus, and R. Inguva: "Photonic band: Convergence problem with the plane–wave method," Phys. Rev. B, **45** (1992) 13962–13972.

[8–12] R. D. Meada, A. M. Rappe, K. D. Brommer, J. D. Joannopoulos, and O. L. Alerhand: "Accurate theoretical analysis of photonic band–gap materials," Phys. Rev. B, **48** (1993) 8434–8437. Errata: **55** (1997) 15942.

[8–13] K. Leung and Y. Liu: "Full vector wave calculation of photonic band structures in face–centered–cubic dielectric media," Phys. Rev. Lett. **65** (1990) 2646–2649.

[8–14] S. G. Johnson and J. D. Joannopoulos: "Block–iterative frequency–domain methods for Maxwell's equations in a plane wave basis," Opt. Express, **8** (2001) 173–190.

[8–15] Z. Zhang and S. Satpathy: "Electromagnetic wave propagation in periodic structures: Bloch wave solution of Maxwell's equations," Phys. Rev. Lett. **65** (1990) 2650–2653.

[8–16] C. M. Soukoulis: "Photonic band gap materials: The "semiconductors" of the future?," Physica Scripta, **T66** (1996) 146–150.

[8–17] M. D. Nielsen and N. A. Mortensen: "Photonic crystal fiber design based on the V–parameter," Opt. Express, **11** (2003) 2762–2768.

【9章】

[9–1] P. Yeh: *Optical waves in layered media*, John Wiley & Sons, New York (1988).

[9–2] P. J. B. Clarricoats and K. B. Chan: "Electromagnetic–wave propagation along radially inhomogeneous dielectric cylinder," Electron. Lett. **6** (1970)

694–695.
- [9–3] J. B. Pendry: "Photonic band structures," J. Mod. Opt. **41** (1994) 209–229.
- [9–4] T. A. Birks, P. J. Roberts, P. St. J. Russell, D. M. Atkins, and T. J. Shepherd: "Full 2–D photonic bandgaps in silica/air structures," Electron. Lett. **31** (1995) 1941–1943.
- [9–5] P. Yeh, A. Yariv, and E. Marom: "Theory of Bragg fiber," J. Opt. Soc. Am. **68** (1978) 1196–1201.
- [9–6] 左貝潤一：導波光学，共立出版 (2004) pp.240–252.
- [9–7] Y. Fink, J. N. Winn, S. Fan, C. Chen, J. Michel, J. D. Joannopoulos, and E. L. Thomas: "A dielectric omnidirectional reflector," Science, **282** (1998) 1679–1682.
- [9–8] J. Sakai and H. Niiro: "Confinement loss evaluation based on a multilayer division method in Bragg fibers," Opt. Express, **16** (2008) 1885–1902.
- [9–9] J. Sakai and N. Nishida: "Confinement loss including material loss effects in Bragg fibers," J. Opt. Soc. Am. B, **28** (2011) 379–386.
- [9–10] 森口繁一，宇田川銈久，一松 信：数学公式 III，岩波書店 (1960).
- [9–11] J. Sakai: "Hybrid modes in a Bragg fiber: general properties and formulas under the quarter–wave stack condition," J. Opt. Soc. Am. B, **22** (2005) 2319–2330.
- [9–12] Z.–Y. Li and L.–L. Lin: "Photonic band structures solved by a plane–wave–based transfer–matrix method," Phys. Rev. E, **67** (2003) 046607.
- [9–13] S. G. Johnson, M. Ibanescu, M. Skorobogatiy, O. Weisberg, T. D. Engeness, M. Soljačić, S. A. Jacobs, J. D. Joannpoulos, and Y. Fink: "Low–loss asymptotically single–mode propagation in large–core omniguide fibers," Opt. Express, **9** (2001) 748–779.

【付録】

- [A–1] A. Savitzky and M. J. E. Golay: "Smoothing and differentiation of data by simplified least squares procedures," Analytical Chem. **36** (1964) 1627–1639.
- [A–2] 森 正武："FORTRAN77 数値計算プログラミング，"岩波書店 (1986).
- [A–3] 戸川隼人："マトリクスの数値計算，"オーム社 (1971).
- [A–4] 渡辺 力，名取 亮，小国力監修："Fortran77 による数値計算ソフトウェア，"丸善 (1989).
- [A–5] A. ラルストン，P. ラビノヴィッツ著，戸田英雄，小野令美訳："電子計算機のための数値解析の理論と応用（下），"ブレイン図書出版 (1986).
- [A–6] 森口繁一，宇田川銈久，一松 信：数学公式 II，岩波書店 (1975).

索 引

英数先頭

2次元光導波路　6
3次元光導波路　7, 67
4層スラブ導波路　210
4分の1波長積層条件　229
$EH_{\nu\mu}$ モード　55
EH モード　29
FD–BPM　133
FDFD 法　103
FDTD 法　9, 101
FETD–BPM　95
HE_{11} モード　56
$HE_{\nu\mu}$ モード　55
HE モード　29
LU 分解　238
Mur の1次吸収境界条件　115
Mur の2次吸収境界条件　116
Pendry の方法　229
PML 吸収境界条件　99, 119, 163
PML 媒質　116
TD–BPM　155, 162
$TE_{0\mu}$ モード　55
TE 奇対称モード　44
TE 偶対称モード　44
TE モード　28, 39, 65, 179
$TM_{0\mu}$ モード　55
TM 奇対称モード　45
TM 偶対称モード　45
TM モード　28, 39, 65, 179
V パラメータ　27, 46, 54
Yee アルゴリズム　109
Yee 格子　106
Y 分岐導波路　67, 100, 134

あ 行

位相条件　203
色分散　36
インピーダンス整合条件　119
円筒対称屈折率分布　212
円筒対称構造　83
オイラー方程式　241
帯行列　236

か 行

回折格子　102
階段状屈折率分布　196
開放形導波路　49, 57
ガウスの消去法　236
カットオフ　29, 48
カットオフ V 値　29, 48
カットオフ波長　29
完全整合層吸収境界条件　116, 119
規格化周波数　27, 46, 54
規格化伝搬定数　33, 47, 56
規格化複屈折　34
基本空間格子ベクトル　19, 186, 250
基本モード　49, 56
逆格子ベクトル　183, 250
吸収境界条件　113
吸収境界　113
境界条件　15
近軸光線近似　139
空間充填モード　66
空孔率　67
屈折率　13
クラッド　4, 19, 41, 52
クランク・ニコルソン法　98, 141
クーランの条件　127
群速度　35
群速度分散　34
群遅延　35
傾斜直線導波路　134, 151
形状関数　76, 84, 90
欠　陥　3, 185
コ　ア　4, 19, 41, 52
広角解析　139, 147, 150, 156
広角次数　148
格子点　105, 140, 233
後進差分近似　233
剛性行列　77
構成方程式　13
光線方程式　20
構造分散　36
固有値方程式　43, 54, 93, 188, 207, 209, 211, 228, 229
固有値問題　239

さ 行

再帰式　148
材料分散　36
差分近似　232, 233
差分式　99, 110, 122, 161
差分中心　233
三角形要素　88
三角格子　184
三重対角行列　147, 236, 238, 240
参照屈折率　138
三層対称スラブ導波路　40, 209
三層非対称スラブ導波路　63,

208
時間ステップ　105, 127
時間領域差分法　101
時間領域ビーム伝搬法　155
自然境界条件　73, 84, 242
実効屈折率　59, 61
実効コア断面積　32
実効断面積　32
質量行列　77
弱導波近似　27
遮　断　29, 48
遮断周波数　48
周期構造　129, 166, 223
　1次元——　174
周期構造導波路　167
消衰係数　37
振幅条件　203
数値微分　232, 234
スカラー波動方程式　15, 24, 26, 156
ステップ形光ファイバ　52, 221
ストリップ形導波路　58, 99
スプリアス解　87
スラブ光導波路　4, 38, 72
正方格子　184
節　点　74, 88
セル　105
セルサイズ　105, 127
線欠陥　185
前進差分近似　233
線要素　74
疎行列　236

た　行

ダイヤモンド格子　192
多層構造光ファイバ　212
多層スラブ導波路　198, 204
多層薄膜　201
多層分割法　194
多モード光ファイバ　56
単位格子　105
単一モード条件　56
単一モード光導波路　49
単一モード光ファイバ　56
中心差分近似　233

テーパ導波路　134
点欠陥　185
転送行列法　9, 194, 201, 219
伝搬定数　21, 32, 33, 45
伝搬光パワ　30, 49
伝搬モード　28
等価屈折率　21, 58, 61, 138
等価屈折率法　9, 58, 61
導波モード　28
導波路分散　36
透明境界条件　143, 145
特性アドミタンス　16
特性インピーダンス　16
特性方程式　43, 54
閉じ込め係数　31
トーマス法　239

な　行

二分法　231

は　行

ハイブリッドモード　29, 55, 228
薄膜導波路　3
波長選択性　167, 174
波長分散　36
パデ近似　98, 148, 159, 246
パデ係数　148, 246
パデ次数　148, 246
波　面　20
パルス入射　128
汎関数　73, 240
半径方向モード次数　55
反射防止膜　202
光カー効果　155
光強度　30
光ソリトン　34, 134
光電力　30
光の局在　185
光パルス　99, 103, 131, 155
光パワ　30
光非線形導波路　103, 135
光ファイバ　4, 50
比屈折率差　27, 46, 54
微細構造光ファイバ　66
左下三角行列　238

比透磁率　13
ビーム伝搬法　9, 133
比誘電率　13
フォトニック結晶　3, 65, 179, 204
　スラブ型——　65
フォトニック結晶導波路　185
フォトニック結晶ファイバ　3, 66, 179
フォトニックバンドギャップ　3, 177, 230
フォトニックバンド構造　175, 192
複屈折　34
複素屈折率　37, 212
ブラッグ回折　174, 191
ブラッグの回折条件　191
ブラッグファイバ　221, 223
フレネル近似　97, 139, 152
ブロッホの定理　19, 130, 170, 186, 226, 250
ブロッホ波数　170, 250
分　散　33, 34
分散関係　20, 33, 172
分散曲線　33, 230
平行導波路　135
並進ベクトル　18, 186, 250
平面波　20, 170, 186
平面波展開法　9, 166, 172
平面波入射　128
ベクトル波動方程式　14, 23, 26, 136
ベクトル平面波展開法　189
偏波光ファイバ　34, 72
偏波分散　36
偏波モード分散　36
変　分　73
変分法　73, 241
ポインティングベクトル　30
方位角モード次数　51
方形導波路　4
放射モード　28
包絡線近似　138, 152, 156
補間関数　76
ホーリーファイバ　66

ま 行

曲がり導波路　67, 100, 134
マクスウェル方程式　12
右上三角行列　237
モード　28
モード複屈折　34
モード分散　35

や 行

有限差分時間領域法　101
有限差分周波数領域法　103
有限差分ビーム伝搬法　133, 142
有限要素法　9, 32, 70
要　素　88
横方向規格化伝搬定数　43, 53

横方向伝搬定数　21, 42, 51

ら 行

ライトライン　230
リッジ形導波路　58, 65, 210
リブ形導波路　58, 62, 71, 164, 208
レーザ　185, 192

著者略歴
左貝　潤一（さかい・じゅんいち）
1973 年　大阪大学大学院工学研究科修士課程修了（応用物理学専攻）
現在　　立命館大学名誉教授・工学博士

編集担当　大橋貞夫(森北出版)
編集責任　富井　晃(森北出版)
組　　版　ウルス
印　　刷　ワコープラネット
製　　本　ブックアート

光導波路の電磁界数値解析法　　　　　　　　　　　　Ⓒ 左貝潤一　2015
2015 年 5 月 19 日　第 1 版第 1 刷発行　　　【本書の無断転載を禁ず】

著　　者　左貝潤一
発行者　　森北博巳
発行所　　森北出版株式会社
　　　　　東京都千代田区富士見 1-4-11（〒102-0071）
　　　　　電話 03-3265-8341 ／ FAX 03-3264-8709
　　　　　http://www.morikita.co.jp/
　　　　　日本書籍出版協会・自然科学書協会　会員
　　　　　JCOPY ＜(社)出版者著作権管理機構　委託出版物＞
　　　　　落丁・乱丁本はお取替えいたします．

Printed in Japan／ISBN978-4-627-74381-6